1+X职业技能等级证书教材

数控车铣加工

熊学慧　徐勇军　郑佳鹏◎主　编

邱腾雄　何显运　吴伟康◎副主编

中级

1+X

化学工业出版社

·北京·

内 容 简 介

本书是1+X数控车铣加工职业技能等级证书（中级）考试用书，内容包括“数控车铣加工（中级）实操考核前的准备、数控车铣配合件的手工编程与加工、车铣配合件的自动编程（UG NX）与加工、车铣配合件自动编程（Mastercam）”4个模块，设计了任务书解读，传动轴车削工艺、车削手动编程和自动编程，轴承座铣削工艺、铣削手动编程和自动编程等14个学习任务。本书采用活页式教材形式，紧扣数控车铣加工职业技能等级（中级）实操考核内容，以《数控车铣加工职业技能等级标准》为学习与评价依据，以数控车铣加工职业技能等级（中级）实操考核件为载体，选择数控车铣常用的编程指令，以及职业院校和企业应用较为广泛的编程软件（UG NX和Mastercam）为编程工具；按照数控编程员由生手到熟手的学习规律，设计引导问题、工作准备、任务实施、实战演练和评价反馈等环节，以强化学生综合应用数控车床和数控铣床进行零件加工的能力。为便于读者自学，本书提供了配套电子课件和相关操作技能的数字资源。

本书可作为数控车铣加工职业技能等级证书培训教材，也可作为中等职业院校、高职高专院校数控技术专业及机械类相关专业的教材。

图书在版编目（CIP）数据

数控车铣加工：中级 / 熊学慧，徐勇军，郑佳鹏主编．—北京：化学工业出版社，2024.1
ISBN 978-7-122-44328-1

Ⅰ．①数… Ⅱ．①熊… ②徐… ③郑… Ⅲ．①数控机床 - 车床 - 加工工艺 - 职业技能 - 鉴定 - 教材②数控机床 - 铣床 - 加工工艺 - 职业技能 - 鉴定 - 教材 Ⅳ．① TG519.1 ② TG547

中国国家版本馆CIP数据核字（2023）第197882号

责任编辑：韩庆利　　文字编辑：吴开亮
责任校对：杜杏然　　装帧设计：王晓宇

出版发行：化学工业出版社（北京市东城区青年湖南街13号　邮政编码100011）
印　　装：中煤（北京）印务有限公司
787mm×1092mm　1/16　印张$15^1/_2$　字数364千字　2024年5月北京第1版第1次印刷

购书咨询：010-64518888　　售后服务：010-64518899
网　　址：http://www.cip.com.cn
凡购买本书，如有缺损质量问题，本社销售中心负责调换。

定　　价：59.80元

前言
PREFACE

2019 年 4 月，教育部启动了“学历证书 + 若干职业技能等级证书”（即 1+X 证书）制度试点工作，提出通过试点，深化教师、教材、教法“三教”改革。在此背景下，本书编写团队在充分解读《数控车铣加工职业技能等级标准》的基础上，按照高职高专人才培养目标，遵循“数控加工”职业人的成长规律，结合作者多年积累的企业工作、课程教学和改革的实践经验，采用任务驱动型教学法进行教材编写。

本书是“1+X 数控车铣加工职业技能等级（中级）实操考核”用教材。以“1+X 数控车铣加工职业技能等级（中级）实操考核件”为载体，对照《数控车铣加工职业技能等级标准》要求，设计了“数控车铣加工（中级）实操考核前的准备、数控车铣配合件的手工编程与加工、车铣配合件的自动编程与（UG NX）加工、车铣配合件自动编程（Mastercam）”4 个学习模块。以任务驱动方式组织每个模块的学习内容，同时融入敬业、精益、专注、创新等工匠精神，突出课程思政，提高学习者的职业素养。

本书采用活页式教材形式编写，各个模块按照实操考核工作流程设计任务顺序。每个任务按照“【工作准备】→【任务实施】→【实战演练】→【评价反馈】”四个阶段组织学习内容。其中，在【工作准备】阶段，以数控加工工艺师、编程员解决工程问题的思考方式提出引导问题，学习者可以根据已有的知识和技能储备解决问题，达到帮助学习者整合以往经验与知识的目的；也可以通过教材中针对每个问题所给的提示和指引，通过信息检索等方式，查找解决方案，以培养学习者的信息检索与应用能力。对于涉及“1+X 数控车铣加工职业技能等级（中级）考证”主要考核点的问题，本书给出了较为详细的知识与技能链接。在【任务实施】阶段，给出了任务的完整解决方案，为后面的【实战演练】提供必要的参考。在【实战演练】阶段，选用另一套“数控车铣加工职业技能等级（中级）考证任务”，学习者在回答【工作准备】阶段引导问题的基础上，再参照【任务实施】阶段的完整方案，能较好地完成考核任务。在【评价反馈】阶段，由学习者和教师共同对学习过程和学习成果进行评价，总结知识与技能的掌握情况，查找不足，以促进知识和技能的进一步提高。

本书可以作为中等职业院校、高职高专院校等数控技术专业及机械类相关专业的教材，还可以供从事数控工艺编制、数控编程工作的相关人员使用。本书参考学时为 60~72 学时，可根据学习者实际情况适当增减。

本书由广东工贸职业技术学院熊学慧、徐勇军和广东机电职业技术学院郑佳鹏主编并统稿。广东工贸职业技术学院邱腾雄、何显运，广东机电职业技术学院吴伟康任副主编。深圳华数机器人有限公司莫亦举为本书提供了技术指导。广东机电职业技术学院的黄志泓、广东工贸职业技术学院的黄丽和卢伟明参与了本书模块四和模块一部分内容的编写，并为实操部分内容作了指导。本书为华中数控许可的“1+X数控车铣加工职业技能等级（中级）实操考核”用培训教材，在编写过程中得到华中数控有限公司、深圳华数机器人有限公司等企业技术人员的大力支持和帮助，在此表示衷心感谢。由于编者水平有限，书中难免有不妥之处，敬请读者和专家批评指正。

编　者

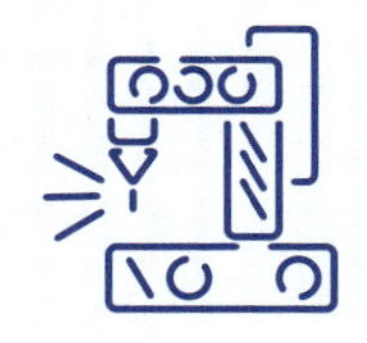

目录
CONTENTS

数控车铣加工职业技能等级

实操考核任务书

（中级　数车）

注：1. 考生须填写以下内容，确保信息准确。

2. 考生在任务书中要填写机械加工工序卡、数控加工刀具卡、数控加工程序卡、零件自检表等。

考核场次________________________

考核工位________________________

准考证号________________________

工件编号________________________

（工件编号：学校代码三位＋准考证后三位）

______年______月

一、考核要求

（1）CAD/CAM 软件由考点提供，考生不得使用自带软件；考生根据清单自带刀具、夹具、量具等，禁止使用清单中所列规格之外的刀具，否则考核师有权决定终止其参加考核。

（2）考生考核场次和考核工位由考点统一安排抽取。

（3）考核时间：机床编程加工共 170 分钟；也可分为两个环节进行，即机床连续加工 110 分钟和工艺编制与编程 60 分钟。

（4）考生按规定时间到达指定地点，凭身份证和准考证进入考场。

（5）考生考核前 15 分钟到达考核工位，清点工具，确认现场条件无误；考核时间开始方可进行操作。考生迟到 15 分钟按自行放弃考核处理。

（6）考生不得携带通信工具和其他未经允许的资料、物品进入考核现场，不得中途退场。如出现较严重的违规、违纪、舞弊等现象，考核管理部门有权取消其考核成绩。

（7）考生自备劳服用品（工作服、安全鞋、安全帽、防护镜等），考核时应按照专业安全操作要求穿戴个人劳服用品，并严格遵照操作规程进行考核，符合安全、文明生产要求。

（8）考生的着装及所带用具不得出现标识。

（9）考核时间为连续时间，包括数控编程、零件加工、检测和清洁整理等时间；考生休息、饮食和如厕等时间也都计算在考核时间内。

（10）考核过程中，考生须严格遵守相关操作规程，确保设备及人身安全，并接受考核师的监督和警示；如考生在考核中因违章操作出现安全事故，取消继续考核的资格，成绩记零分。

（11）机床在工作中发生故障或产生不正常现象时应立即停机，保持现场状态，同时应立即报告当值考核师。因设备故障所造成的停机排除时间，考生应抓紧时间完成其他工作内容，现场考核师经请示核准后酌情补偿考核时间。

（12）考生完成考核项目后，提请考核师到工位处检查确认并登记相关内容，考核终止时间由考核师记录，考生签字确认；考生结束考核后不得再进行任何操作。

（13）考生不得擅自修改数控系统内的机床参数。

（14）考核师在考核结束前 15 分钟提醒考生剩余时间。当听到考核结束指令时，考生应立即停止操作，不得以任何理由拖延时间继续操作。离开考核场地时，不得将草稿纸等与考核有关的物品带离考核现场。

二、考核内容

考试现场操作的方式，以批量加工中试切件为考核项目，完成以下考核任务。

1. 职业素养与操作安全（8 分）

（1）规范操作设备；

（2）正确使用工具、量具；

（3）考核工位达到6S管理要求；

（4）现场安全与文明生产。

2. 编制数控加工工艺文件（12分）

根据机械加工工艺过程卡，完成指定零件和工序的工艺文件编制：

（1）机械加工工序卡（附件一）；

（2）数控加工刀具卡（附件二）；

（3）数控加工程序卡（附件三）。

3. 完成零件编程及加工（80分）

（1）按照任务书要求，完成零件的加工（70分）；

（2）根据零件自检表完成零件的部分尺寸自检（5分）；

（3）按照任务书要求完成零件的装配（5分）。

三、考核提供的考件及标准件

序号	零件名称	材料	规格	数量	备注
1	传动轴	45钢	ϕ55mm×65mm	1	毛坯
2	深沟球轴承	轴承钢	型号：16004；外径：42mm；内径：20mm；厚度：8mm	1	标准件
注明：每一名考生每次考试过程中只允许使用一个毛坯					

四、考核图纸

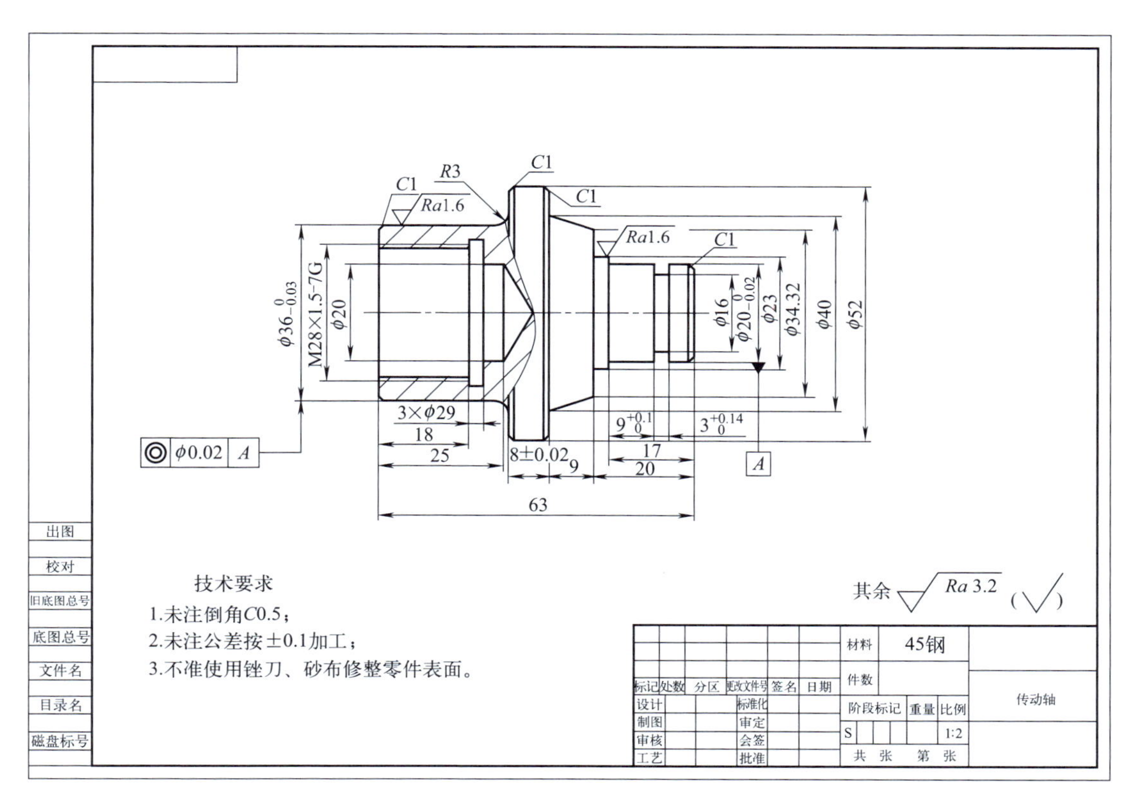

五、机械加工工艺过程卡

零件名称		传动轴	机械加工工艺过程卡		毛坯种类	棒料	共 1 页
					材料	45 钢	第 1 页
工序号	工序名称	工 序 内 容				设备	工艺装备
10	备料	备料 ϕ55mm × 65mm，材料为 45 钢					
20	数车	车左端端面，粗、精车左端 ϕ36mm 外圆、R3mm 圆角，钻 ϕ20mm 底孔，车 3mm × ϕ29mm 退刀槽，车 M28 × 1.5-7G 内螺纹至图纸要求，倒角				CAK6140	三爪卡盘
30	数车	车右端端面保证总长 63mm，粗、精车右端 ϕ20mm、ϕ23mm、ϕ40mm、ϕ52mm 外圆，车 3mm × ϕ16mm 外圆槽至图纸要求，倒角				CAK6140	三爪卡盘
40	钳	锐边倒钝，去毛刺				钳台	台虎钳
50	清洗	用清洁剂清洗零件					
60	检验	按图样尺寸检验					
编制		日期		审核		日期	

附件一、机械加工工序卡（传动轴工序 20）

零件名称		机械加工工序卡		工序号		工序名称		共 页
								第 页
材料		毛坯状态		机床设备		夹具名称		

（工序简图）

工步号	工步内容	刀具编号	刀具名称	量具名称	主轴转速 /（r/min）	进给速度 /（mm/min）	背吃刀量 /mm
编制	日期	审核		日期			

附件二、数控加工刀具卡（传动轴工序 20）

<table>
<tr><td>零件名称</td><td colspan="2"></td><td colspan="3">数控加工刀具卡</td><td>工序号</td><td colspan="2"></td></tr>
<tr><td>工序名称</td><td colspan="2"></td><td>设备名称</td><td colspan="2"></td><td>设备型号</td><td colspan="2"></td></tr>
<tr><td rowspan="2">工步号</td><td rowspan="2">刀具号</td><td rowspan="2">刀具名称</td><td rowspan="2">刀具材料</td><td rowspan="2">刀柄型号</td><td colspan="3">刀具</td><td rowspan="2">补偿量/mm</td></tr>
<tr><td>刀尖半径/mm</td><td>直径/mm</td><td>刀长/mm</td></tr>
<tr><td></td><td></td><td></td><td></td><td></td><td></td><td></td><td></td><td></td></tr>
<tr><td></td><td></td><td></td><td></td><td></td><td></td><td></td><td></td><td></td></tr>
<tr><td></td><td></td><td></td><td></td><td></td><td></td><td></td><td></td><td></td></tr>
<tr><td>编制</td><td></td><td>审核</td><td></td><td>批准</td><td></td><td>共　页</td><td>第　页</td><td></td></tr>
</table>

附件三、数控加工程序卡（传动轴工序 20）

<table>
<tr><td colspan="2" rowspan="2">数控加工程序卡</td><td>产品名称</td><td></td><td>零件名称</td><td></td><td>共　页</td></tr>
<tr><td>工序号</td><td></td><td>工序名称</td><td></td><td>第　页</td></tr>
<tr><td>序号</td><td>程序编号</td><td>工序内容</td><td>刀具</td><td>背吃刀量（相对最高点）</td><td colspan="2">备注</td></tr>
<tr><td></td><td></td><td></td><td></td><td></td><td colspan="2"></td></tr>
<tr><td></td><td></td><td></td><td></td><td></td><td colspan="2"></td></tr>
<tr><td></td><td></td><td></td><td></td><td></td><td colspan="2"></td></tr>
<tr><td></td><td></td><td></td><td></td><td></td><td colspan="2"></td></tr>
<tr><td></td><td></td><td></td><td></td><td></td><td colspan="2"></td></tr>
<tr><td></td><td></td><td></td><td></td><td></td><td colspan="2"></td></tr>
<tr><td></td><td></td><td></td><td></td><td></td><td colspan="2"></td></tr>
<tr><td colspan="4">装夹示意图：</td><td colspan="3">装夹说明：</td></tr>
<tr><td colspan="2">编程 / 日期</td><td></td><td>审核 / 日期</td><td colspan="3"></td></tr>
</table>

六、零件自检表

<table>
<tr><td colspan="2">零件名称</td><td colspan="3">传动轴</td><td colspan="3">允许读数误差</td><td colspan="2">± 0.007mm</td></tr>
<tr><td rowspan="2">序号</td><td rowspan="2">项目</td><td rowspan="2">尺寸要求 /mm</td><td rowspan="2">使用的量具</td><td colspan="4">测量结果</td><td rowspan="2" colspan="2">项目判定</td></tr>
<tr><td>No.1</td><td>No.2</td><td>No.3</td><td>平均值</td></tr>
<tr><td>1</td><td>外径</td><td>$\phi 20_{-0.02}^{0}$</td><td></td><td></td><td></td><td></td><td></td><td colspan="2">合　否</td></tr>
<tr><td>2</td><td>外径</td><td>$\phi 36_{-0.03}^{0}$</td><td></td><td></td><td></td><td></td><td></td><td colspan="2">合　否</td></tr>
<tr><td>3</td><td>长度</td><td>63 ± 0.1</td><td></td><td></td><td></td><td></td><td></td><td colspan="2">合　否</td></tr>
<tr><td>4</td><td></td><td></td><td></td><td></td><td></td><td></td><td></td><td colspan="2">合　否</td></tr>
<tr><td colspan="4">结论（对上述三个测量尺寸进行评价）</td><td colspan="6">合格品　　次品　　废品</td></tr>
<tr><td colspan="2">处理意见</td><td colspan="8"></td></tr>
</table>

考生签字：

日期：

数控车铣加工职业技能等级

实操考核任务书

（中级　数铣）

注：1. 考生须填写以下内容，确保信息准确。

2. 考生在任务书中要填写机械加工工序卡、数控加工刀具卡、数控加工程序卡、零件自检表等。

考核场次＿＿＿＿＿＿＿＿＿＿＿＿

考核工位＿＿＿＿＿＿＿＿＿＿＿＿

准考证号＿＿＿＿＿＿＿＿＿＿＿＿

工件编号＿＿＿＿＿＿＿＿＿＿＿＿

（工件编号：学校代码三位＋准考证后三位）

＿＿＿＿年＿＿＿＿月

一、考核要求

（1）CAD/CAM 软件由考点提供，考生不得使用自带软件；考生根据清单自带刀具、夹具、量具等，禁止使用清单中所列规格之外的刀具，否则考核师有权决定终止其参加考核。

（2）考生考核场次和考核工位由考点统一安排抽取。

（3）考核时间：机床编程加工共 200 分钟；也可分为两个环节进行，即机床连续加工 140 分钟和工艺编制与编程 60 分钟。

（4）考生按规定时间到达指定地点，凭身份证和准考证进入考场。

（5）考生考核前 15 分钟到达考核工位，清点工具，确认现场条件无误；考核时间开始方可进行操作。考生迟到 15 分钟按自行放弃考核处理。

（6）考生不得携带通信工具和其他未经允许的资料、物品进入考核现场，不得中途退场。如出现较严重的违规、违纪、舞弊等现象，考核管理部门有权取消其考核成绩。

（7）考生自备劳服用品（工作服、安全鞋、安全帽、防护镜等），考核时应按照专业安全操作要求穿戴个人劳服用品，并严格遵照操作规程进行考核，符合安全、文明生产要求。

（8）考生的着装及所带用具不得出现标识。

（9）考核时间为连续时间，包括数控编程、零件加工、检测和清洁整理等时间；考生休息、饮食和如厕等时间也都计算在考核时间内。

（10）考核过程中，考生须严格遵守相关操作规程，确保设备及人身安全，并接受考核师的监督和警示；如考生在考核中因违章操作出现安全事故，取消继续考核的资格，成绩记零分。

（11）机床在工作中发生故障或产生不正常现象时应立即停机，保持现场状态，同时应立即报告当值考核师。因设备故障所造成的停机排除时间，考生应抓紧时间完成其他工作内容，现场考核师经请示核准后酌情补偿考核时间。

（12）考生完成考核项目后，提请考核师到工位处检查确认并登记相关内容，考核终止时间由考核师记录，考生签字确认；考生结束考核后不得再进行任何操作。

（13）考生不得擅自修改数控系统内的机床参数。

（14）考核师在考核结束前 15 分钟提醒考生剩余时间。当听到考核结束指令时，考生应立即停止操作，不得以任何理由拖延时间继续操作。离开考核场地时，不得将草稿纸等与考核有关的物品带离考核现场。

二、考核内容

考试现场操作的方式，以批量加工中试切件为考核项目，完成以下考核任务。

1. 职业素养与操作安全（8 分）

（1）规范操作设备；

（2）正确使用工具、量具；

（3）考核工位达到 6S 管理要求；

（4）现场安全与文明生产。

2. 编制数控加工工艺文件（12 分）

根据机械加工工艺过程卡，完成指定零件和工序的工艺文件编制：

（1）机械加工工序卡（附件一）；

（2）数控加工刀具卡（附件二）；

（3）数控加工程序卡（附件三）。

3. 完成零件编程及加工（80 分）

（1）按照任务书要求，完成零件的加工（70 分）；

（2）根据零件自检表完成零件的部分尺寸自检（5 分）；

（3）按照任务书要求完成零件的装配（5 分）。

三、考核提供的考件及标准件

序号	零件名称	材料	规　　格	数量	备注
1	轴承座	2A12 铝	80mm × 80mm × 25mm	1	毛坯
2	深沟球轴承	轴承钢	型号：16004；外径：42mm；内径：20mm；厚度：8mm	1	标准件
注明：每一名考生每次考试过程中只允许使用一个毛坯					

四、考核图纸

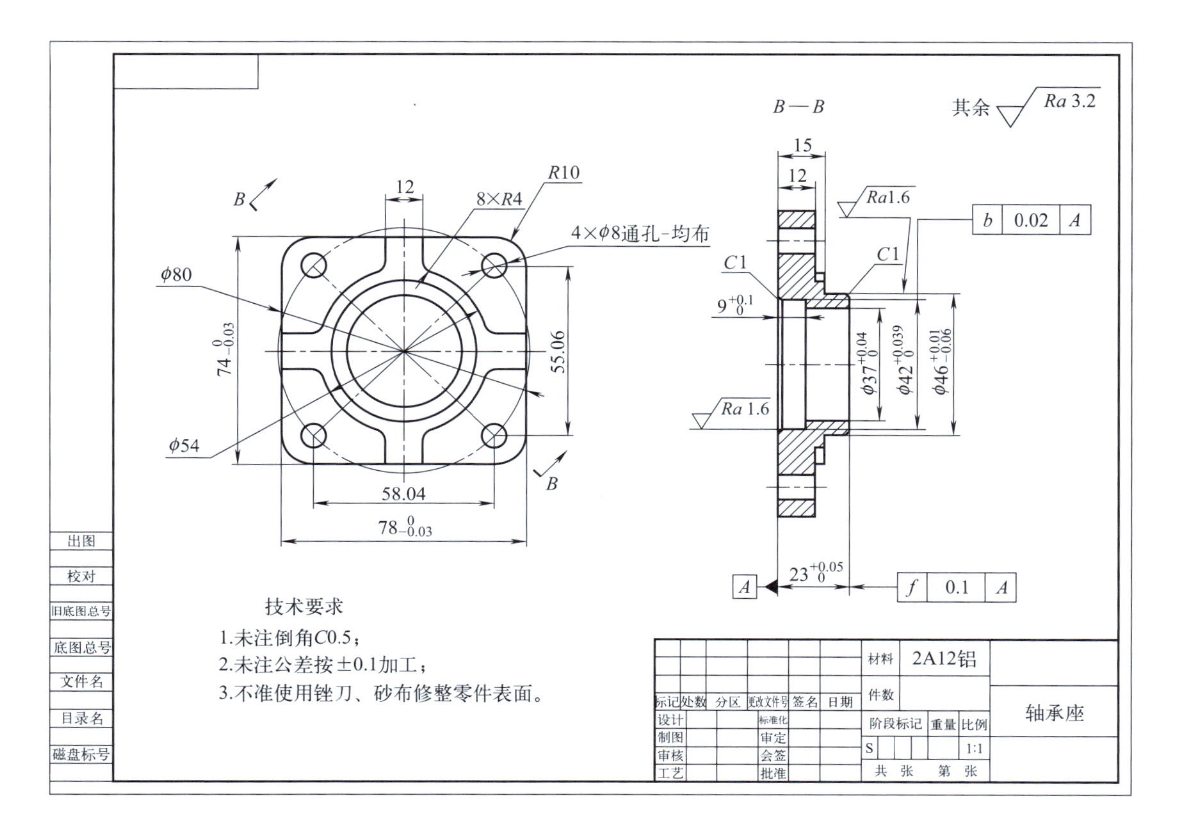

五、机械加工工艺过程卡

<table>
<tr><td colspan="2" rowspan="2">零件名称</td><td colspan="2" rowspan="2">轴承座</td><td colspan="3" rowspan="2">机械加工工艺过程卡</td><td>毛坯种类</td><td>方料</td><td>共 1 页</td></tr>
<tr><td>材料</td><td>2A12 铝</td><td>第 1 页</td></tr>
<tr><td>工序号</td><td>工序名称</td><td colspan="6">工序内容</td><td>设备</td><td>工艺装备</td></tr>
<tr><td>10</td><td>备料</td><td colspan="6">备料 80mm × 80mm × 25mm，材料为 2A12 铝</td><td></td><td></td></tr>
<tr><td>20</td><td>数铣</td><td colspan="6">粗、精铣反面平面、78mm × 74mm × 12mm 的外形及 ϕ42mm、ϕ37mm 内孔，钻 4 × ϕ8mm 孔至图纸要求及倒角</td><td>VMC850</td><td>机用虎钳</td></tr>
<tr><td>30</td><td>数铣</td><td colspan="6">粗、精铣正面平面、ϕ54mm、ϕ46mm 的圆台、12mm 宽十字凸台至图纸要求及倒角</td><td>VMC850</td><td>机用虎钳</td></tr>
<tr><td>40</td><td>钳</td><td colspan="6">锐边倒钝，去毛刺</td><td>钳台</td><td>台虎钳</td></tr>
<tr><td>50</td><td>清洗</td><td colspan="6">用清洁剂清洗零件</td><td></td><td></td></tr>
<tr><td>60</td><td>检验</td><td colspan="6">按图样尺寸检验</td><td></td><td></td></tr>
<tr><td>编制</td><td colspan="2"></td><td colspan="2">日期</td><td></td><td>审核</td><td></td><td>日期</td><td></td></tr>
</table>

附件一、机械加工工序卡（轴承座工序 20）

<table>
<tr><td rowspan="2">零件名称</td><td rowspan="2"></td><td colspan="2" rowspan="2">机械加工工序卡</td><td rowspan="2">工序号</td><td rowspan="2"></td><td rowspan="2">工序
名称</td><td rowspan="2"></td><td>共　页</td></tr>
<tr><td>第　页</td></tr>
<tr><td>材料</td><td></td><td>毛坯状态</td><td></td><td>机床设备</td><td></td><td colspan="2">夹具名称</td><td></td></tr>
</table>

（工序简图）

<table>
<tr><td>工步号</td><td colspan="3">工步内容</td><td>刀具
编号</td><td>刀具
名称</td><td>量具
名称</td><td>主轴转速
/（r/min）</td><td>进给速度
/（mm/
min）</td><td>背吃
刀量
/mm</td></tr>
<tr><td></td><td colspan="3"></td><td></td><td></td><td></td><td></td><td></td><td></td></tr>
<tr><td></td><td colspan="3"></td><td></td><td></td><td></td><td></td><td></td><td></td></tr>
<tr><td></td><td colspan="3"></td><td></td><td></td><td></td><td></td><td></td><td></td></tr>
<tr><td>编制</td><td></td><td>日期</td><td></td><td>审核</td><td colspan="2"></td><td>日期</td><td colspan="2"></td></tr>
</table>

附件二、数控加工刀具卡（轴承座工序 20）

<table>
<tr><td>零件名称</td><td colspan="2"></td><td colspan="3">数控加工刀具卡</td><td>工序号</td><td colspan="2"></td></tr>
<tr><td>工序名称</td><td colspan="2"></td><td>设备名称</td><td colspan="2"></td><td>设备型号</td><td colspan="2"></td></tr>
<tr><td rowspan="2">工步号</td><td rowspan="2">刀具号</td><td rowspan="2">刀具名称</td><td rowspan="2">刀具材料</td><td rowspan="2">刀柄型号</td><td colspan="3">刀具</td><td rowspan="2">补偿量/mm</td></tr>
<tr><td>刀尖半径/mm</td><td>直径/mm</td><td>刀长/mm</td></tr>
<tr><td></td><td></td><td></td><td></td><td></td><td></td><td></td><td></td><td></td></tr>
<tr><td></td><td></td><td></td><td></td><td></td><td></td><td></td><td></td><td></td></tr>
<tr><td></td><td></td><td></td><td></td><td></td><td></td><td></td><td></td><td></td></tr>
<tr><td></td><td></td><td></td><td></td><td></td><td></td><td></td><td></td><td></td></tr>
<tr><td>编制</td><td></td><td>审核</td><td></td><td>批准</td><td></td><td>共 页</td><td>第 页</td><td></td></tr>
</table>

附件三、数控加工程序卡（轴承座工序 20）

<table>
<tr><td colspan="2" rowspan="2">数控加工程序卡</td><td>产品名称</td><td></td><td>零件名称</td><td></td><td>共 页</td></tr>
<tr><td>工序号</td><td></td><td>工序名称</td><td></td><td>第 页</td></tr>
<tr><td>序号</td><td>程序编号</td><td>工序内容</td><td>刀具</td><td>背吃刀量（相对最高点）</td><td colspan="2">备注</td></tr>
<tr><td></td><td></td><td></td><td></td><td></td><td colspan="2"></td></tr>
<tr><td></td><td></td><td></td><td></td><td></td><td colspan="2"></td></tr>
<tr><td></td><td></td><td></td><td></td><td></td><td colspan="2"></td></tr>
<tr><td></td><td></td><td></td><td></td><td></td><td colspan="2"></td></tr>
<tr><td></td><td></td><td></td><td></td><td></td><td colspan="2"></td></tr>
<tr><td colspan="4">装夹示意图：</td><td colspan="3">装夹说明：</td></tr>
<tr><td colspan="2">编程 / 日期</td><td></td><td>审核 / 日期</td><td colspan="3"></td></tr>
</table>

六、零件自检表

零件名称		轴承座		允许读数误差		± 0.007mm		
序号	项目	尺寸要求 /mm	使用的量具	测量结果				项目判定
				No.1	No.2	No.3	平均值	
1	内孔	$\phi42^{+0.039}_{0}$						合 否
2	长度	$78^{0}_{-0.03}$						合 否
3	深度	$23^{+0.05}_{0}$						合 否
4								合 否
结论（对上述三个测量尺寸进行评价）			合格品　次品　废品					
处理意见								

考生签字：

日期：

模块一

数控车铣加工（中级）实操考核前的准备

【任务描述】

根据数控车铣加工职业技能等级（中级）标准和任务书，了解数控车铣加工（中级）应具备的知识、能力、素质，清楚实操考核所用的工具、加工对象、工作内容和评价标准。

【学习目标】

1. 理解数控车铣加工职业技能等级（中级）标准。

2. 清楚数控车铣加工职业技能等级（中级）实操考核内容。

3. 能根据数控车铣加工职业技能等级（中级）标准和考核任务书，合理安排学习内容和进行技能练习。

4. 能根据数控车铣加工职业技能等级（中级）标准和考核任务书要求，理解安全、质量、精细等素质要求。

【任务书】

数控车铣加工职业技能等级（中级）考核，涉及数控机床操作、工件材料和刀具选择、机械加工工艺、公差、质量检测等多个方面，实操考核前应对数控车铣加工职业技能等级（中级）标准、考核任务书有一定的了解，为实操考核做好准备。本模块的主要任务为：

1. 分析数控车铣加工职业技能等级（中级）标准。

2. 解析数控车铣加工职业技能等级（中级）实操考核内容。

3. 理解数控车铣加工职业技能等级（中级）实操考核技能点。

4. 清楚实操考核应提交的成果与资料。

数控车铣加工职业技能等级（中级）标准解析

一、数控车铣加工职业技能等级证书的作用

引导问题 1：数控车铣加工职业技能等级证书是由哪个机构颁发的？________

____

2019 年 4 月，教育部启动了“学历证书 + 若干职业技能等级证书”（即 1+X 证书）制度试点工作，2020 年 3 月教育部职业技术教育中心研究所公布了《关于确认参与 1+X 证书制度试点的第三批职业教育培训评价组织及职业技能等级证书的通知》（教职所〔2020〕21 号），数控车铣加工职业技能等级证书是其中之一，武汉华中数控股份有限公司为该证书的“培训评价组织”，证书由华中数控股份有限公司颁发。

引导问题 2：获取数控车铣加工职业技能等级证书有什么作用？________

____

职业技能等级证书是我国技能人才评价体系的重要组成部分，用人单位已将职业技能等级证书作为招聘、录用的主要依据之一。“1+X 证书”制度，在于鼓励学生获得学历证书的同时，积极获取多类职业技能等级证书。数控车铣加工职业技能等级证书，一是对学生在校的相关课程的学习成果的肯定；二是为想在数控领域工作的学生增强就业保障；三是可作为“一专多能”复合型人才的资历证明，提高就业适配度。

二、数控车铣加工职业技能等级考核的内容

引导问题 3：数控车铣加工职业技能等级证书很难获得吗？____

《数控车铣加工职业技能等级证书标准》一是强调复合型技术技能人才的培养和评价。强调数控车和数控铣技能的综合培养和评价，强调数控加工和数控设备维护保养能力的培养和评价，强调技术和生产管理的培养和评价，强调专业技术、技能和职业素养的培养和评价。二是实操考题贴近企业。通过对企业实际生产零件某些结构上的改进和工艺上的整合，使得考题贴近企业，同时又可以考核学生的多个技能点。三是考核的工装夹具和毛坯类型贴近企业。考核涉及的夹具包括精密虎钳、三爪卡盘、专用夹具，装夹方式也有三爪夹紧、一夹一顶、内抓夹紧等多种方式。车削坯料包括棒料、环形料、铸锻件，铣削坯料包括圆盘料、方料、铸件等。四是考核过程、结果可追溯。考核加工过程全程监控，评价结果输入职业教育培训评价组织的专用证书系统中，可查询和下载电子证书。五是建立动态调整题库机制。职业技能等级证书是社会化运行、竞争性管理模式的一种创新，数控车铣加工职业技能等级证书题库将不断筛选企业优秀案例，将新技术、新工艺融入试题中。

引导问题 4：数控车铣加工职业技能等级（中级）应具有哪些能力？____

根据《数控车铣加工职业技能等级标准》，数控车铣加工职业技能等级（中级）整体要求为“根据图纸和零件加工工艺文件要求，使用数控机床、计算机及 CAD/CAM 软件等，完成零件的实体和曲面造型，编写车铣配合零件的数控机床加工程序并操作数控机床完成切削加工，达到车铣配合零件的装配要求”。

引导问题 5：数控车铣加工职业技能等级（中级）考核点有哪些？____

数控车铣加工职业技能等级（中级）要求包括 CAM 软件编程、车铣配合件加工、

数控机床一级保养、新技术应用 4 个工作领域，其工作任务见图 1.1.1，职业技能要求见图 1.1.2 ～图 1.1.5。

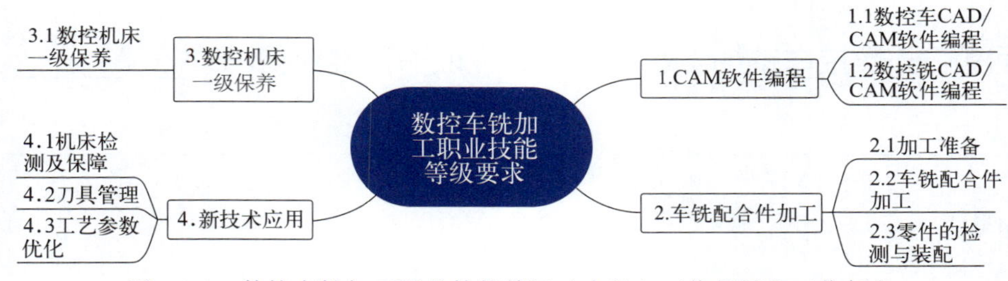

图 1.1.1　数控车铣加工职业技能等级（中级）工作领域和工作任务

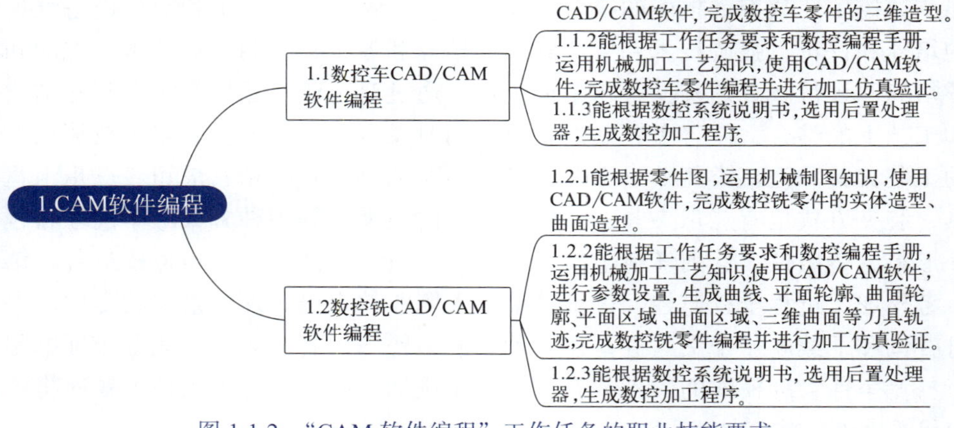

图 1.1.2　“CAM 软件编程”工作任务的职业技能要求

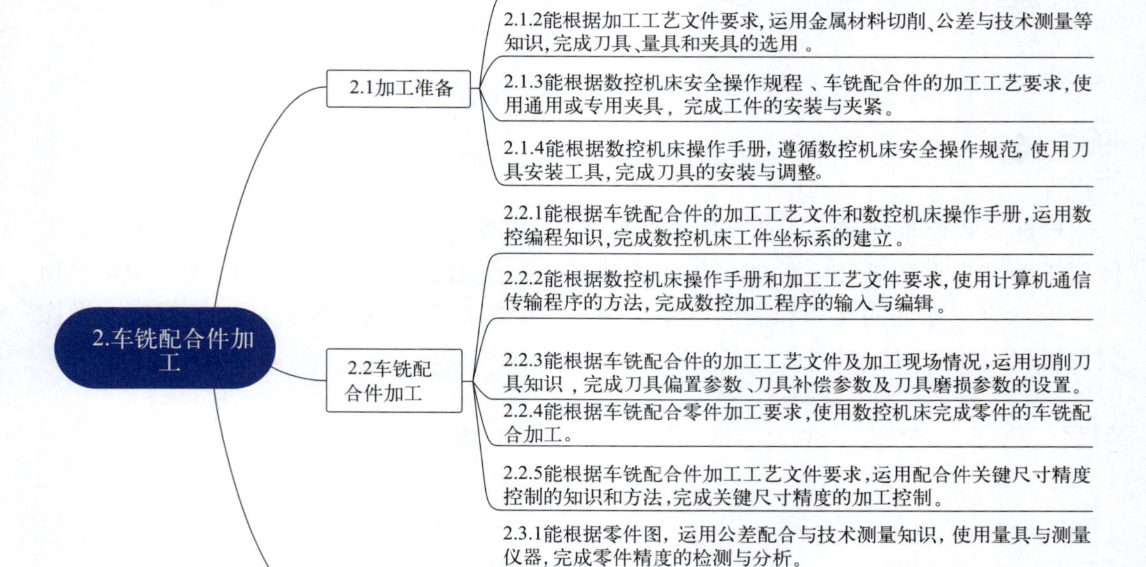

图 1.1.3　“车铣配合件加工”工作任务的职业技能要求

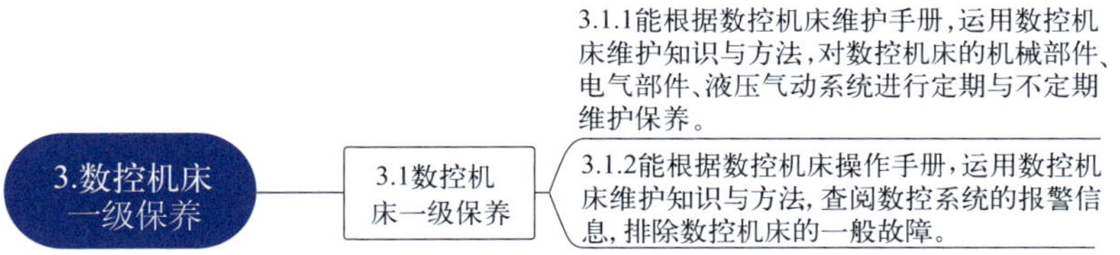

3.数控机床一级保养

3.1数控机床一级保养

3.1.1能根据数控机床维护手册，运用数控机床维护知识与方法，对数控机床的机械部件、电气部件、液压气动系统进行定期与不定期维护保养。

3.1.2能根据数控机床操作手册，运用数控机床维护知识与方法，查阅数控系统的报警信息，排除数控机床的一般故障。

图 1.1.4 “数控机床一级保养”工作任务的职业技能要求

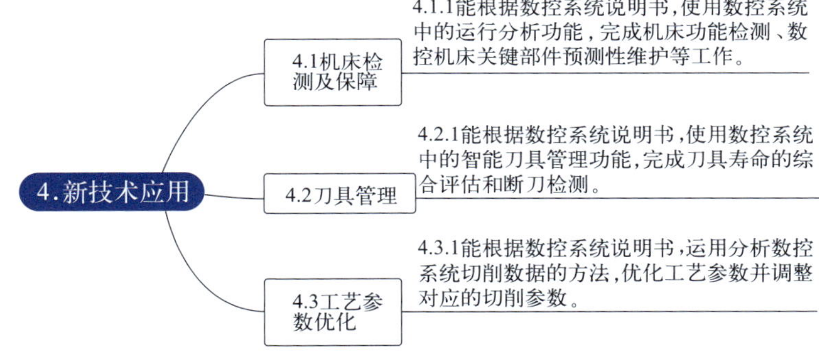

图 1.1.5 “新技术应用”工作任务的职业技能要求

三、证书获取

引导问题 6：数控车铣加工职业技能等级（中级）证书如何颁发？________

____

学员通过考核后，可通过“职业技能等级证书信息管理服务平台”下载职业技能等级证书。

数控车铣加工职业技能等级（中级）考核任务书解读

数控车铣加工职业技能等级（中级）实操考核包括机床编程和加工两个部分。

一、考核技能点分析

数控车铣加工职业技能等级（中级）实操考核任务书包括考核要求、考核内容、考核提供的考件及标准件、考核图纸、机械加工工艺过程卡、零件自检等内容。

引导问题 1：数控车铣加工职业技能等级（中级）证书实操考核有哪些要求？____

____

“考核要求”主要是告知考生考核需注意的相关事项，包括考试时间、考核场次和考核工位的安排、着装等内容。具体可参考“数控车铣加工职业技能等级实操考核任务书”样例。

引导问题 2：数控车铣加工职业技能等级（中级）证书实操考核主要有哪些技能点？____

____

1. 职业素养

此项考核主要包括以下几个方面：数控机床常规操作和日常检查与保养、机床超程等机床常见软故障排除、通用夹具的安装与使用、刀具与工件的安装、坐标系设定，以及安全、整理、清洁、记录等常规要求。此项考核共计 8 分。

2. 加工工艺

主要考核项为机械加工工序卡、数控加工刀具卡和数控加工程序卡的编制，包括各表单的表头信息、工步内容、切削参数、装夹示意图及装夹说明等内容。此项考核共计 12 分。

3. 零件自检

主要考核考生质检及对产品出现的问题进行处理的能力。考生依据任务书给出的车、铣件各三个部位的尺寸进行尺寸测量并判定其是否合格，给出处理意见。评委根据自检处理结果的合理性进行评价。此项考核共计 5 分。

4. 零件质检

主要考核考生数控机床操作与零件加工的能力。从车 / 铣件的主要尺寸、形位公差、表面粗糙度三个维度对加工件进行检查。其中，重点考核主要尺寸的合格性。此项考核，车、铣件各计 35 分。

5. 零件装配

主要考核轴、套类零件的装配能力，从传动轴与轴承装配、轴承座与轴承座装配、部件整体装配性能三个方面进行考核。此项考核共计 5 分。

二、实操考核提供的资料

引导问题 3：数控车铣加工职业技能等级（中级）证书实操考核时，组织方会为考生提供哪些软、硬件资料？________________________

____

1. 考核用图纸

考核任务书中会给出车、铣件的零件图和装配图，提出零件加工要求和加工后的装配要求。

2. 机械加工工艺过程卡

考核任务书中会分别给出车、铣件的机械加工工艺过程卡供考生参考。

3. 考件及装配用标准件

考试组织方会根据任务书要求加工的零件及其装配图纸，提供车、铣件所用的毛坯，以及装配所用的标准件。

4. 计算机硬件配置及 CAD/CAM 软件等相关软件

考试组织方对各考点的计算机硬件配置及 CAD/CAM 软件等相关软件作统一要求，考生不得使用自带软件。考点应为考生提供多种主流软件，如 NX、Mastercam、CAXA、Cimatron 等新版 CAD/CAM 软件，WPS 或 Office 等办公自动化软件。

5. 刀具、量具及附件清单

各考点根据考核零件加工要求，提供必要的刀具、量具及附件清单。需要考生自带的刀具、量具及附件清单，会提前告知，让考生有足够时间准备。

6. 安全防护用品清单

工作服、安全帽、电工鞋、护目镜等防护用品一般需要考生自带。

三、实操考核需要提交的资料与成果

引导问题 4：实操考核结束时，考生需要上交的材料有哪些？______________

____

（1）加工后的车削件或铣削件，并按要求在工件上标记考号。

（2）抽中车件考核的考生的按任务书指定的数控车工序的工序卡和指定工序的数控铣工序的程序卡。

（3）抽中铣件考核的考生的按任务书指定的数控铣工序的刀具卡和指定工序的数控铣工序的程序卡。

（4）零件自检表。

模块二

数控车铣配合件的手工编程与加工

【任务描述】

根据任务书所给传动轴、轴承座的图纸和机械加工工艺过程卡，编制传动轴、轴承座指定工序的机械加工工序卡、数控加工刀具卡和数控加工程序卡；手工编写传动轴的数控车削程序，并操作数控车床加工出合格品；手工编写轴承座外轮廓的精铣程序和钻孔程序。

【学习目标】

1. 能根据所给零件图和机械加工工艺过程卡，设计传动轴和轴承座的数控加工工艺方案，编写机械加工工序卡、数控加工刀具卡和数控加工程序卡。

2. 能根据传动轴工艺文件要求和数控车床编程指令，编写由直线和圆弧构成的二维轮廓，以及螺纹、内外槽等型面的粗车和精车加工程序。

3. 能根据传动轴工艺要求，熟练操作数控车床，完成传动轴零件的数控加工，并达到图纸要求。

4. 能根据轴承座工艺文件要求和数控铣床编程指令，编写由直线和圆弧构成轮廓的精铣程序和钻孔程序。

5. 能根据零件的技术要求，合理选用量具、量仪，完成传动轴的尺寸精度、形位精度和表面粗糙度的检测。

6. 能严格按照数控车床操作规程和车间要求工作，养成良好的6S习惯，形成严谨的工作态度和专业、专注的精神。

【任务书】

按照 1+X 数控车铣加工职业技能等级（中级）实操考核任务书要求，需要编写传动轴零件的机械加工工序卡、数控加工刀具卡和数控加工程序卡；手工编写传动轴数控车削程序，并操作数控车床加工出合格品；手工编写轴承座外轮廓的精铣程序及钻孔程序。传动轴和轴承座的零件图及机械加工工艺过程卡见考核任务书。接受任务后，请查询有关资料获取数控车削和数控铣削加工工艺、编程指令等相关信息，完成以下任务：

1. 设计传动轴的数控加工工艺方案，填写机械加工工序卡、数控加工刀具卡、数控加工程序卡。

2. 手工编写传动轴的数控车削程序。

3. 选择合适的工具并操作数控车床加工出传动轴成品，进行产品自检。交付质检员验收后，填写工作单、整理好工具等物品、清理机床和场地、归档好资料，若有废弃物品，按环保要求处置。

4. 设计轴承座的数控加工工艺方案，填写机械加工工序卡、数控加工刀具卡、数控加工程序卡。

5. 手工编写轴承座部分外轮廓和小孔的数控铣削程序。

任务一

传动轴数控车削工艺文件的编制

【工作准备】

一、传动轴车削工艺性分析

引导问题 1：如何确定传动轴零件毛坯？

从材料、切削性能、毛坯种类及尺寸等方面考虑，可参考工程材料、机械制造基础等相关资料。

引导问题 2：传动轴零件结构工艺性如何？

从零件图纸标注尺寸是否齐全、清晰、合理，以及有无形位公差要求和各加工表面的表面质量等方面考虑。可参考机械制图、公差与配合等相关资料。

引导问题 3：综合分析传动轴零件图样，填写表 2.1.1，为数控车削工序的制定做准备。

表 2.1.1　传动轴数据表

序号	项目	部位或尺寸	精度要求或偏差范围
1	主要加工尺寸		
2			
3			

续表

序号	项目	部位或尺寸	精度要求或偏差范围
4	主要加工尺寸		
5			
6	形位公差		
7	表面质量		

二、数控车削用刀具选择

引导问题 4：根据传动轴零件图样，从图 2.1.1 中选用合适的数控车削刀具，并说明选用的理由。________________

____

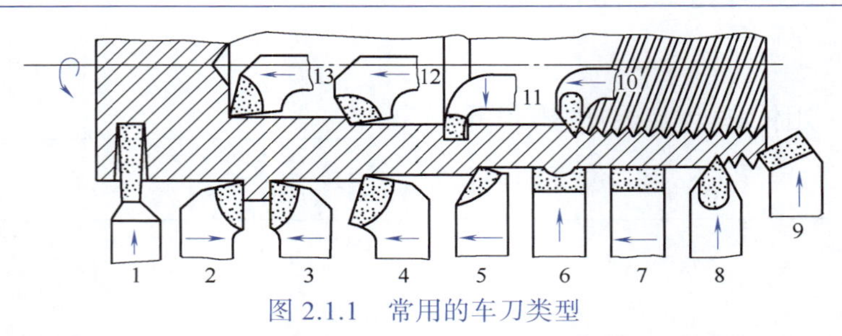

图 2.1.1 常用的车刀类型

1—切断刀；2—90°左偏刀；3—90°右偏刀；4—弯头车刀；5—直头车刀；6—成型车刀；7—宽刃精车刀；8—外螺纹车刀；9—端面车刀；10—内螺纹车刀；11—内槽车刀；12—通孔车刀；13—盲孔车刀

三、数控车削工序制定原则

引导问题 5：依据传动轴机械加工工艺过程卡，确定车削传动轴加工的定位基准，拟定传动轴数控车削的工艺路线。________________

____

相关知识点

选择定位基准时，应充分发挥数控机床的优势，注意减少装夹次数，尽量做到在一次装夹中把零件上所有要加工的表面都加工出来。定位基准应尽量与设计基准重合，以减小定位误差对尺寸精度的影响。数控加工工序制定一般采用以下原则或方法。

1. 工序集中原则

数控机床可加工的内容较普通机床多，加工内容也比通用机床复杂。因此，数控机床宜采用工序集中原则，这样利于减少零件的装夹次数，保证零件的精度要求。

2. 先粗后精原则

粗加工的切削力较大，易使零件产生变形，需要一定时间恢复。因此，粗加工后不宜接着安排精加工。编制加工工艺时，一般按粗、精加工分开的原则安排工序内容和加工顺序，先粗加工，后精加工。对于精度要求不高的零件，也可将粗、精加工一次完成。对于刚性较差的零件，可在粗、精加工之间，稍松开工件一段时间以释放粗加工产生的应力，再进行精加工。

3. 基准先行原则

在安排工序内容时，应首先安排零件粗、精加工要用到的定位基准面或基准孔的加工。当零件重新装夹后，应考虑精修基准面或基准孔，也可采用已加工表面作为新的定位基准面。

4. 先面后孔原则

零件上既有面加工又有孔加工时，一般采用先加工面、后加工孔的原则安排工序内容，以提高孔的加工精度。

5. 先内后外、内外交叉原则

零件的外圆和孔都需要加工时，因孔内冷却效果不好，易产生热变形，因此，车削时一般先粗加工孔。对精度要求较高的内、外圆，一般内外加工交叉进行。

6. 其他原则和方法

（1）以一次装夹所能加工的内容安排工序内容。这种方法适于加工内容不多的零件，加工完成后就能达到待检状态。

（2）以同一把刀具加工的内容安排工序内容。

（3）以加工部位安排工序内容。对于加工内容很多的零件，按其结构特点将加工部位分成几个部分，如内形、外形、曲面或平面等。一般原则是先加工简单的几何形状，再加工复杂的几何形状；先加工精度要求较低的部位，再加工精度要求较高的部位。

引导问题 6：为保证传动轴的位置精度，加工时应如何装夹工件？________

____

相关知识点

机械加工中，为保证位置精度，一般遵循“基准重合、统一基准、互为基准、自为基准”原则安排定位与装夹方法。

四、数控车床坐标系和工件坐标系

引导问题 7：使用数控车床车削零件，如何确定加工位置？________________

____

（一）数控车床坐标系概述

数控机床运动部件（工作台或刀架）的位置由坐标体现。数控机床坐标系采用国际通用的标准坐标系，即右手笛卡儿坐标系。将右手拇指、食指、中指互相垂直，分别代表 $+X$、$+Y$、$+Z$ 轴，围绕 $+X$、$+Y$、$+Z$ 轴的回转运动分别用 $+A$、$+B$、$+C$ 表示，其正向用右手螺旋定则确定。与 $+X$、$+Y$、$+Z$、$+A$、$+B$、$+C$ 相反的方向，用“-”号表示，如图 2.1.2 所示。

确定数控机床坐标轴时，一律假定刀具移动，被加工工件相对静止，并规定刀具远离工件的方向为坐标轴的正方向。机床主轴旋转运动的正方向为右旋螺纹切入工件的方向。$+X'$、$+Y'$、$+Z'$ 是机床移动工件的方向。

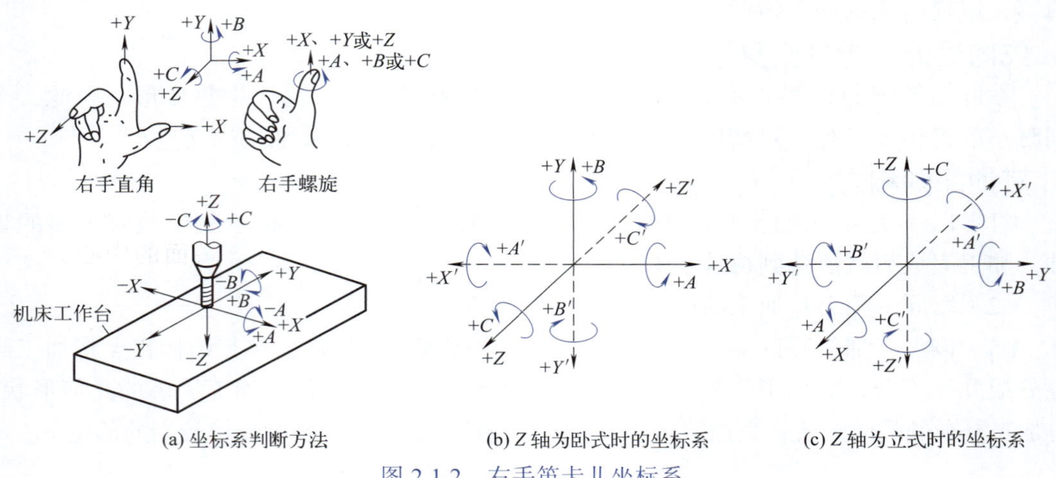

图 2.1.2　右手笛卡儿坐标系

（二）数控车床坐标轴的确定方法

一般先确定 Z 轴，再确定 X 轴，最后确定 Y 轴。

Z 轴通常为主轴轴线，取刀具远离工件的方向为正方向；X 轴一般平行于工件的装夹表面，并与 Z 轴垂直。对于车床而言，其 X 轴沿工件径向，且平行于横滑板座，如图 2.1.3 所示。Y 轴根据 X 和 Z 轴的运动方向，按照右手笛卡儿坐标系来确定。数控车床一般不需要用到 Y 轴。

（三）数控车床坐标系

1. 数控车床的机械原点与参考点

数控机床坐标系的原点又称为机床原点或机械原点，是机床上一个固定的点，由机床设计者设定。该点是其他所有坐标，如机床参考点、工件坐标系的基准点，也是制造和调整机床的基础，一般不允许用户改变。机床原点通过机床参考点间接确定。

数控车床的坐标系原点一般设在卡盘表面的中心，参考点通常设在导轨极限位置的刀架上，如图 2.1.4 所示。

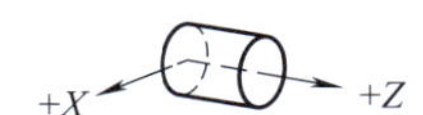

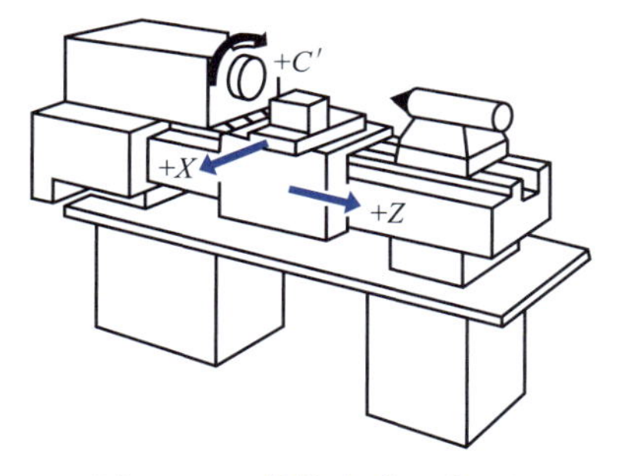

图 2.1.3　数控车床坐标系

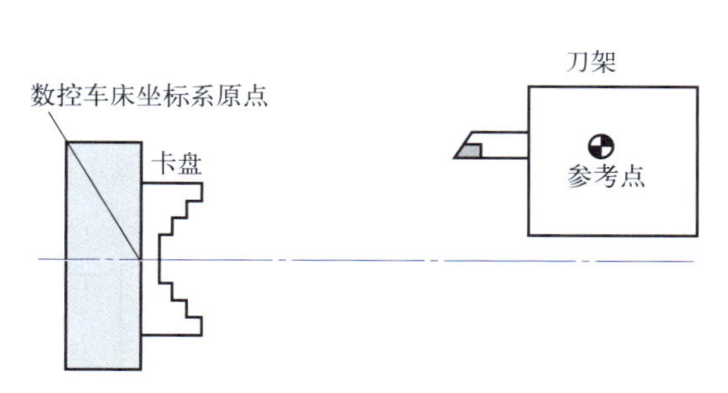

图 2.1.4　数控车床参考点位置示意图

2. 工件坐标系与工件原点

工件坐标系又称编程坐标系或工作坐标系，是编程时用来定义工件形状和刀具相对于工件运动的坐标系。为保证编程与机床加工的一致性，工件坐标系也应是右手笛卡儿坐标系。工件装夹到机床上时，应使工件坐标系与机床坐标系的坐标轴方向保持一致。

工件坐标系原点也称编程零点或工件零点、工件原点，其位置由编程者确定。从利于编程和实际加工的角度出发，数控车床编程时一般选择零件右端面的中心为工件原点，坐标轴名称及方向如图 2.1.5 所示。

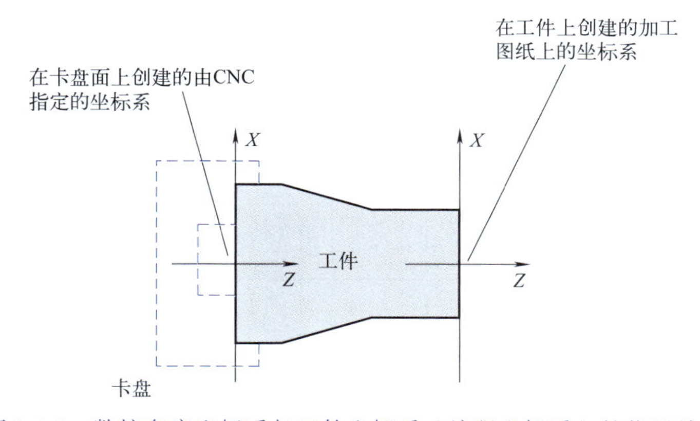

图 2.1.5　数控车床坐标系与工件坐标系（编程坐标系）的位置关系

【任务实施】

一、编写传动轴左侧数控车削工艺文件

依据任务书中传动轴机械加工工艺过程卡，确定工序 20 的数控车削工艺路线为：

车端面→钻孔→粗、精车左端外圆→车螺纹底孔→车退刀槽→车螺纹。工序 20 的相关工艺文件见表 2.1.2 ～表 2.1.4。

表 2.1.2　传动轴工序 20 的机械加工工序卡

零件名称	轴	机械加工工序卡		工序号	20	工序名称	数车	共 1 页 第 1 页
材料	45 钢	毛坯状态	棒料	机床设备	CAK6140	夹具名称		三爪卡盘

（工序简图）

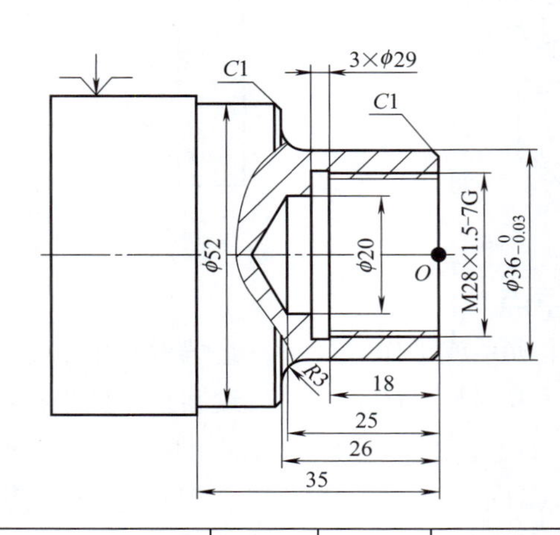

工步号	工步内容	刀具编号	刀具名称	量具名称	主轴转速 /（r/min）	进给速度 /（mm/min）	背吃刀量 /mm
1	将工件用三爪卡盘夹紧，伸出长度不小于 40mm	T01	90° 右偏刀	游标卡尺			
2	车端面见平	T01	90° 右偏刀		800	80	0.2
3	钻 M28×1.5-7G 螺纹底孔 ϕ20mm，长度大于 25mm		麻花钻	游标卡尺	500	50	1.5
4	粗车、精车 $\phi 36_{-0.03}^{0}$mm 外圆、R3mm 圆角、两处 C1mm 倒角到尺寸。其余外圆粗车、精车到 ϕ52mm，至长 35mm 处	T01	90° 右偏刀	外径千分尺	粗车 1200；精车 1500	粗车 200，精车 100	粗车 1，精车 0.2
5	粗车、精车内孔至 ϕ26.5mm，长 21mm，倒角	T02	盲孔车刀	游标卡尺	粗车 1000；精车 1200	粗车 150，精车 100	粗车 1，精车 0.2
6	车 3mm×ϕ29mm 内退刀槽	T03	内槽车刀		400	40	0.2
7	车 M28×1.5-7G 内螺纹至图纸要求	T04	60° 内螺纹车刀	游标卡尺	600	进给量为 1.5mm/r	第 1 刀 0.4；最小切入量 0.1

编制	***	日期	******	审核	***	日期	******

表 2.1.3　传动轴数控加工刀具卡（工序 20）

零件名称		传动轴	数控加工刀具卡			工序号	20	
工序名称		数车	设备名称	数控车床		设备型号	CAK6140	
工步号	刀具编号	刀具名称	刀具材料	刀柄尺寸 /mm	刀具			补偿量 /mm
					刀尖半径 /mm	直径 /mm	刀长 /mm	
1	T01	90° 右偏刀	硬质合金	25 × 25				
2		麻花钻	高速钢					
3	T01	90° 右偏刀	硬质合金	25 × 25				
4	T02	盲孔车刀	硬质合金	ϕ10				
5	T03	内槽车刀	硬质合金	ϕ10				
6	T04	60° 内螺纹车刀	硬质合金	ϕ10				
编制	***	审核	***	批准		共　页	第　页	

表 2.1.4　传动轴数控加工程序卡（工序 20）

数控加工程序卡		产品名称		零件名称		共　页
		工序号	20	工序名称		第　页

序号	程序编号	工序内容	刀具	背吃刀量（相对最高点）/mm	备注
1	%0001	粗车 $\phi36_{-0.03}^{0}$mm 外圆、R3mm 圆角、两处 C1mm 倒角；其余外圆粗车到长 35mm 处。各部分径向均留精车余量 0.2mm	T01	9.4	最大半径量
2	%0002	精车 $\phi36_{-0.03}^{0}$mm 外圆、R3mm 圆角、两处 C1mm 倒角到尺寸。其余外圆精车到 ϕ52mm，至长 35mm 处	T01	0.2	
3	%0003	粗车内孔至 ϕ26.5mm，长 21mm，倒角	T02	3.25	最大半径量
4	%0003	车 3mm × ϕ29mm 内退刀槽	T03	1.25	最大半径量
5	%0003	车 M28 × 1.5-7G 内螺纹至图纸要求	T04	0.75	

装夹示意图：

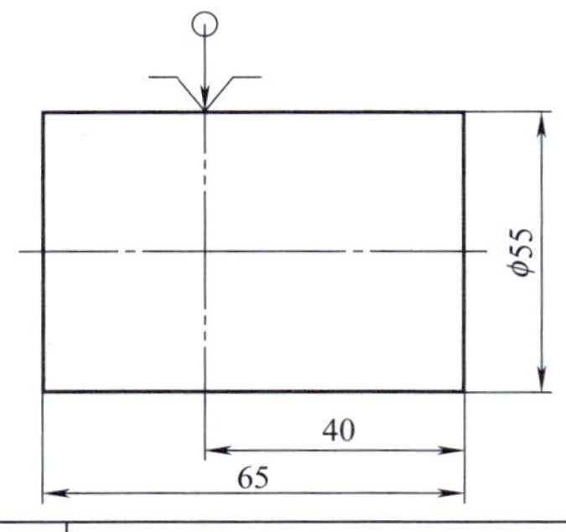

装夹说明：
将工件用三爪卡盘夹紧，伸出长度不小于 40mm

编程 / 日期		审核 / 日期	

工序卡编制要点如下。

（1）工序设计。本工序是零件的第一道数控车削工序，先以毛坯外圆定位，毛坯伸出卡盘不小于40mm。零件毛坯是刚性轴，采用三爪卡盘夹紧即可。按照“先面后孔、先粗后精、先内后外、内外交叉”的原则安排内、外圆的加工。先车端面见平，再手动钻孔；然后粗车、精车 $\phi36_{-0.03}^{0}$mm 外圆到尺寸。为方便工序20的定位找正，同时车出 $\phi52$mm 外圆。内螺纹车削前需先车到螺纹底孔（计算公式：内螺纹底孔径 = 螺纹大径 - 螺距），再车出退刀槽，最后执行螺纹车削程序。

（2）刀具选用。传动轴左端结构涉及外圆、内孔、内退刀槽、螺纹等特性面的加工，需要使用外圆车刀、内圆车刀、内径槽刀、内螺纹刀等刀具。从材料切削加工性能，以及刀具成本、加工效率和质量出发，选用YT类刀具材料。

（3）车削用量的确定。数控车削（切削）用量主要为背吃刀量（切削深度）a_p、切削速度 v_c 或主轴转速 n、进给速度 F 或进给量 f。切削用量对切削力、刀具磨损、加工质量和加工成本均有显著影响。粗车时，一般选择较大的背吃刀量 a_p 和进给量 f、合理的切削速度。精加工时，一般选用较小的进给量 f 和背吃刀量 a_p、较高的切削速度。

① 背吃刀量的确定。背吃刀量一般根据工件的加工余量来确定。半精车的背吃刀量一般取0.5～1mm，精车的背吃刀量取0.1～0.4mm。

② 进给速度（进给量）的确定。一般粗车进给量取0.3～0.8mm/r；精车进给量取0.1～0.3mm/r；切断时的进给量取0.05～0.2mm/r。车削加工的进给速度与进给量之间的关系为：

$$F=fn$$

式中，F 为进给速度mm/min；f 为进给量，mm/r；n 为主轴转速，r/min。

③ 切削速度的确定。a_p 和 f 选定后，在保证刀具合理耐用度的条件下，确定切削速度。一般，粗车或工件材料切削性能较差的情况下，选择较低的切削速度。精加工或工件材料切削性能较好的条件下选择较高的切削速度。此外，刀具材料的切削性能越好，切削速度则可选得越高。

切削速度与转速之间的关系为

$$v_c=\pi dn/1000$$

式中，v_c 为切削速度，mm/min；d 为工件待加工表面的直径，mm；n 为主轴转速，r/min。

以上是车削（切削）用量一般的选择原则。实际生产中，切削用量应依据机床说明书、切削用量手册等相关资料，并结合经验而确定。表2.1.5所列是根据相关机械制造工艺手册整理的部分常用材料的车削参数，供参考。

（4）数控工序简图的画法。工序简图是工序卡上附加的工艺简图，工序图的绘制应满足下列要求。

表 2.1.5　常用材料车削用量推荐表

工件材料	刀具材料	v_c/（mm/min）	a_p/mm	f/（mm/r）
低碳钢	高速钢	30 ～ 40	0.3 ～ 5	0.1 ～ 0.5
	硬质合金（YT、YW）	90 ～ 180	0.3 ～ 10	0.08 ～ 1
中碳钢	高速钢	20 ～ 30	0.5 ～ 5	0.1 ～ 0.5
	硬质合金（YT、YW）	60 ～ 160	0.3 ～ 8	0.08 ～ 1
合金钢	高速钢	15 ～ 25	0.3 ～ 5	0.1 ～ 0.5
	硬质合金（YT、YW）	40 ～ 130	0.3 ～ 5	0.08 ～ 1
灰铸铁	硬质合金（YG）	40 ～ 120	0.3 ～ 8	0.1 ～ 0.8
铝和铝合金	高速钢	40 ～ 70	0.1 ～ 10	0.1 ～ 0.5
	硬质合金（YG、YW）	150 ～ 300	0.1 ～ 10	0.1 ～ 0.5
淬火钢	硬质合金（YG、YS）	30 ～ 75	0.1 ～ 2	0.08 ～ 0.3

注：1. YT—钨钛钴硬质合金；YG—钨钴类硬质合金；YS—超细硬质合金；YW—通用硬质合金。

2. 粗车时选用低的切削速度、大的背吃刀量和进给量；精车时选用高的切削速度、小的背吃刀量和进给量。采用高速钢刀具车削低、中碳钢时，需避开易产生积屑瘤的切削速度区间。

① 用实线表示本工序的各加工表面，其他部位用细实线表示。

② 加工表面上应标注表面粗糙度符号。

③ 工序简图应标出本工序结束时应达到的尺寸、偏差及形状、位置公差。与本工序加工无关的技术要求一律不写。

④ 工序简图中应标明定位位置，以及定位和夹紧符号。

⑤ 工序简图中应标明坐标轴和编程零点。

⑥ 工序简图以适当的比例、最少的视图，表示出工件在加工中所处的位置状态，与本工序加工无关的部位不应表示。

⑦ 工序简图中的中间工序尺寸按“偏差入体原则”标注单向偏差，即外圆或外表面标注单向负的下偏差；孔或内表面应标注单向正的上偏差；中心距或其他位置尺寸标注双向对称偏差。中间工序尺寸的公差可依据加工经济精度表给出。对于最后工序的工序尺寸，应按图样要求标注。

二、传动轴右侧数控车削工艺要点

依据传动轴机械加工工艺过程卡，确定工序 30 的数控车削工艺路线为：车右端面→粗车、精车右端外圆各部→车退刀槽。

1. 工序设计

本工序为零件的第二道数控车削工序，采用粗车、精车加工保证传动轴右侧部分的尺寸和表面粗糙度要求。为保证$\phi36_{-0.03}^{0}$mm外圆与$\phi20_{-0.02}^{0}$mm外圆的同轴度要求，按照“基准重合”原则，以$\phi36_{-0.03}^{0}$mm外圆为精基准，以百分表对已加工的$\phi52$mm外圆找正，使其径向全跳动误差小于0.02mm。$3_{0}^{+0.14}$mm槽使用3mm宽的外圆槽刀分层车削，尺寸精度由槽刀保证。

2. 刀具选用

传动轴右侧结构涉及端面、外圆、外槽的加工，需使用外圆车刀和切断刀。

【实战演练】

依据传动轴 3 的零件图（图 2.1.6）和机械加工工艺过程卡（表 2.1.6），填写工序 20 的相关工艺卡（表 2.1.7~ 表 2.1.9）。

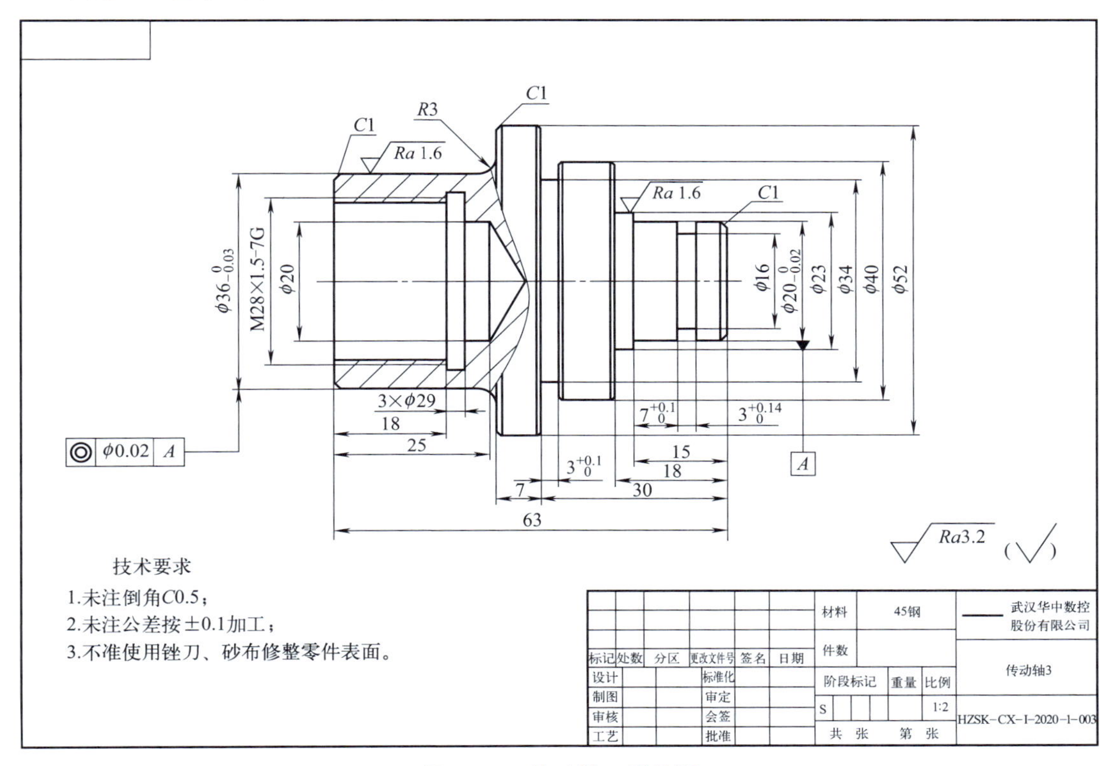

图 2.1.6　传动轴 3 零件图

表 2.1.6　传动轴 3 机械加工工艺过程卡

零件名称	传动轴	机械加工工艺过程卡	毛坯种类	棒料	共 1 页
			材料	45 钢	第 1 页
工序号	工序名称	工序内容		设备	工艺装备
10	备料	备料 φ55mm × 65mm，材料为 45 钢			
20	数车	车左端端面，粗、精车左端 φ36mm 外圆、R3mm 圆角，钻 φ20mm 底孔，车 3mm × φ29mm 退刀槽，车 M28 × 1.5-7G 内螺纹至图纸要求，倒角		CAK6140	三爪卡盘
30	数车	车右端端面保证总长 63mm，粗、精车右端 φ20mm、φ23mm、φ40mm、φ52mm 外圆，车 3mm × φ16mm、3mm × φ34mm 外圆槽至图纸要求，倒角		CAK6140	三爪卡盘
40	钳	锐边倒钝，去毛刺		钳台	台虎钳
50	清洗	用清洁剂清洗零件			
60	检测	按图样尺寸检测			
编制		日期		审核	日期

表 2.1.7　传动轴 3 机械加工工序卡（工序 20）

零件名称		机械加工工序卡		工序号		工序名称		共　页
								第　页
材料		毛坯状态		机床设备		夹具名称		

（工序简图）

工步号	工步内容	刀具编号	刀具名称	量具名称	主轴转速 /（r/min）	进给速度 /（mm/min）	背吃刀量 /mm

编制		日期		审核		日期	

表 2.1.8　传动轴 3 数控加工刀具卡（工序 20）

零件名称		数控加工刀具卡		工序号	
工序名称		设备名称		设备型号	

工步号	刀具号	刀具名称	刀具材料	刀柄型号	刀具			补偿量 /mm
					刀尖半径 /mm	直径 /mm	刀长 /mm	
编制		审核		批准		共　页	第　页	

表 2.1.9　传动轴 3 数控加工程序卡（工序 20）

<table>
<tr><td colspan="2" rowspan="2">数控加工程序卡</td><td>产品名称</td><td></td><td>零件名称</td><td></td><td>共　页</td></tr>
<tr><td>工序号</td><td></td><td>工序名称</td><td></td><td>第　页</td></tr>
<tr><td>序号</td><td>程序编号</td><td>工序内容</td><td>刀具</td><td>背吃刀量（相对最高点）</td><td colspan="2">备注</td></tr>
<tr><td></td><td></td><td></td><td></td><td></td><td colspan="2"></td></tr>
<tr><td></td><td></td><td></td><td></td><td></td><td colspan="2"></td></tr>
<tr><td></td><td></td><td></td><td></td><td></td><td colspan="2"></td></tr>
<tr><td></td><td></td><td></td><td></td><td></td><td colspan="2"></td></tr>
<tr><td></td><td></td><td></td><td></td><td></td><td colspan="2"></td></tr>
<tr><td></td><td></td><td></td><td></td><td></td><td colspan="2"></td></tr>
<tr><td></td><td></td><td></td><td></td><td></td><td colspan="2"></td></tr>
<tr><td colspan="4">装夹示意图：</td><td colspan="3">装夹说明：</td></tr>
<tr><td colspan="2">编程 / 日期</td><td></td><td>审核 / 日期</td><td colspan="3"></td></tr>
</table>

【评价反馈】

传动轴机械加工工艺过程考核评分表

工件名称	传动轴 3						
		班级：		姓名：		学号：	
序号	总配分	考核内容与要求		完成情况	配分	得分	评分标准
1	6	机械加工工序卡	表头信息	□完全正确 □不正确、不完整	1		工序卡表头信息完全正确得 1 分。错、漏填 3 个以内信息得 0.5 分，反之得 0 分
			工步编制	□完整 □缺工步__个	2.5		根据机械加工工艺过程卡编制工序卡工步，缺一个工步扣 0.5 分，共 2.5 分
			工步参数	□合理 □不合理__项	2.5		工序卡工步切削参数合理，一项不合理扣 0.5 分，共 2.5 分
			小计得分				
2	3	数控加工刀具卡	表头信息	□正确 □不正确或不完整	0.5		数控加工刀具卡表头信息，共 0.5 分
			刀具参数	□合理 □不合理__项	2.5		每个工步刀具参数合理，一项不合理扣 0.5，共 2.5 分
			小计得分				
3	6	数控加工程序卡	表头信息	□正确 □不正确或不完整	0.5		数控加工程序卡表头信息，共 0.5 分
			程序内容	□合理 □不合理__项	3.0		每个程序对应的内容正确，一项不合理扣 0.5，共 3 分
			装夹图示	□正确 □ 未完成	2.5		装夹示意图及安装说明，共 2.5 分
			小计得分				
总配分数		15		合计得分			

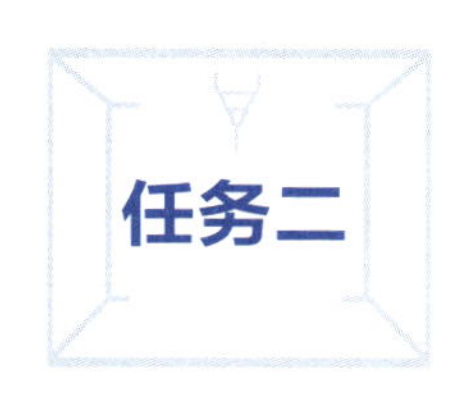

任务二

传动轴数控车削程序的编制

【工作准备】

一、数控车床编程代码

引导问题 1：数控车床编程代码有哪几类？______________________

____

相关知识点 

编程代码又称编程指令，在数控加工程序中主要有准备功能 G 代码、辅助功能 M 代码、进给功能 F 代码、主轴转速功能 S 代码和刀具功能 T 代码。数控系统种类较多，其编程代码的功能在内容和格式上会有差别，实际编程时需参照机床制造厂的编程说明书。本书所涉及的数控车床均采用华中数控 HNC-8-T 系统。

1. 准备功能（G 代码）

准备功能 G 代码由 G 和后面一位或两位数值组成，用来进行规定刀具与工件之间的相对运动轨迹（如 G01）、设定坐标系（如 G92）等多种操作方式。G 代码按功能类别分为若干组，00 组为非模态 G 代码，其他组均为模态 G 代码。其中，模态 G 代码具有连续性，执行一次后由 CNC 系统存储，在后续程序段中只要同组其他 G 代码未出现便一直有效，直到之后程序段中出现同组另一代码或被其他代码取消时才失效。编写程序时，与上段相同的模态代码可省略不写。非模态 G 代码只在所出现的程序段有效。在同一程序段中可以指定多个不同组的 G 代码，不影响其续效。若在同一程序段中指定了多个同组代码，只有最后指定的代码有效。

【例】

```
N0010  G91 G01 X20 Y20 Z-5 F150 M03 S1000;
N0020  X35;
N0030  G90 G00 X0 Y0 Z100 M02;
```

本例中，第一段出现 2 个模态 G 代码，即 G91 和 G01，因它们不同组而均续效，其中 G91 功能延续到第三段出现同组的 G90 时才失效；G01 功能在第二段中继续有效，至第三段出现同组的 G00 时才失效。

2. 辅助功能（M 代码）

M 代码给出机床的辅助动作指令，指定主轴启动、主轴停止、程序结束等，由地址码“M”和后面的两位数字组成。M 代码也有模态与非模态之分。

对于同时指定了移动指令和辅助功能指令的程序段，有两种执行方法。一种是同时执行移动指令和辅助功能指令；另一种是执行完移动指令后，再执行辅助功能指令。如上例第一段中，M03 功能与 G01 功能同时开始，即在直线插补运动开始的同时，主轴开始正转。第三段中，M02 功能在 G00 功能执行完成后才开始，即在移动部件完成 G00 快速点位动作后，程序才结束。

常用 M 代码的功能如下。

M00：程序暂停。当 CNC 执行到 M00 指令时，将暂停执行当前程序，以方便操作者进行刀具和工件的尺寸测量、工件调头、手动变速等操作。暂停时，全部现存的模态信息保持不变，重按操作面板上的“循环启动”键，继续执行后续程序。M00 为非模态、后作用的 M 功能。

M01：选择停。该指令仅在机床操作面板上的“选择停”激活时才有效。激活后，其功能及操作方法与 M00 相同。如果用户没有激活该键，当 CNC 执行到 M01 指令时，程序就不会暂停而继续向下执行。

M02：程序结束。在主程序的最后一个程序段中，表示主程序的结尾。当 CNC 执行到 M02 指令时，程序将停止自动运行且 CNC 装置被复位，即机床的主轴停止转动、停止进给，关闭冷却液，加工结束。使用 M02 结束程序后，若要重新执行该程序，需要重新调用该程序，或在自动加工子菜单下按“重运行”键，然后再按操作面板上的“启动”键。M02 为非模态、后作用的 M 功能。

M30：与 M02 功能基本相同，只是 M30 指令还兼有返回到零件加工程序开头的作用。使用 M30 结束程序后，若要重新执行该程序，只需再次按操作面板上的“启动”键。

M03、M04 和 M05：主轴控制指令。M03 启动主轴，主轴以顺时针方向旋转；M04 启动主轴，主轴以逆时针方向旋转；M05 停止主轴旋转。

M08：冷却液开。

M09：冷却液关。

其他 M 代码的功能，参照考附表 2。

3. 进给功能、主轴转速功能及刀具功能（F、S 和 T 代码）

F：进给功能代码，用来指定车刀车削表面时的走刀速度。F 代码为模态指令。

S：主轴转速功能代码，用来指定车床的主轴速度。S 代码为模态指令。

T：刀具功能代码，用来指定加工中所用的刀具号及其所调用的刀具补偿号。

格式：T× × × ×

说明：① 前 2 位表示刀具序号（00 ～ 99），后 2 位表示刀具补偿号（01 ～ 64），如 T0101。

② 刀具的序号与刀盘或刀架上的刀位号相对应。

③ 刀具补偿包括刀具形状补偿和刀具磨损补偿。

④ 刀具序号和刀具补偿号不必相同，但为了方便通常使它们一致。

⑤ 取消刀具补偿的格式为 T00 或 T× ×00。

二、数控车削加工程序的组成

引导问题 2：数控车削加工程序由哪些元素组成？＿＿＿＿＿＿＿＿＿＿＿＿＿＿＿＿

＿＿＿＿＿＿＿＿＿＿＿＿＿＿＿＿＿＿＿＿＿＿＿＿＿＿＿＿＿＿＿＿＿＿＿＿＿＿

一个完整的数控加工程序由程序名、若干个程序段和程序结束指令组成，如图 2.2.1 所示。

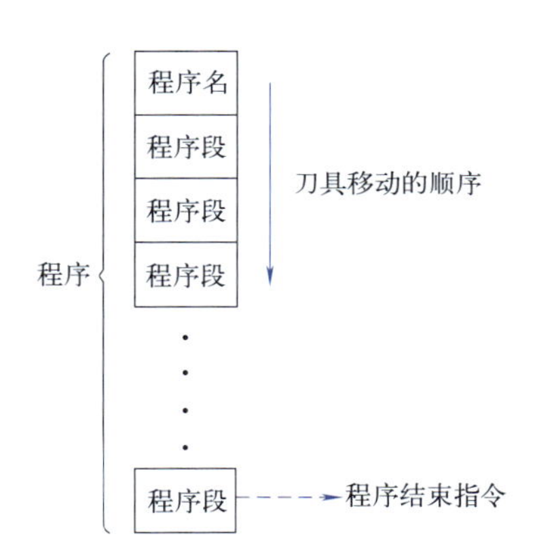

图 2.2.1　数控加工程序组成示意图

1. 程序名

程序名由开始符（也称为程序号地址）和编号组成，其作用是区分每个程序。程序名位于程序的开始部分且独占一行，它从程序的第一行、第一格开始。程序名必须放在程序的开头，所以也称为程序头。数控系统在读程序内容时，必须找到开始部分的程序名，才能继续向下调用程序主体进行加工。不同数控系统的程序号地址也有所差别，华中系统规定程序名由“%”开始，后接 4 位阿拉伯数字。

【例】

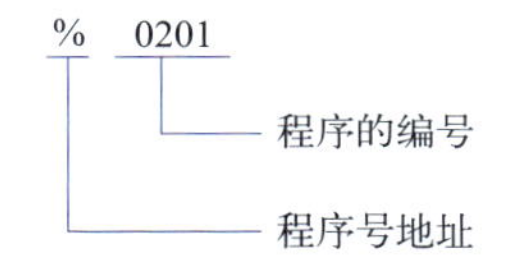

2. 程序段

程序段是数控加工程序的主体，必须遵循数控系统所规定的结构、句法和格式规则。每个程序段由若干个指令字组成；“字”由指令符和数字组成。

【例】

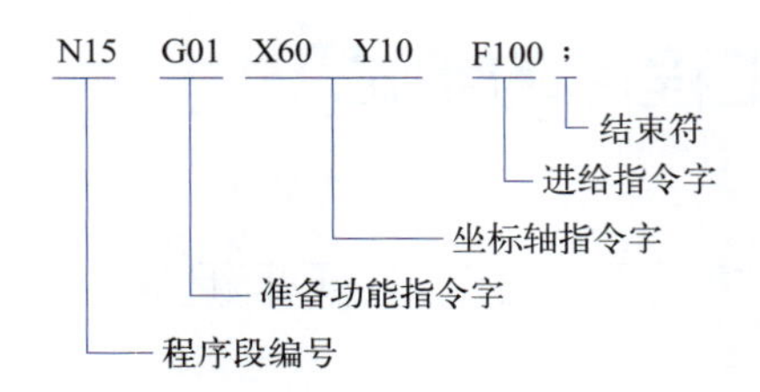

说明：

N：程序段编号。由地址码 N 和后面的若干阿拉伯数字组成。程序段编号不是程序的必写项，可以省略。程序的执行按程序段的输入顺序，而不是按程序段编号执行。

X、Y：坐标轴指令字，模态指令。由地址码“X、Y、Z”“+”“-”、阿拉伯数字构成零件的坐标轴指令字。地址码还包括“U”“W”“R”“T”“K”等符号。

结束符：写在一个程序段之后，表示该程序段结束。华中数控系统程序可没有结束符，输入完一段程序后直接按 Enter 键即可。

3. 程序结束指令

程序的最后一个程序段为结束程序指令。一般采用 M02 或 M30 指令，表示主程序结束，同时机床停止自动运行，CNC 装置复位。

三、坐标系设定指令

引导问题 3：如何设置图 2.2.2 所示的工件坐标系？________________

____

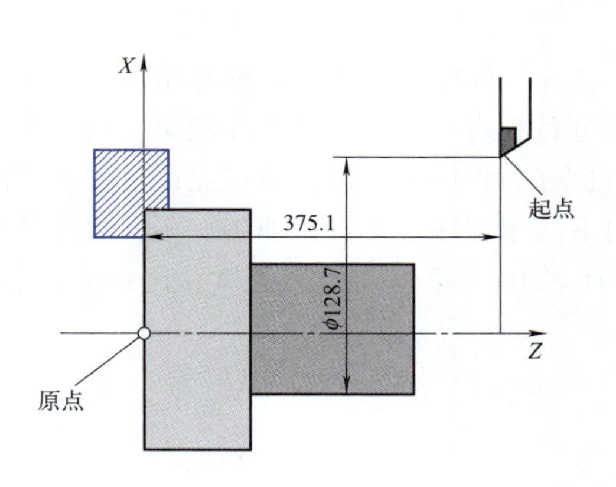

图 2.2.2　G92 指令设定工件坐标系原点示意图

1. 坐标系设定指令 G92

【格式】 G92 X_　Z_;

执行此指令时，使当前刀具上的一个点（如刀尖点）成为指定的坐标值，此点也称为刀位点。图 2.2.2 所示原点可通过“G92 X128.7 Z375.1”设置。此方法实质上是以工件坐标系原点确定刀具起始点的坐标值。一个数控程序中可以多次用 G92 指令设定多个坐标系。G92 指令为续效指令，只有重新设定，先前的设定才无效。应注意的是，G92 指令只设定程序原点的位置，程序执行时刀具与工件之间并不产生运动。

2. 利用刀具补偿功能设置工件坐标系

工件坐标系也可以利用刀具补偿功能通过对刀方式设置。例如，设置图 2.2.3 所示的编程坐标系原点，若加工时所用车刀位于 1 号刀位，则在程序中用“T0101”指令来设置工件坐标系，车削前通过对刀并设置 1 号刀的刀补，使该刀的刀尖位于右端面中心时的相对坐标为（0，0），即建立了 1 号刀的工件坐标系。利用刀具补偿功能设置工件坐标系原点在数控车削程序中最普遍。

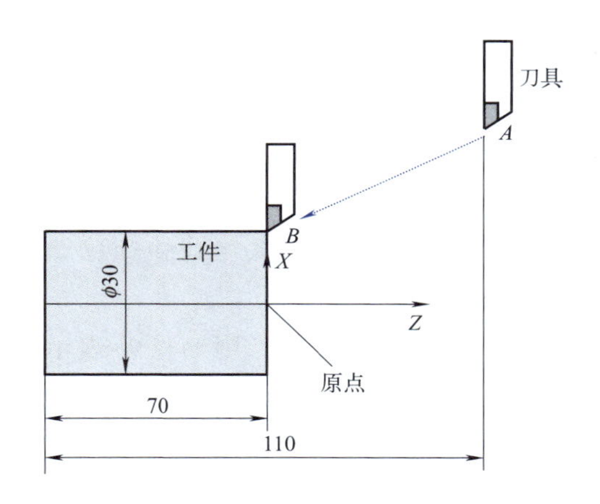

图 2.2.3　刀具补偿功能设置工件坐标系原点示意图

四、直线插补指令 G01 与快速定位指令 G00

引导问题 4：按照图 2.2.4 所示的刀具位置，分别编写车削圆柱面（$A \rightarrow B$）和圆锥面（$A \rightarrow B$）的数控程序段。________________

____

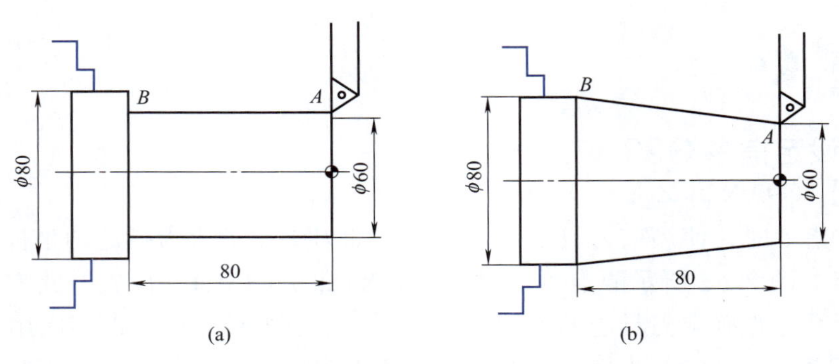

图 2.2.4　外圆车削示意图

（a）车削圆柱面；（b）车削圆锥面

相关知识点

1. 绝对值编程与增量值编程方式

刀具位置指令有绝对值编程和增量值编程两种方式。绝对值编程是以坐标值指定刀具的位置。增量值编程是指刀具由上一位置到下一位置沿 *X*、*Z* 轴移动的有向距离。

（1）绝对值编程指令 G90。所在程序段中输入 G90，其指令后面及后续程序段中的 X、Z 值均表示 *X* 轴、*Z* 轴的绝对坐标值。如图 2.2.5 所示，刀具从 *A* 点快速移动到 *B* 点，其程序段为 G90 G00 X30 Z70。

（2）增量值编程指令 G91。所在程序段中输入 G91，其指令后面及后续程序段中的 X、Z 值均表示为 *X* 轴、*Z* 轴的增量值，直至遇到 G90，其后续程序段中的 X、Z 值才表示为绝对坐标值。如图 2.2.6 所示，刀具从 *A* 点快速移动到 *B* 点，用增量值方式编程，其程序段为 G91 G00 X-30 Z-40。

（3）增量值 U、W 方式。在 G90 模式下，用 U、W 表示 *X* 轴、*Z* 轴的增量值，数控车削编程时更为方便。图 2.2.6 中，刀具从 *A* 点快速移动到 *B* 点，其程序段为 G00 U-30 W-40。

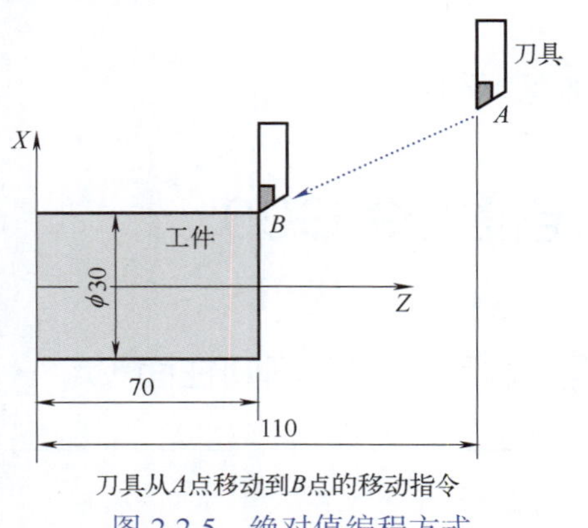

图 2.2.5　绝对值编程方式

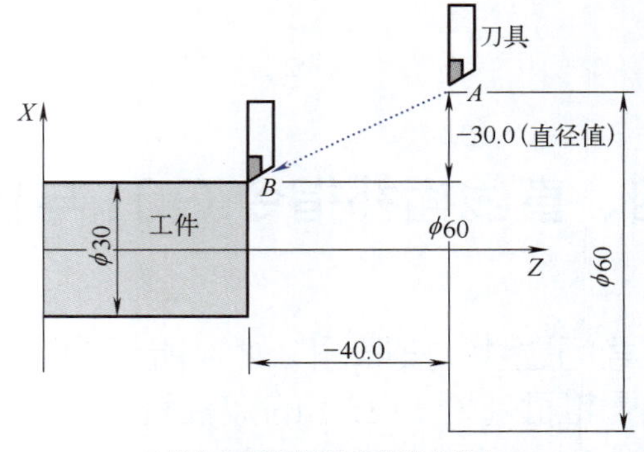

图 2.2.6　增量值编程方式

说明：

① 华中数控车床系统的默认状态为 G90，如果程序中未用到 G91，则编程时可省

略 G90。

② 数控车床采用增量值编程时，通常使用 U、W 方式。编程时，X、Z、U、W 可以混用。

2. 直线插补指令 G01

【功能】使刀具以给定的进给速度，从所在点出发沿直线移动到终点。G01 是模态代码，可由同组的 G00、G02、G03 代码注销。

【格式】 G01 X/U_ Z/W_ F_;

说明：

① X、Z：绝对坐标方式编程时的终点坐标。

② U、W：增量坐标方式编程时的终点坐标。

③ F：进给速度。加工时可通过机床操作面板上的进给修调旋钮进行调整。

直线插补是指刀具沿着一直线移动到指定点；非直线插补是指刀具分别对各轴定位，刀具路径一般不是直线。

引导问题 5：车削图 2.2.4 所示工件外圆前及车削后，应使用哪个指令使车刀快速靠近及离开工件？＿＿＿＿＿＿＿＿＿＿＿＿＿＿＿＿＿＿＿＿

3. 快速定位指令 G00

【功能】空运行时，使刀具以点位控制方式，从刀具所在点快速移动到终点。G00 是模态代码，可由同组的 G01、G02、G03 代码注销。

【格式】 G00 X/U_ Z/W_;

说明：

X、Z：绝对坐标方式编程时的终点坐标。

U、W：增量坐标方式编程时的终点坐标。

G00 一般用于加工前快速定位和加工后的快速退刀。G00 是非插补指令，执行 G00 时各坐标轴独立运动。快移速度由系统设定，可通过面板上的快速修调旋钮进行调整。

例如，要精车图 2.2.4 的工件外圆柱面，其完整的数控程序如下：

```
%0224                     // 程序名
T0101                     // 调 1 号刀，建立坐标系
S1000 M03                 // 主轴正转，转速为 1000r/min
G00 X30                   // 快移车刀到 X30 点
Z75                       // 快移车刀到（X30，Z75）点
G01 Z0 F100               // 车削到（X30，Z0）点，进给速度为 100mm/min
G00 X35                   // 快速退刀至（X35，Z0）点
X90 Z110                  // 快移车刀到（X90，Z110）点
M30                       // 程序结束
```

五、单一固定循环指令 G80/G81

引导问题 6：若图 2.2.4 所示零件的毛坯直径为 ϕ35mm，粗车背吃刀量为 1.5mm，精车余量为 0.3mm，如何简化粗车程序？______________

____

相关知识点 

粗车阶段通常需要多次走刀切除多余的材料，且刀路重复，为此，数控车削系统一般设有循环加工指令，以简化粗加工程序。

1. 内（外）径切削循环指令 G80

【功能】适用于零件的内（外）圆柱面或圆锥面的切削。通常用 G80 进行精车前的粗车，以去除大部分的毛坯余量。

（1）圆柱面内（外）径切削循环。

【格式】 G80 X/U_ Z/W_ F_; // 刀具轨迹 $A \rightarrow B \rightarrow C \rightarrow D \rightarrow A$

说明：

X、Z：绝对坐标方式编程时，切削终点 C 的坐标。

U、W：增量坐标方式编程时，切削终点 C 相对于循环起点 A 的有向距离。

F：切削起点 B 与退刀点 D 之间（2F、3F 段）切削加工的进给速度。

G80 指令由 4 个动作组成，按以下顺序执行。

① $A \rightarrow B$：以 G00 速度将刀具快速从循环起点 A 移动到切削起点 B。

② $B \rightarrow C$：在切削方式下，以程序段中所给的 F 速度从切削起点 B 加工至切削终点 C。

③ $C \rightarrow D$：在切削方式下，以程序段中所给的 F 速度从切削终点 C 移动至退刀点 D。

④ $D \rightarrow A$：以 G00 速度将刀具快速从退刀点 D 移动到循环起点 A。

以上动作使刀具从循环起点 A 走矩形轨迹再回到 A 点，完成圆柱面的一次车削。依此类推，最终完成圆柱面车削，如图 2.2.7 所示。其中，R 代表车刀以 G00 速度快速定位，F 代表车刀以给定速度进行车削加工；R 和 F 前面数字表示动作顺序。

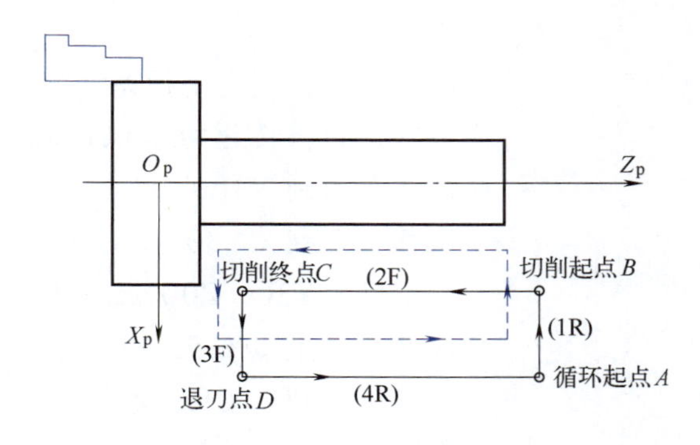

图 2.2.7　G80 圆柱面切削循环

【例】 采用 G80 指令编写图 2.2.8 所示零件的车削程序。

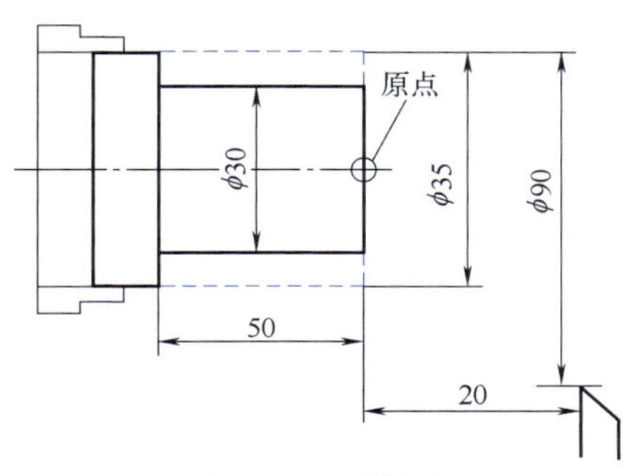

图 2.2.8　零件图

① 确定切削深度及循环次数。

粗车时单边切削深度取 2mm，则粗车一次走刀后直径为 ϕ31mm。单边余量 0.5mm，可一次精车完成。按以上分析，采用两次循环即可完成外圆柱面的车削。

② 编写加工程序。

```
%1008                  // 程序名
N1 T0101 M03 S800      // 调 1 号刀，建立坐标系；主轴正转，转速 800r/min
N2 G00 X90 Z20         // 车刀快移至起刀点
N3 X38 Z2              // 车刀快移至循环起点
N4 G80 X31 Z-50 F100   // 第一次循环车削完成，车刀回到循环起点
N5 X30 Z-50            // 第二次循环车削完成，车刀回到循环起点
N6 G00 X90 Z20         // 快移至起刀点
N7 M30                 // 程序结束
```

（2）圆锥面内（外）径切削循环。

【格式】 G80 X/U_ Z/W_ I_ F_; // 刀具轨迹 $A \rightarrow B \rightarrow C \rightarrow D \rightarrow A$

说明：

X、Z，U、W：与圆柱面切削的含义相同。

I：为切削起点 B 与切削终点 C 的半径差，见图 2.2.9，即 R_B-R_C。当算术值为正时，I 取正值；算术值为负时，I 取负值。

F：进给速度。

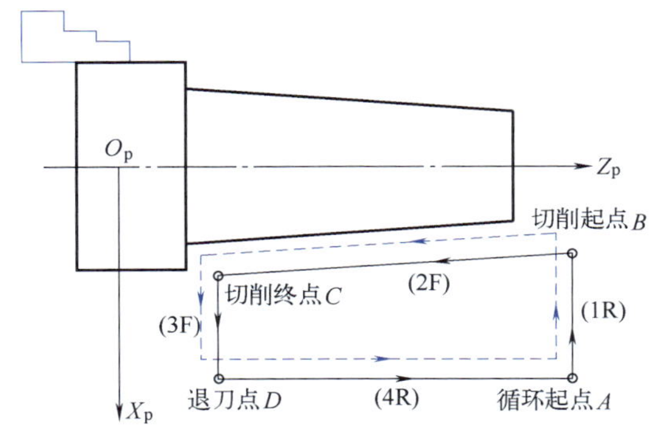

图 2.2.9　G80 圆锥面切削示意图

圆锥面内（外）径切削循环的刀具路径由4个动作组成，第1个动作中需要考虑锥度的起点位置；第2个动作中刀具轨迹为斜线。之后的动作与圆柱面内（外）径切削循环的动作相同。

2. 端面切削循环指令 G81

G81 指令可进行端面切削和圆锥端面切削。

（1）端面切削循环。

【格式】G81 X/U_ Z/W_ F_;

说明：

X、Z：绝对坐标方式编程时，为切削终点 *C* 的坐标。见图 2.2.10，以下同此图。

U、W：增量坐标方式编程时，为切削终点 *C* 相对于循环起点 *A* 的有向距离。

F：切削起点 *B* 与退刀点 *D* 之间两段切削加工的进给速度。

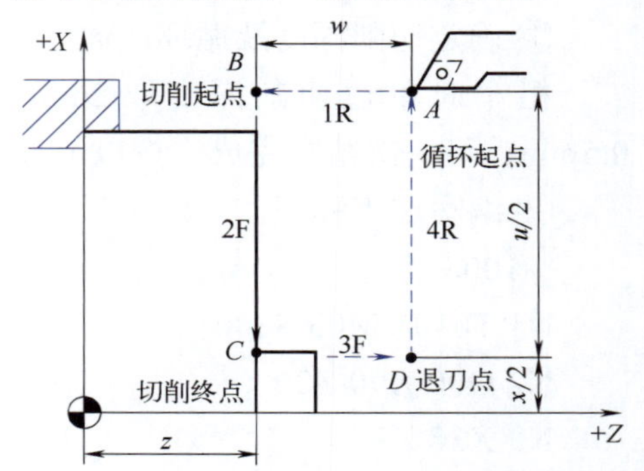

图 2.2.10 G81 端面切削循环

G81 指令执行路径如图 2.2.10 所示 *A*→*B*→*C*→*D*→*A* 的轨迹，由4个动作组成。

① *A*→*B*：以 G00 速度将刀具从循环起点 *A* 快移到切削起点 *B*。

② *B*→*C*：在切削方式下，以程序段中所给的 F 速度从切削起点 *B* 加工至切削终点 *C*。

③ *C*→*D*：在切削方式下，以程序段中所给的 F 速度从切削终点 *C* 移动至退刀点 *D*。

④ *D*→*A*：以 G00 速度将刀具从退刀点 *D* 快移到循环起点 *A*。

以上动作使刀具从循环始点 *A* 走矩形轨迹再回到 *A* 点，完成端面的一次车削循环。依此类推，最终完成端面车削。

（2）圆锥端面切削。

【格式】 G81 X/U_ Z/W_ K_ F_;

说明：

X、Z，U、W：与端面切削的含义相同。

K：切削起点 *B* 相对于切削终点 *C* 的 *Z* 向有向距离（*k*），见图 2.2.11，即 Z_B-Z_C。当算术值为正时，K 取正值，算术值为负时，K 取负值。

F：进给速度。

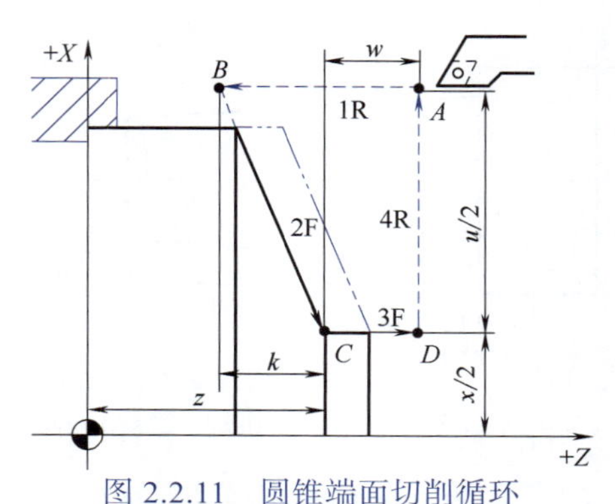

图 2.2.11 圆锥端面切削循环

六、圆弧插补指令 G02/G03 和刀尖圆弧半径补偿指令 G41/G42

引导问题 7：精车图 2.2.12 所示零件的球头部分，使用什么编程指令？____

____

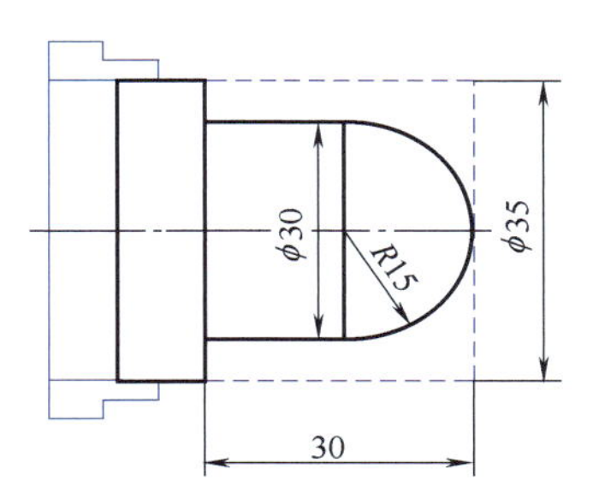

图 2.2.12　球头件零件图

相关知识点

圆弧插补指令使刀具从圆弧起点沿圆弧移动到圆弧终点。顺时针圆弧插补指令为 G02，逆时针圆弧插补指令为 G03。数控车床 G02 与 G03 指令的判断方法如图 2.2.13 所示，以 *ZX* 平面内的圆弧为例，面对第三轴（*Y* 轴）正方向观察，若刀具在平面内顺时针移动即采用 G02 指令，反之采用 G03 指令。对于零件上的同一段圆弧，无论采用前置刀架加工还是后置刀架加工，其圆弧方向是一致的。

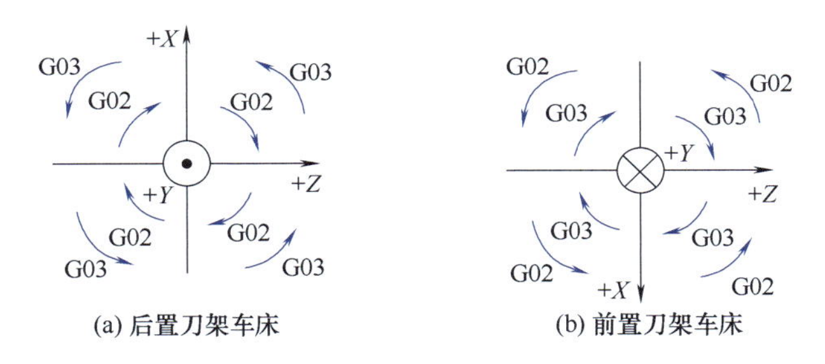

图 2.2.13　G02、G03 方向判断示意

【格式 1】 G02/G03 X/U_ Z/W_ I_ K_ F_；

【格式 2】 G02/G03 X/U Z/W_ R_ F_；

说明：

X、Z：圆弧终点坐标。

U、W：圆弧终点相对于圆弧起点的有向距离。

F：被编程的两个轴的合成进给速度。

I、K：用于指定圆弧中心的位置，是圆心相对于圆弧起点的位置，其值等于圆心的坐标减去圆弧起点的坐标。

R：圆弧半径。对于中心角小于180°的圆弧，半径用正值表示；对于中心角大于180° 的圆弧，半径用负值表示。

如果在非整圆圆弧插补指令中同时指定I、K和R，则以R指定的圆弧有效。

整圆的插补加工须采用I、K方式，或使用R分段编程。

引导问题8：使用图2.2.14所示的圆弧车刀车削图2.2.12 球头件，如何选择刀位点？编程时如何处理刀位点以保证加工精度？____________________

____

图2.2.14 圆弧车刀

1. 圆弧车刀刀位点与刀尖圆弧半径补偿

刀位点指刀具的定位基准点，数控程序一般是针对刀位点按工件轮廓尺寸编制。车刀的刀位点是刀尖或刀尖圆弧中心。采用圆弧刀具车削时，为确保工件轮廓形状，加工时不允许刀尖圆弧的圆心运动轨迹与被加工工件轮廓重合，两者之间存在一个偏移量，即刀具半径。在车削圆锥面、圆弧面或倒角时，会因刀尖圆弧半径而产生过切或少切的问题，如图2.2.15所示。这种加工误差，可用刀尖圆弧半径补偿功能来消除，编程时只要按工件轮廓进行编程，再通过系统补偿一个刀尖圆弧半径即可。

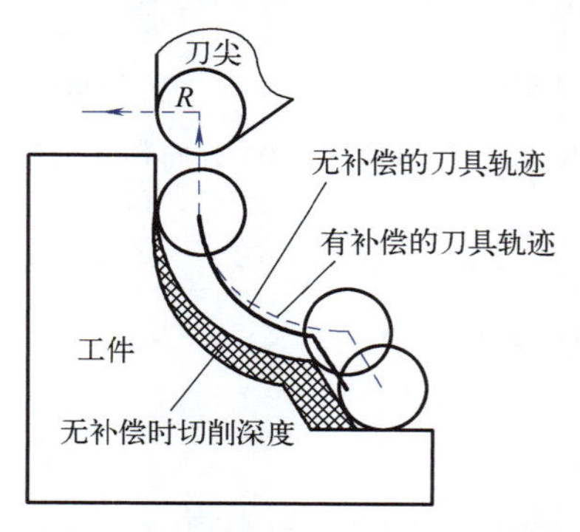

图2.2.15 圆弧车刀切削示意图

2. 刀尖圆弧半径补偿指令

（1）刀尖圆弧半径补偿方向的判定。刀尖圆弧半径补偿分为左补偿和右补偿。面对第三轴（*ZX* 平面内的第三轴为 *Y* 轴）的正方向，沿着刀具移动的方向看，若刀具处在工件加工轮廓的左侧，称之为刀尖圆弧半径左补偿，其代码为 G41；若刀具处在工件加工轮廓的右侧，称之为刀尖圆弧半径右补偿，其代码为 G42。图 2.2.16（a）、（b）分别是在后置刀架数控车床和前置刀架数车床上，使用圆弧车刀切削时半径补偿方向判别的方法。从图中可以看出，实际编程时无须考虑刀架位置。

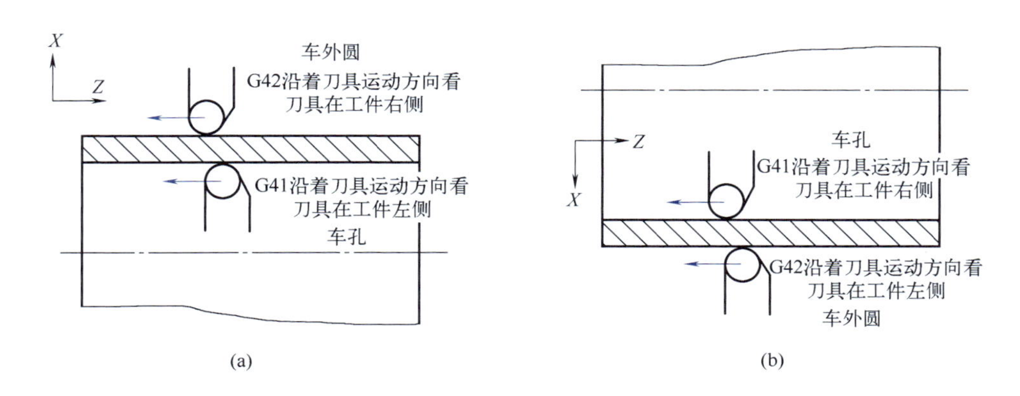

图 2.2.16　数控车床刀尖圆弧半径补偿偏置方向的判别

（a）后置刀架数控车床；（b）前置刀架数控车床

（2）刀尖圆弧半径补偿指令格式。

【格式】G41 G01/G00 X_ Z_；

G42 G01/G00 X_ Z_；

G40 G01/G00 X_ Z_；

说明：

G41：刀尖圆弧半径左补偿。

G42：刀尖圆弧半径右补偿。

G40：取消刀尖圆弧半径补偿。

刀尖圆弧半径补偿的过程分为刀补建立、刀补进行和刀补取消三个阶段。

① 刀补建立。刀具从起刀点接近工件，车刀圆弧刃的圆心从与编程轨迹重合过渡到与编程轨迹偏离一个偏置量的过程，该过程的实现必须与 G00 或 G01 功能在一起才有效。图 2.2.17 中的刀补建立阶段为 $A \rightarrow B$，其程序指令为 G00 G42 X0 Z0。

② 刀补进行。在 G41 或 G42 程序段后，程序进入补偿模式，此时车刀圆弧刃的圆心与编程轨迹始终相距一个偏置量，直到刀补取消。图 2.2.17 所示的 $B \rightarrow C \rightarrow D \rightarrow E$ 为刀补进行阶段。

③ 刀补取消。执行 G40 后，刀具离开工件，车刀圆弧刃的圆心轨迹过渡到与编程轨迹重合的过程称为刀补取消。图 2.2.17 中刀补取消阶段为 $E \rightarrow F$，其程序指令为 G00 G40 X85 Z10。

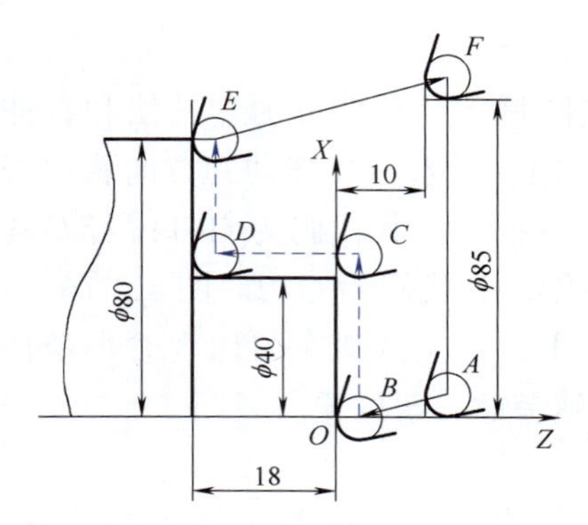

图 2.2.17 刀尖圆弧半径补偿

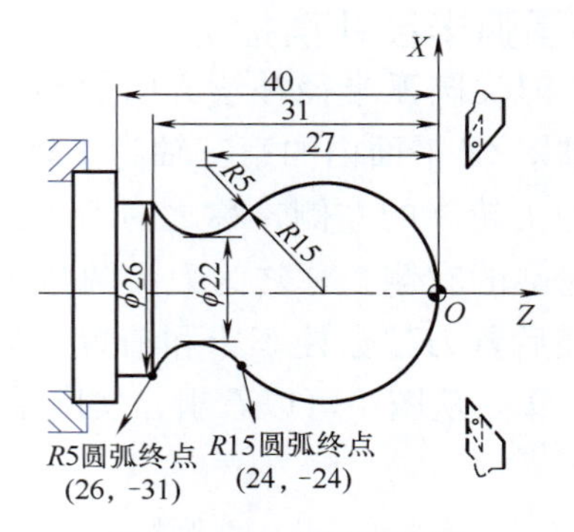

图 2.2.18 球柄零件图

【例】 采用圆弧车刀精车图 2.2.18 所示球柄零件，编写其加工程序。

解：坐标原点取零件最右端，基点坐标见图，加工程序见表 2.2.1。

表 2.2.1 球柄精车程序清单

球柄精车程序	程序注解
%3323	// 程序名
N1 T0101	// 调 1 号刀，建立坐标系
N2 M03 S1000	// 主轴以 1000r/min 正转
N3 G00 X40 Z5	// 车刀快移到起点
N4 G42 X0	// 车刀快移到轴线并进行刀尖圆弧半径右补偿
N5 G01 Z0 F100	// 轴向进刀到原点，进给速度为 100mm/min
N6 G03 U24 W-24 R15	// 车削 $R15$ 圆弧段
N7 G02 X26 Z-31 R5	// 车削 $R5$ 圆弧段
N8 G01 Z-40	// 车削 ϕ26mm 外圆
N9 G00 X32	// 径向退刀
N10 G40 X40 Z5	// 取消半径补偿，返回起点
N11 M30	// 主轴停、主程序结束并复位

七、复合循环指令 G71/G72/G73

引导问题 9：粗车图 2.2.18 所示球柄零件，宜使用哪种循环指令来简化编程？试编写该零件粗车程序____

____

____

相关知识点

对于具有圆弧、锥面等复杂结构的零件，宜使用复合循环指令进行粗车加工。该类指令实质上是用精加工的轮廓数据描述粗加工的刀具轨迹。运用复合循环指令时，只需指定精车路线和粗车的背吃刀量，系统会自动计算粗车路线和走刀次数，可大大简化编程。华中 8 型数控车削系统提供有“内（外）径粗车复合循环指令 G71、端面粗车复合循环指令 G72 和封闭轮廓复合循环指令 G73”三个指令。

1. 内（外）径粗车复合循环指令 G71

G71 适用于内、外圆柱面需多次走刀才能完成的粗加工，切削方向平行于 Z 轴。根据加工件轮廓特点又分为无凹槽和有凹槽内（外）径粗车复合循环指令两种。

（1）无凹槽内（外）径粗车复合循环。

【格式】 G71 U（Δd）R（r）P（ns）Q（nf）X（Δx）Z（Δz）F（f）S（s）T（t）;

其中：

Δd：背吃刀量（半径值），指定时不加符号，方向由 AA' 决定（图 2.2.19）。

r：每次退刀量（半径值），指定时不加符号。

ns：精加工路径开始程序段（图中的 AA'）的顺序号。

nf：精加工路径最后程序段（图中径向退刀的 B 段）的顺序号。

Δx：X 方向精加工余量（直径量），外径车削取“+”，内孔车削取“-”。

Δz：Z 方向精加工余量。

f、s、t：粗加工的进给量、主轴转速和刀具号。

执行 G71 指令粗车外圆时，车刀沿 X 轴切入，分层沿 Z 轴方向进给，进行粗车循环加工。粗车路径按精加工路径 $A \to A' \to B$ 的轨迹分层循序执行（图 2.2.19）。A 为循环起点。

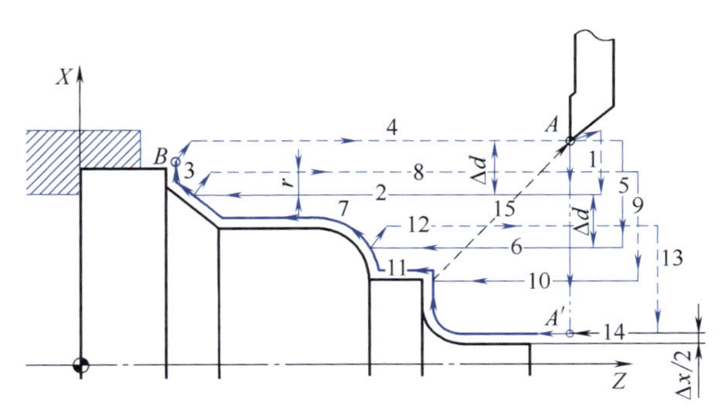

图 2.2.19　G71 切削（无凹槽）循环加工示意图

$A \to A' \to B$—精车路径；$1 \to 2 \cdots \to 15$—粗车循环路径

说明：

① G71 指令必须带有 P、Q 地址，否则不能进行循环加工。

② 地址 P 指定的程序段应有且只能有 G00 或 G01 指令，进行由 A 到 A' 的动作。该程序段中不允许有 Z 向移动指令。

③ 由 P、Q 指定顺序号的程序段之间，不能包含子程序相关指令。

④ 执行完 G71 程序段，即粗车循环完成后，程序自动顺次向下执行各程序段。

⑤ 车削外圆时，不可以加工比循环起点高的位置；车削内孔时，不可以加工比循环起点低的位置。

【例】 编写图 2.2.20 所示零件的车削加工程序。循环起始点 A（46，3），切削深度 1.5mm（半径量），退刀量 1mm，X 方向精加工余量 0.2mm，Z 方向精加工余量 0.2mm。其中点画线部分为工件毛坯。

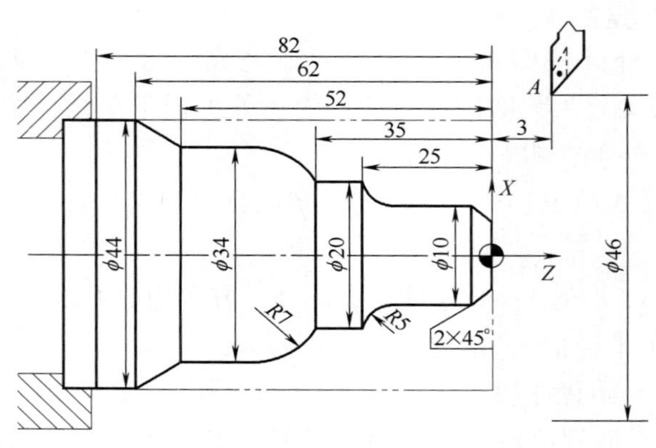

图 2.2.20　零件图

编写加工程序。

%2322	// 程序名
N10 S800 M03 T0101	// 设立坐标系，调 1 号刀，主轴以 800r/min 正转
N20 G00 X46 Z3	// 到循环起点位置
N30 G71 U1.5 R1 P40 Q130 X0.2 Z0.2 F140	// 粗车循环加工
N40 G00 X0	// 精车轮廓开始段
N50 G01 X10 Z−2 F100	// 精车 2×45° 倒角
N60 Z−20	// 精车 ϕ10mm 外圆
N70 G02 U10 W−5 R5	// 精车 R5 圆弧
N80 G01 W−10	// 精车 ϕ20mm 外圆
N90 G03 U14 W−7 R7	// 精车 R7 圆弧
N100 G01 Z−52	// 精车 ϕ34mm 外圆
N110 U10 W−10	// 精车外圆锥
N120 W−20	// 精车 ϕ44mm 外圆
N130 G00 X45	// 退刀，精车轮廓结束段
N140 G00 X80 Z80	// 快移刀具
N150 M05	// 主轴停
N160 M30	// 主程序结束并复位

（2）有凹槽内（外）径粗车复合循环指令。该指令执行如图 2.2.21 所示的粗加工和精加工，A 点为循环起点。其中，精加工路径为 $A \rightarrow A' \rightarrow B' \rightarrow B$ 的轨迹。

【格式】 G71 U（Δd）R（r）P（ns）Q（nf）E（e）F（f）S（s）T（t）;

其中：

Δd：背吃刀量（半径值），指定时不加符号，方向由矢量 $\boldsymbol{AA'}$ 决定。

r：每次退刀量。

ns：精加工路径开始程序段（即图中的 AA'）的顺序号。

nf：精加工路径最后程序段（即图中的 $B'B$）的顺序号 。

e：精加工余量，其值为 X 方向的等高距离，外径切削时为正，内径切削时为负。

f、s、t：粗加工时的进给量、主轴转速、刀具号。

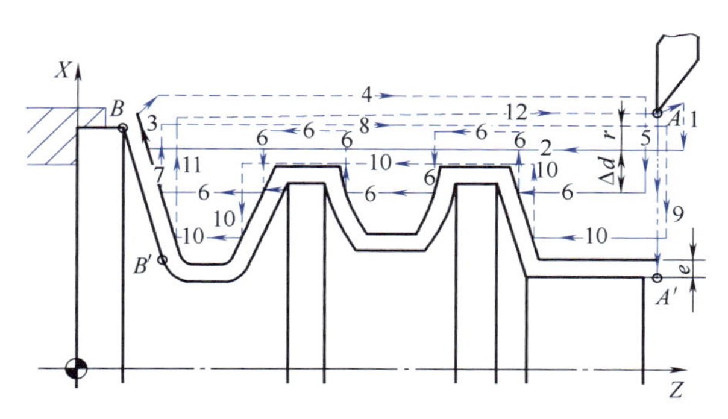

图 2.2.21　有凹槽的 G71 切削循环

$A \to A' \to B' \to B$—精车路径；$1 \to 2 \to \cdots \to 12$—粗车循环路径

说明：有凹槽内（外）径粗车复合循环指令与无凹槽内（外）径粗车复合循环指令的注意事项相同。

2. 端面粗车复合循环指令 G72

G72 循环指令与 G71 类似，只是切削方向平行于 X 轴，适用于圆柱毛坯端面方向粗车。车外圆时，G72 执行图 2.2.22 所示的粗加工和精加工路线，A 为循环起点，其走刀路径是从外径方向往轴心方向进行端面车削。其中，精加工路径为 $A \to A' \to B' \to B$ 的轨迹。

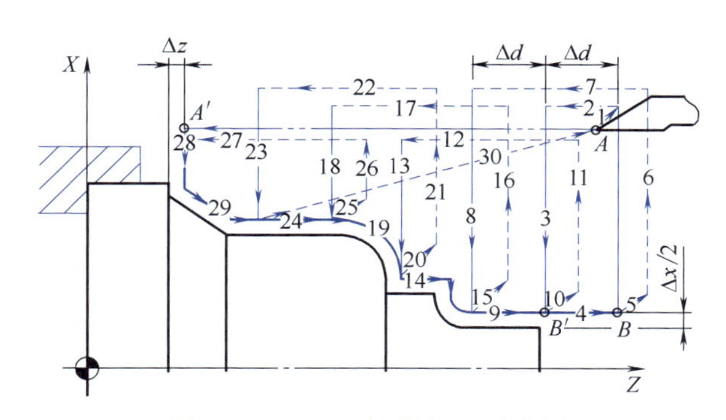

图 2.2.22　G72 切削加工示意图

$A \to A' \to B' \to B$—精车路径；$1 \to 2 \to \cdots \to 12$—粗车循环路径

【格式】 G72 W（Δd）R（r）P（ns）Q（nf）X（Δx）Z（Δz）F（f）S（s）T（t）;

其中：

Δd：背吃刀量，永远为正，方向由 AA' 决定。

r：每次退刀量。

ns：精加工路径开始程序段（图中的 AA'）的顺序号。

nf：精加工路径最后程序段（图中的 BB'）的顺序号。

Δx：X 方向精加工余量，车外圆取“+”，车内孔取“-”。

Δz：Z 方向精加工余量。

f、s、t：粗加工时的进给量、主轴转速、刀具号。

说明：

① G72 指令必须带有 P、Q 地址，否则不能进行循环加工。

② ns 与 nf 的程序段中只能用 G00 或 G01 指令，进行由 A 到 A' 的动作，且该程序段中不允许有 X 向移动指令。

③ 在顺序号为 ns 和顺序号为 nf 之间的程序段中，不能包含子程序。

④ 执行完 G72 所在的程序段，即粗车循环完成后，程序自动顺次向下执行各程序段。

3. 封闭轮廓复合循环指令 G73

G73 适用于毛坯轮廓与零件轮廓形状基本接近时的粗加工，特别是对铸造、锻造或粗加工中已初步成形的工件，可以进行高效率切削。G73 也分为无凹槽和有凹槽复合循环指令。

（1）无凹槽封闭轮廓复合循环指令 G73。切削工件时刀具轨迹为图 2.2.23 所示的封闭回路。A 点为循环起点，执行 G73 时，车刀先从 A 点让刀至 A_1 点，然后刀具逐渐进给，按照 1 → 2 → 3…，刀具逐渐进给，使封闭切削回路逐渐向零件最终形状靠近，最终切削成工件的形状，其精加工路径为 $A \rightarrow A' \rightarrow B \rightarrow A$。

【格式】 G73 U（ΔI）W（Δk）R（r）P（ns）Q（nf）X（Δx）Z（Δz）F（f）S（s）T（t）;

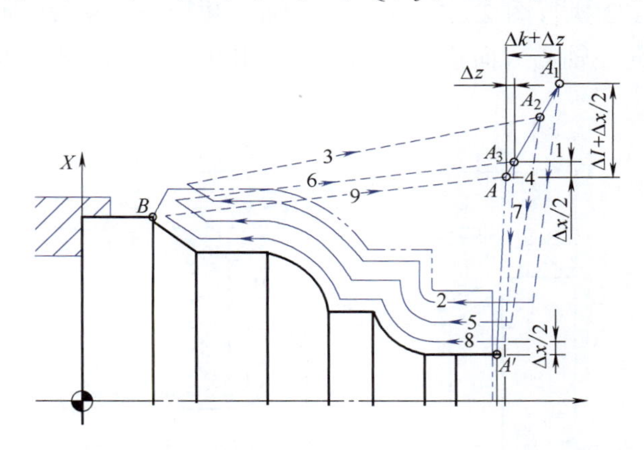

图 2.2.23　无凹槽封闭轮廓复合循环 G73 切削路径

$A \rightarrow A' \rightarrow A$—精车路径；1 → 2 → 3 →…→ 9—粗车循环路径

其中：

ΔI：X 方向的粗加工总余量。

Δk：Z 方向的粗加工总余量。

r：粗车次数。

ns：精加工路径开始程序段（即图中的 AA'）的顺序号。

nf：精加工路径最后程序段的顺序号。

Δx：X 方向精加工余量。

Δz：Z 方向精加工余量。

f、s、t：粗加工时的进给量、进给速度、刀具号。

说明：

① ΔI 和 Δk 表示粗加工时总的切削量，粗加工次数为 r，则每次 X、Z 方向的切削量为 $\Delta I/r$，$\Delta k/r$。

② 按 G73 程序段中的 P 和 Q 指令值实现循环加工，要注意 Δx 和 Δz，ΔI 和 Δk 的正负号。

（2）有凹槽封闭轮廓复合循环指令 G73。该功能在切削工件时刀具轨迹为图 2.2.24 所示的闭合回路，刀具逐渐进给，使闭合切削回路逐渐向零件最终形状靠近，最终切削成工件的形状，其精加工路径为 $A \rightarrow A' \rightarrow B \rightarrow A$。

【格式】 G73 U（ΔI）W（Δk）R（r）P（ns）Q（nf）E（e）F（f）S（s）T（t）;

其中，e 是精加工余量，为 X 方向的等高距离。外径切削时为正，内径切削时为负。其余参数及注意事项同无凹槽封闭轮廓复合循环指令 G73。

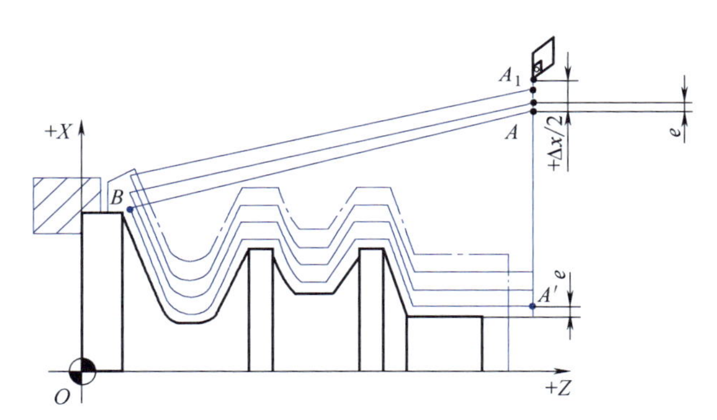

图 2.2.24 有凹槽封闭轮廓复合循环指令 G73 切削路径

4. 外径切槽循环指令 G75

本循环用于对工件外径进行切槽加工，如图 2.2.25 所示。

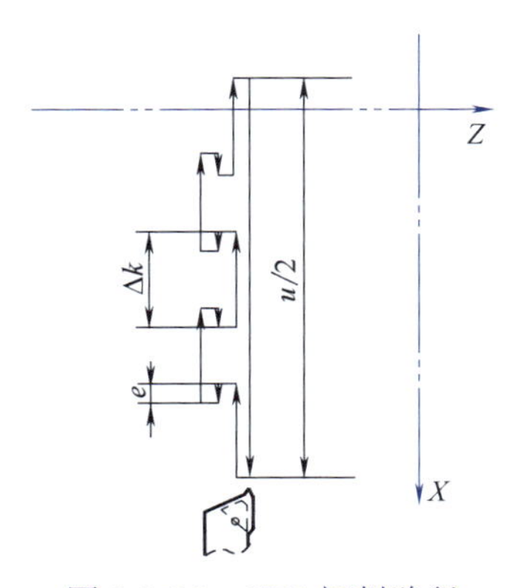

图 2.2.25 G75 切削路径

【格式】 G75 X/U_ R（e）Q（Δk）F_;

其中：

X/U：绝对值编程时，X 为槽底终点在工件坐标系下的坐标；增量值编程时，U 为槽底终点相对于循环起点的有向距离，图形中用 U 表示。

e：切槽每进一刀的退刀量，正值。

Δk：每次进刀的深度，正值。

F：进给速度，mm/min。

八、螺纹车削指令 G82/G76

引导问题 10：图 2.2.26 所示为一 M30×1.5 的螺纹套，外圆、长度和螺纹底孔已全部加工合格，需要在数控车床上车出套内螺纹，宜采用哪种螺纹切削指令？____

____

____

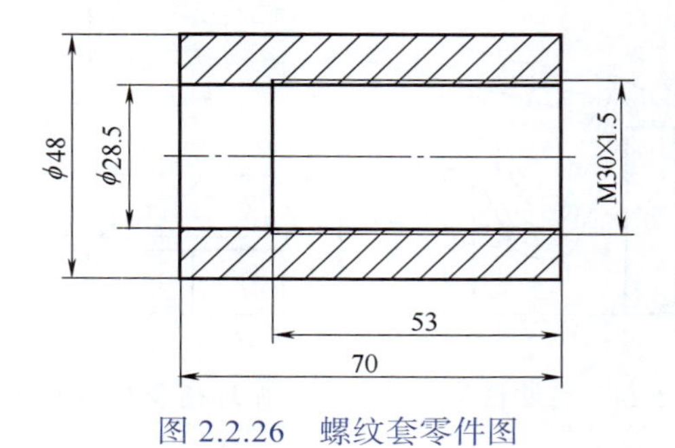

图 2.2.26 螺纹套零件图

（一）螺纹车削工艺参数

1. 普通公制三角螺纹参数及相关计算

设标准螺纹的螺距（多线螺纹时为导程，以下同此）为 P，螺纹基本参数计算方法如下：

外螺纹大径 d= 螺纹公称直径

外螺纹小径 $d_1=d-1.3P$

内螺纹大径 D= 螺纹公称直径

内螺纹小径 $D_1=D-1.3P$

加工塑性材料时，外螺纹大径 d 在公称直径基础上再减 0.2 ～ 0.3mm；内螺纹底孔直径可近似取螺纹公称直径减去一个螺距 P 的值。

2. 螺纹起点与螺纹终点轴向尺寸的确定

车削螺纹时需要给出合理的导入距离 δ_1 和导出距离 δ_2，如图 2.2.27 所示。

一般情况下，δ_1 取 $P \sim 2P$，δ_2 取 P 左右。若螺纹退尾处没有退刀槽，其 $\delta_2=0$。

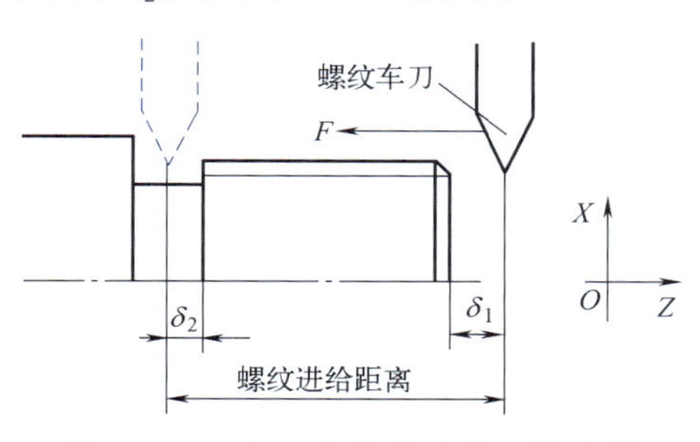

图 2.2.27　加工螺纹升速段和降速段

3. 螺纹车削的切削参数

（1）主轴转速。数控车床车削螺纹时，推荐主轴转速为：

$$n \leqslant 1200/P-K$$

式中，P 为螺纹的螺距（导程），mm；K 为保险系数，一般取 80；n 为主轴转速，r/min。

（2）背吃刀量 a_p。螺纹单边切削总深为一个螺纹牙高，一般要分数次进给加工。车削时应遵循递减的背吃刀量分配方式，否则会因切削面积的增加、切削力过大而损坏刀具。采用硬质合金螺纹车刀时，最后一刀的背吃刀量不能小于 0.1mm。车削螺纹的切削次数及背吃刀量可参考表 2.2.2

表 2.2.2　常用普通螺纹切削次数与背吃刀量

螺距 /mm		1.0	1.5	2.0	2.5	3.0	3.5	4
牙深（半径量）/mm		0.649	0.974	1.299	1.624	1.949	2.273	2.598
切削次数及背吃刀量（直径量）/mm	1 次	0.7	0.8	0.9	1.0	1.2	1.5	1.5
	2 次	0.4	0.6	0.6	0.7	0.7	0.7	0.8
	3 次	0.2	0.4	0.6	0.6	0.6	0.6	0.6
	4 次		0.16	0.4	0.4	0.4	0.6	0.6
	5 次			0.1	0.4	0.4	0.4	0.4
	6 次				0.15	0.4	0.4	0.4
	7 次					0.2	0.2	0.4
	8 次						0.15	0.3
	9 次							0.2

（二）螺纹车削常用加工指令

1. 螺纹切削单一固定循环指令 G82

（1）直螺纹切削循环。

【格式 1】 G82 X/U_ Z/W_ R（r）E（e）C_ P_ F_；

该指令执行图 2.2.28 所示 $A \rightarrow B \rightarrow C \rightarrow D \rightarrow A$ 的轨迹动作，A 点是螺纹切削循环起点，图中 1R 表示循环的第 1 阶段，车刀先以 G00 速度快移到车螺纹起点；2F 表示第 2 阶段，以给定的螺纹导程车削螺纹；3R 代表第 3 阶段，螺纹车削后先以给定 F 速度退尾，然后再沿径向以 G00 的速度退车；4R 表示第 4 阶段以 G00 速度快速返回到螺纹切削循环起点。

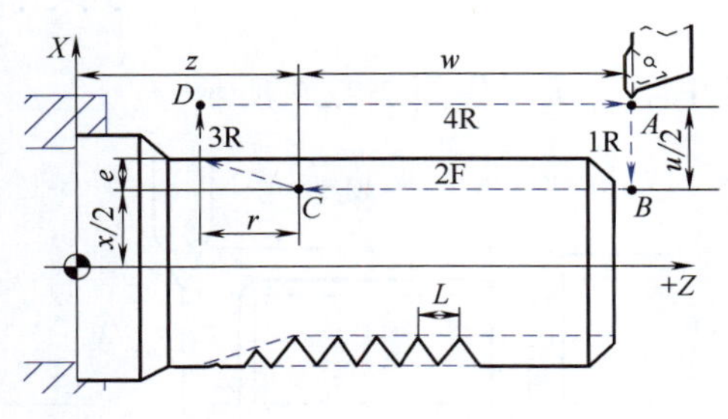

图 2.2.28 G82 加工螺纹示意图

其中：

X、Z：绝对值编程时，为螺纹终点 C 的坐标。

U、W：螺纹终点 C 相对于循环起点 A 的有向距离。

F：螺纹导程。

R、E：螺纹切削的退尾量，两者均为向量，R 为 Z 向回退量，E 为 X 向回退量。无 R、E 表示，不用退尾功能。

C：螺纹头数，为 0 或 1 时切削单头螺纹，可省略。

P：单头螺纹切削时，为主轴基准脉冲处距离切削起始点的主轴转角（默认值为 0）；多头螺纹切削时，为相邻螺纹的切削起始点之间对应的主轴转角。

注意：在保持进给状态下，螺纹切削循环在完成全部动作之后才会停止运动。

【例】 编制图 2.2.29 所示零件的螺纹部分数控加工程序，螺纹退刀槽尺寸为 4mm × 2mm。

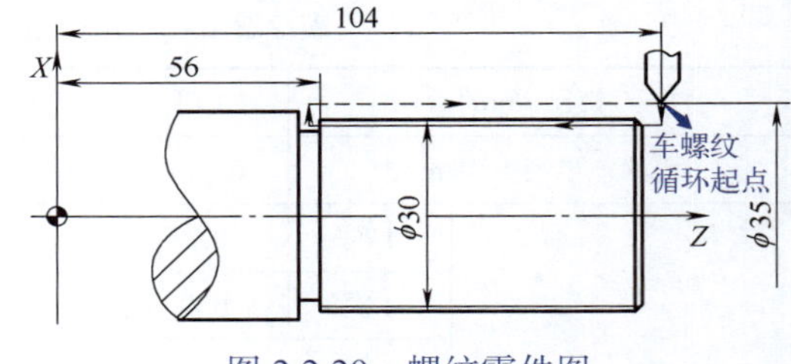

图 2.2.29 螺纹零件图

① 螺纹加工尺寸的计算：

$d_1=d-2h=30-1.3P=30-1.3\times1.5=28.05$（mm）

升速进刀段和减速退刀段 $\delta_1=2P=3$mm；$\delta_2=P=1.5$mm

② 螺纹车刀和切削用量的选择：

螺纹车刀选硬质合金；

主轴转速 $n\leqslant 1200/P-K=1200/1.5-80=720$（mm）；

考虑到刀具的实际刚性，主轴转速取 600r/min；

进给量 $f=P=1.5$mm/r

③ 车削螺纹程序：

```
%1113
M03 S600 T0101
G00 X35  Z104
G82 X29.2  Z54.5  F1.5  //（0.8）
X28.6 Z54.5  F1.5  //（0.6）
X28.2 Z54.5  F1.5 //（0.4）
X28.04 Z54.5  F1.5 //（0.16）
G00 X270
    Z260
M30
```

（2）锥螺纹切削循环。G82 指令加工锥螺纹的进给路线见图 2.2.30。

【格式】 G82 X/U_ Z/W_ I_ R（r）E（e）C_ P_ F_

其中：I 为螺纹起点 B 与螺纹终点 C 的半径差。其他参数同直螺纹切削。

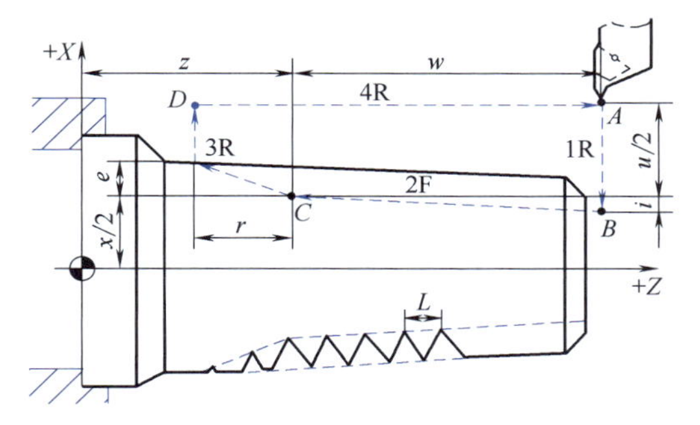

图 2.2.30　G82 加工锥螺纹示意图

2. 螺纹复合车削循环指令 G76

螺纹复合车削循环指令可以完成一个螺纹段的全部加工任务，其加工螺纹的进给路线见图 2.2.31，每层均按径向进给（1F）、车螺纹（2F）、径向退刀（3R）、轴向退刀至循环起点（4R）4 个阶段顺序进行。

【格式】 G76 C(c) R(r) E(e) A(a) X(x) Z(z) I(i) K(k) U(d) V(Δd_{min}) Q(Δd) P(p) F(L)

其中：

c：精加工重复次数。

r：螺纹 Z 向退尾长度（00 ~ 99），模态值。

e：螺纹 X 向退尾长度（00 ~ 99），模态值。

a：刀尖角，模态值。

x、z：绝对值编程时为螺纹终点坐标；增量值编程时为螺纹终点相对于循环起点的有向距离。

i：螺纹部分半径之差，即螺纹切削起始点与切削终点的半径差。加工圆柱螺纹时，i=0；加工圆锥螺纹时，当 X 向切削起始点坐标小于切削终点坐标时，i 为负，反之为正。

k：螺牙的高度（X 轴方向的半径值）。

d：精加工余量（半径值）。

Δd_{min}：最小切入量（半径值）。

Δd：第一次切入量（X 轴方向的半径值）。

p：主轴基准脉冲处距离切削起始点的主轴转角。

L：螺纹导程。

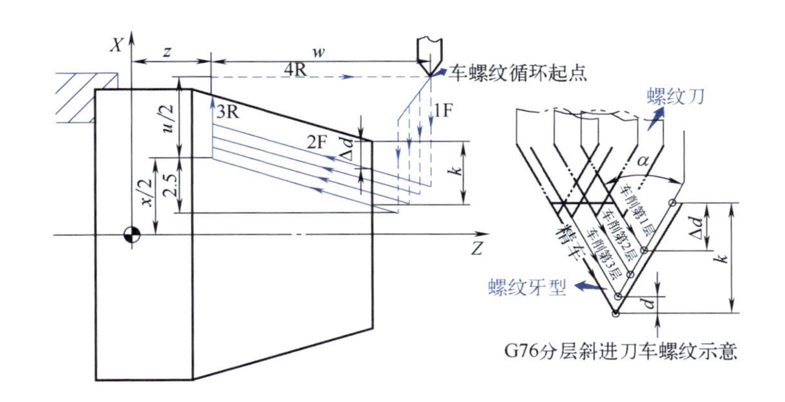

图 2.2.31　G76 加工螺纹示意图

【任务实施】

一、传动轴左侧数控车削程序

依据传动轴工序 20 的机械工序卡（表 2.1.2），外圆粗车背吃刀量 1mm，退刀量 0.5mm；精车余量 0.3mm；粗车时主轴转速 1200r/min，进给速度 200r/min；精车时主轴转速 1500r/min，进给速度 100mm/min。内孔粗车背吃刀量 1mm，退刀量 0.2mm；精车余量 0.2mm；粗车时主轴转速 1000r/min，进给速度 150mm/min；精车时主轴转速 1200r/min，进给速度 100mm/min。内螺纹车削取主轴转速 600r/min，进给量 1.5mm/r，其他参数见表 2.2.3 ～表 2.2.5。

考核图纸见图 2.2.32。

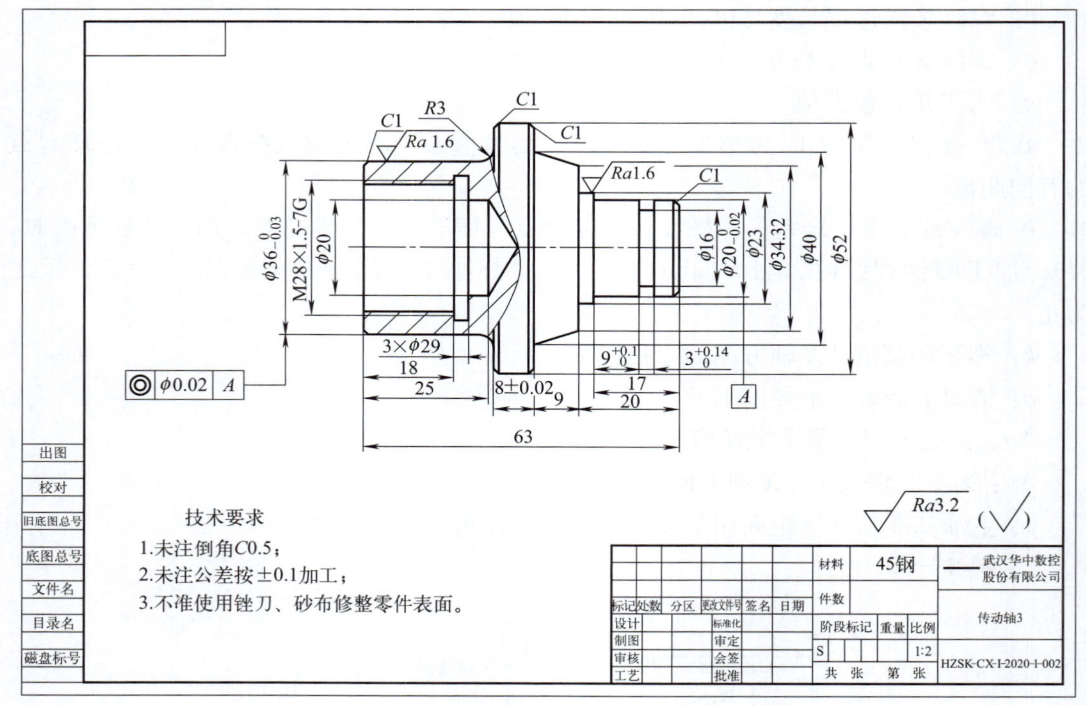

图 2.2.32　零件图

表 2.2.3　传动轴工序 20——粗车外圆程序清单

数控程序	程序注解
%0001	// 程序名
T0101 M03 S1200	// 调 T01 刀建立坐标系，主轴 1200r/min
G00 X57 M08	// 快移车刀靠近工件，冷却液开
Z2	// 快移车刀到循环起点
G71 U1 R0.5 P10 Q20 X0.3 Z0.3 F200	// 粗车 ϕ36 外圆
G00 X100	// 沿 X 轴快速退刀
Z100 M09	// 沿 Z 轴快速退刀，冷却液关

续表

数控程序	程序注解
M05	// 主轴停转
M00	// 程序暂停（工序间测量、尺寸调整）
M03 S1500	// 主轴正转 1500r/min
G00 X57 Z2 M08	// 车刀快移到循环起点，冷却液开
N10 G00 X32	// 精车程序第一段，沿 X 轴快速移刀靠近工件
G01 X36 Z1 F100	// 精车左端 *C*1 倒角
Z-23	// 精车左端 ϕ36 外圆
G02 U6 W-3 R3	// 精车 *R*3 圆弧
G01 X50	// 精车端面
X52 W-1	// 倒角
Z-35	// 精车 ϕ52 外圆，距左端面 35mm
N20 G01 X56	// 沿 *X* 退刀，外圆精车结束
G00 X100 M09	// 沿 *X* 轴快速移刀，冷却液关
Z100	// 沿 *Z* 轴快速移刀至换刀点
M30	// 程序结束

编程要点：

① 循环指令选用：传动轴零件的内外轮廓主要沿轴向展开，宜采用 G71 指令进行粗车循环。

② 倒角加工设计：精车端面倒角时，建议车刀沿倒角延长线切入，尽量避免快移到端面直接切削。

③ 刀具磨损量调整：为了保证精车后的尺寸精度，粗车后应检测精车余量，通过设置刀具磨损量保证精车余量。

表 2.2.4　传动轴工序 20——精车外圆程序清单

数控程序	程序注解
%0002	// 程序名
T0101 M03 S1500	// 调 T01 刀建立坐标系，主轴转速 1500r/min
G00 X57 Z2 M08	// 快移车刀靠近工件，冷却液开
G00 X32	// 沿 *X* 快速移车刀靠近工件
G01 X36 Z1 F100	// 精车左端 *C*1 倒角
Z-23	// 精车左端 ϕ36mm 外圆
G02 U6 W-3 R3	// 精车 *R*3 圆弧
G01 X50	// 精车端面
X52 W-1	// 倒角
Z-35	// 精车 ϕ52mm 外圆，距左端面 35mm
X56	// 沿 *X* 退刀，外圆精车结束
G00 X10 0M09	// 沿 *X* 轴快速移刀，冷却液关
Z100	// 沿 *Z* 轴快速移刀至换刀点
M30	// 程序结束

编程要点：精车前需调整刀具磨损量和进给速度，以保证零件尺寸和表面质量要求。

表 2.2.5　传动轴工序 20——车内孔、内槽、内螺纹程序清单

数控程序	程序注解
%0003	// 程序名
T0202 M03 S1000	// 调内孔镗刀建立坐标系，主轴转速 1000mm/min
G00 X18 M08	// X 方向快移车刀至 X18，冷却液开
Z2	// 轴向快移车刀至循环起点
G71 U1 R0.2 P30 Q40 X-0.2 Z0.2 F150	// 粗车内孔
G00 Z100	// 沿 Z 轴快速退刀
X100 M09	// 沿 X 轴快速退刀，冷却液关
M05	// 主轴停转
M00	// 程序暂停（工序间测量、尺寸调整）
M03 S1200	// 主轴正转，转速 1200r/min
G00 X18 Z2 M08	// 车刀快移到循环起点
N30 G00 X26.5	// 精镗孔程序第一段，沿 X 轴快移车刀到孔径处
G01 Z-21 F100	// 精镗螺纹底孔
N40 G01 X19	// 沿 X 轴退刀，内孔精车结束
G00 Z2	// 沿 Z 轴向退刀
X100 Z100 M09	// 快移到换刀点，冷却液关
M05	// 主轴停
M00	// 程序暂停（工序间测量、尺寸调整）
T0303 M03 S300	// 调内孔槽刀建坐标系，主轴正转，转速 300r/min
G00 X18 Z2 M08	// 快移车刀靠近工件端面，冷却液开
Z-21	// 快移车刀到内孔槽处
G01 X27.5 F40	// 车槽一次
G00 X26	// 退刀
G01 X28.4 F40	// 车槽二次
G00 X26	// 退刀
G01 X29 F20	// 车槽三次
G04 P1	// 槽底暂停进给 1s
G00 X18	// X 向退刀
Z10	// Z 向退刀至工件端面外
X100 Z100 M09	// 退到换刀点，冷却液开
M05	// 主轴停
M00	// 程序暂停（工序间测量、尺寸调整）
T0404 M03 S600	// 调螺纹刀建立坐标系，主轴正转，转速 600r/min
G00 X20 Z3 M08	// 快移车刀到螺纹循环起点，冷却液开
G76 C3 R-1.5 E-0.975 A60 X27 Z-20 I0 K0.975 U-0.1 V0.1 Q0.4 F1.5	// 车螺纹循环
G00 Z10	// 轴向退刀
X100 Z100	// 返回换刀点，冷却液关
M30	// 主程序结束并复位

编程要点：车削较深的径向槽时，建议采用“切入—退刀—切入”循环切入的车削方式，避免夹刀。

二、传动轴右侧数控车削程序

外圆粗车背吃刀量 1mm，退刀量 0.5mm；精车余量 0.3mm；粗车时主轴转速 1200r/min，进给速度 200mm/min；精车时主轴转速 1500r/min，进给速度 120mm/min。

其他参数见表 2.2.6 ～表 2.2.8。

表 2.2.6　传动轴右侧车端面程序单

数控程序	程序注解
%0224	// 程序名
T0101 M03 S1200	// 调外圆车刀，建立坐标系，主轴正转，转速 1200r/min
G00 X60 Z5 M08	// 快移车刀靠近工件端面，冷却液开
G81 X0 Z1 F80	// 端面固定，循环车端面（此处假设总长为 2mm，加工时根据实际长度调整）
X0 Z0	// 车端面
M30	// 主程序结束并复位

编程要点：如果毛坯长度较大，可使用 G81 先车削端面到总长，再进行外圆的加工。如果对刀时手动车削到总长，忽略本程序。

表 2.2.7　传动轴右侧外圆粗车程序单

数控程序	程序注解
%0225	// 程序名
T0101 M03 S1200	// 调外圆车刀，建立坐标系，主轴正转，转速 1200r/min
G00 X60 Z2	// 车刀快移到复合循环起点
G71 U1 R0.5 P10 Q20 X0.2 Z0.1 F200	// 粗车循环
G00 X100 Z100 M09	// 车刀快移到换刀点，冷却液关
M05	// 主轴停转
M00	// 程序暂停（工序间测量、尺寸调整）
M03 S1500	// 主轴正转，转速 1500r/min
G00 X60 Z2 M08	// 车刀快移到循环起点
N10 G00 X16	// 精车程序第一段，沿 *X* 轴快速移刀到切削起点
G01 X20 Z-1 F80	// 精车倒角
Z-17	// 车外圆
X23	// 车台阶端面
Z-20	// 车台阶
X34.32	// 车台阶端面
X40 W-9	// 车锥面
X50	// 车台阶端面
X56 W-3	// 倒角
N20 G00 X57	// 退刀，精车程序最后一段
G00 X100	// 快速退刀
Z100 M09	// 车刀快移到换刀点，冷却液关
M30	// 主程序结束并复位

编程要点：为了保证精车后的尺寸精度，粗车后应检测精车余量，通过设置刀具磨损量保证精车余量。

表 2.2.8　传动轴右侧精车外圆和外槽程序单

数控程序	程序注解
%0225	// 程序名
T0101 M03 S1500	// 调外圆车刀，建立坐标系，主轴正转，转速 1500r/min
G00 X60 Z2 M08	// 车刀快移到起点，冷却液开
G00 X16	// 精车程序第一段
G01 X20 Z-1 F80	// 精车倒角
Z-17	// 车外圆

续表

数控程序	程序注解
Z-17	// 车外圆
X23	// 车台阶端面
Z-20	// 车台阶
X34.32	// 车台阶端面
X40 W-9	// 车锥面
X50	// 车台阶端面
X56 W-3	// 倒角
G00 X57	// 退刀，精车程序最后一段
G00 X100	// 快速退刀
Z100 M09	// 车刀快移到换刀点，冷却液关
M05	// 主轴停
M00	// 程序暂停（工序间测量、尺寸调整）
T0404 M03 S400	// 调外圆槽刀，建立坐标系；主轴正转，转速 400r/min
G00 X22	// 快移车刀靠近工件
Z-8 M08	// 快移车刀到外圆槽处，冷却液开
G75 X16 R1 Q1 F30	// 外径车槽循环
G00 X58	// 径向退刀
X100 Z100 M09	// 快移车刀到换刀点，冷却液关
M30	// 主程序结束并复位

编程要点：精车前需调整刀具磨损量和进给速度，以保证零件尺寸和表面质量要求。

【实战演练】

依据图 2.1.6 所给传动轴 3 的零件图和机械加工工艺过程卡，手工编写传动轴 3 的数控车削程序。

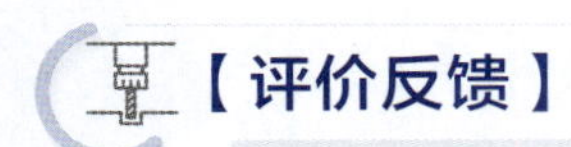

【评价反馈】

传动轴 3 数控车削程序评分表

班级： 姓名： 学号：

序号	评价项目	评价标准	配分	得分
1	数控加工程序单表头信息	是否与数控系统要求一致	10	
2	程序与工序卡的对应度	每段程序是否与相应的工序卡相对应	10	
3	指令应用情况	所用指令是否与加工内容相适应	20	
4	工步安排	工步层次分明、顺序合理	20	
5	切削用量	背吃刀量、进给量、主轴转速设置合理	10	
6	工艺装备	各工步所用的刀具合理、恰当	10	
7	标准化	程序编写符合所用数控系统的标准	20	

传动轴的数控车削加工

一、数控车床基本操作

引导问题 1：数控车床的控制面板有哪些功能？________________________

____

图 2.3.1 所示为华中 HNC-8A 系列车 / 铣床的控制面板。其由显示器、NC 键盘和机床控制面板等组成。

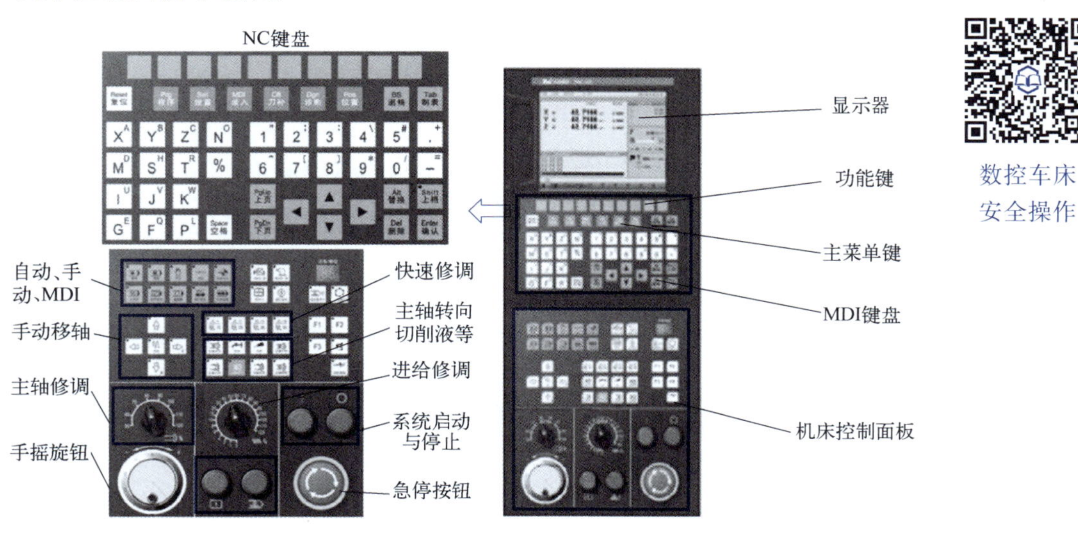

图 2.3.1　HNC-8A 系列车 / 铣床控制面板

NC 键盘包括 MDI 键盘、六个主菜单键（程序、设置、MDI、刀补、诊断、位置）和十个功能键，主要用于零件程序的编制、参数输入、MDI 及系统管理操作等。十个功能键与软件菜单的十个菜单按钮一一对应。机床控制面板用于直接控制机床动作或加工过程。图 2.3.2 为 HNC-808/818 数控系统软件的操作界面，由 8 个区域组成。

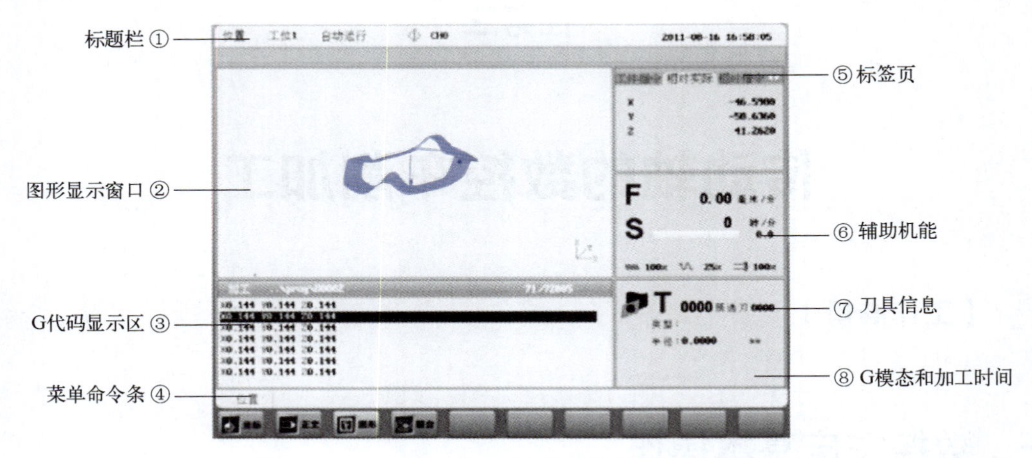

图 2.3.2 HNC-808/818 数控系统软件的操作界面

以上操作面板（界面）上各键或各区域的功能详见机床操作说明书。本教材仅列出部分主要功能。

引导问题 2：数控车床开机、关机有顺序要求吗？

数控车床手动操作 1

相关技能点

数控车床通常按以下顺序开机。

步骤 1：检查“急停”按钮是否处于按下状态，如果没有，需先按下“急停”按钮。

步骤 2：打开机床总电源开关。该开关一般在机床侧面或后面。

步骤 3：按“启动”键，数控系统上电，系统进行自检。自检结束后进入待机状态，屏幕显示“EMG”。

步骤 4：按旋转方向转动并拔起“急停”按钮，接通伺服电源。

数控车床关机时，应先按下“急停”按钮，然后关闭系统电源，最后关闭机床总电源。

引导问题 3：数控车床开机后为什么要回参考点？

数控车床开机后，所有轴应先回参考点，以建立机床坐标系。

步骤 1：按“回参考点”键，系统处于“回零”方式。

步骤 2：按下“X+”和“Z+”方向键，刀架进行返回参考点运动，到参考点后，“X+”和“Z+”按键内的指示灯亮。

对于华中 8 型数控车床，每次电源接通后都必须先完成各轴的返回参考点操作。

引导问题 4：数控车床如何手动移动刀架、手动输入程序？________________

____

数控车床手动操作 2

1. 手动移动坐标轴（刀架）

数控车床坐标轴（刀架）的移动，可在“手动”模式下通过机床控制面板上的“手动移轴”键移动，也可在“增量”模式下，通过手摇旋钮或手持单元移动。各方式下刀架的移动速度分别由“进给修调”“快速修调”“增量倍率”等按键调节。具体操作可查阅相关机床的操作说明书。

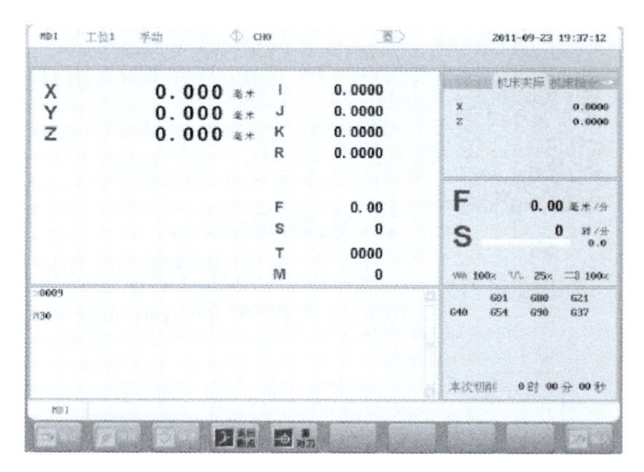

图 2.3.3　进入“手动数据输入”

2. 手动数据输入与运行（MDI）

按“MDI”键进入“手动数据输入”方式（图 2.3.3），可手动输入指令段，输入结束后按下“输入”键，再按下“启动”键即可运行。需要注意的是，从 MDI 切换到非程序界面时仍处于 MDI 状态。程序自动运行过程中不能进入 MDI 方式，但可在进给保持后进入。MDI 状态下，按“复位”键，系统则停止并清除 MDI 程序。

二、数控车床对刀操作

引导问题 5：工件在数控车床上装夹后，通过什么方式来确定工件坐标系？____

____

相关技能点 

零件的编程坐标系及其原点是程序员在零件图纸中选定的，加工时必须将编程坐标系与机床坐标系建立联系，刀具才能正确执行程序。图 2.3.4 中，O 是程序原点，O' 是机床回零后以刀尖位置为参照的机床原点。

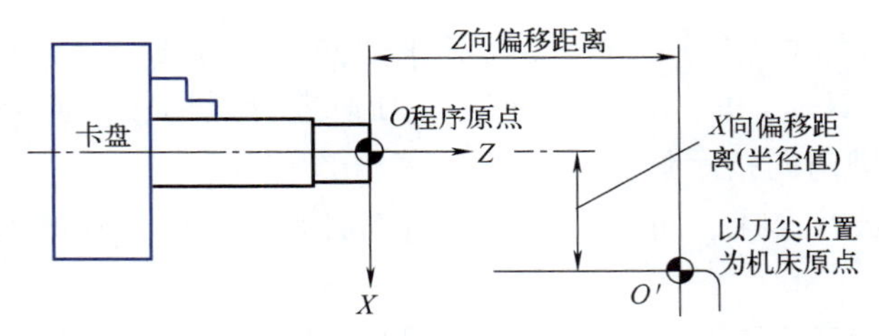

图 2.3.4　程序原点与机床原点关系示意图

由于刀尖的初始位置（机床原点）与程序原点存在 X 向偏移距离和 Z 向偏移距离，实际的刀尖位置与程序指令的位置有同样的偏移距离。因此，必须将该距离测量出来并设置数控系统，使系统据此调整刀尖的运动轨迹。数控加工时，程序原点与机床原点之间的偏移一般通过对刀操作来确定。程序原点在机床的位置确定后，实际上也就是确定了工件在机床坐标系中的位置。

1. 对刀原理

所谓对刀，其实质就是测量程序原点与机床原点之间的偏移距离，并设置程序原点在以刀尖为参照的机床坐标系中的坐标。简言之，对刀就是通过刀具的刀位点确定工件在车床坐标系中的位置，即确定工件坐标系与车床坐标系之间的关系。

外圆车刀
试切法对刀

2. 试切法对刀

车床的试切法对刀指的是通过试切，由试切直径和试切长度来计算刀具偏置值，并通过刀具补偿值建立正确的工件坐标系。对刀前，数控车床必须完成回参考点操作。

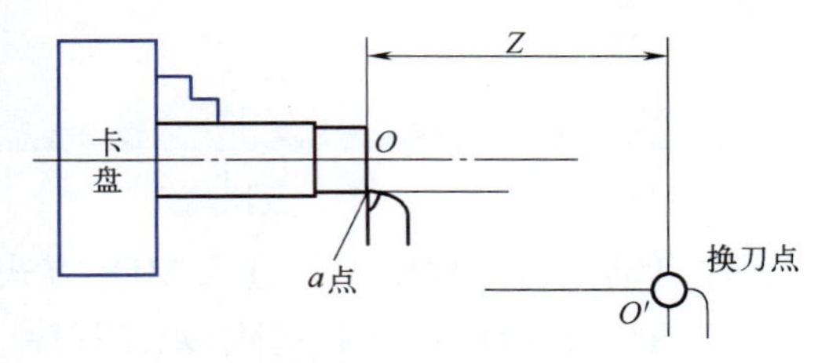

图 2.3.5　试切对刀示意图

图 2.3.5 是以工件右端面中心为工件原点，利用刀具补偿功能进行对刀。其操作步骤如下。

（1）Z 方向对刀。

步骤 1：在手动方式下选择程序中所用的刀具。启动主轴，在手摇方式下，用所选刀具切削加工工件端面。

步骤 2：沿 X 轴退刀，此时不能有 Z 方向的移动。

步骤 3：按“刀补”主菜单键，图形显示窗口（图 2.3.6）将出现刀补数据。

步骤 4：用“▲”和“▼”方向键将光标移动到要设置的刀具号（刀偏号）。

步骤 5：按下“试切长度”按键，在“Z 偏置”的设置中输入 0，完成该把刀具 Z 方向的对刀。

（2）X 方向对刀。

步骤 1：启动主轴，将工件外圆表面试切一刀，沿 Z 向退刀，保持刀具在 X 向的位置不变，主轴停转。

步骤 2：测量工件试切后的直径 D。

步骤 3：重复 Z 方向对刀中的步骤 3、4。

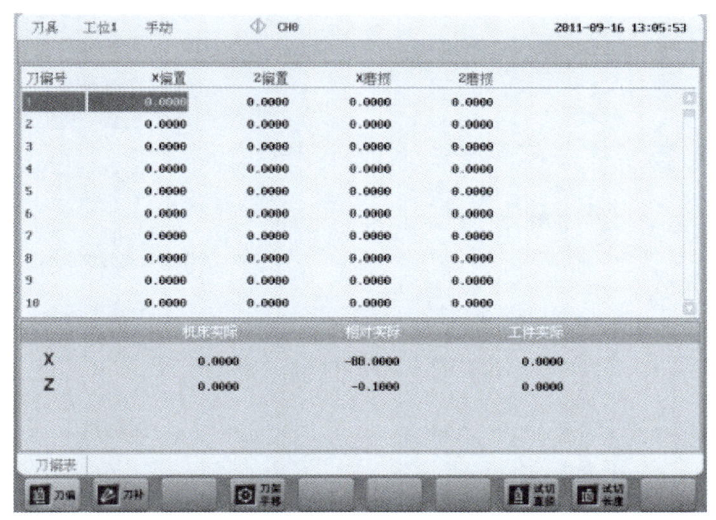

图 2.3.6　刀具补偿窗口

步骤4：按下“试切直径”按键，输入测量的试切直径值，完成该把刀具*X*方向的对刀。

若加工时需用多把刀具，则在第一把刀对好后，刀架回换刀点位选择其他刀具刀号，手动换刀，重复上述步骤，即可完成其他刀具的对刀。

以上对刀方法实质上是把工件坐标系零点建立在试切端面的中心处。

执行程序时，每调用一把刀具，就相当于重新设定一个以此刀具刀尖点零点位置为原点建立的坐标系。例如，在数控车削程序中执行“T0101”指令，也就是建立了以T01号刀零点位置为原点的工件坐标系。直到被下一次调用的刀具所建的坐标系取代。目前，数控车床工件坐标系大多采用此方法建立。

数控车床多把刀试切法对刀

3. 对刀点位置的确定原则

对刀点可选在工件上，也可选在夹具或车床上，但必须与工件的定位基准（相当于与工件坐标系）有已知的准确尺寸关系，这样才能确定工件坐标系与车床坐标系的关系。采用试切法进行对刀时，对刀点往往取工件编程原点。具体原则如下：

（1）尽量与工件尺寸的设计基准或工艺基准相一致。

（2）尽量使加工的程序编制工作简单方便。

（3）便于用常规量具和量仪在车床上找正，加工过程中便于检查。

（4）便于确定工件坐标系与车床坐标系的相互位置。

（5）引起的加工误差小。

4. 刀尖方位的定义

车床的刀具可以多方向安装，并且刀具的刀尖也有多种形式，为使数控装置知道刀具的安装情况，以便准确地进行刀尖半径补偿，定义了车刀刀尖的位置码，这是表示理想刀具头与刀尖圆弧中心的位置关系的方法。刀尖位置可简称为刀位点，如图 2.3.7 所示。设置刀位点时，按“刀补”菜单键，进入设置界面（图 2.3.8），选择“编辑”选项，按 Enter 键进入编辑状态，输入所选刀具的刀位号，修改完毕后，再次按 Enter 键确认。

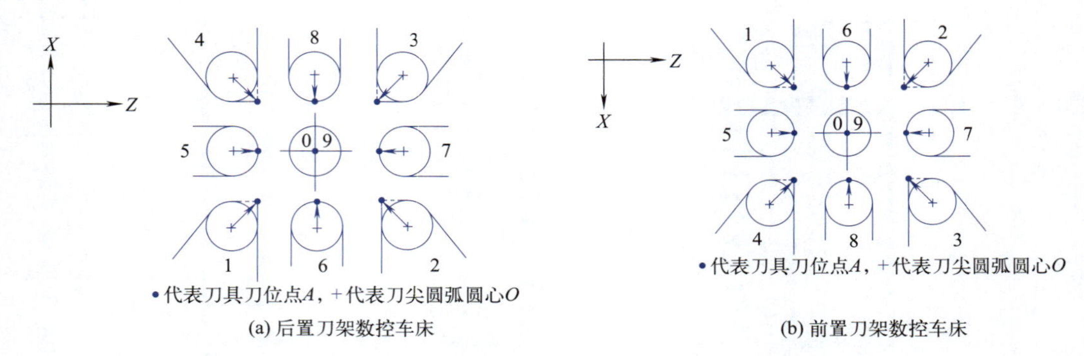

图 2.3.7　车刀刀位点示意图

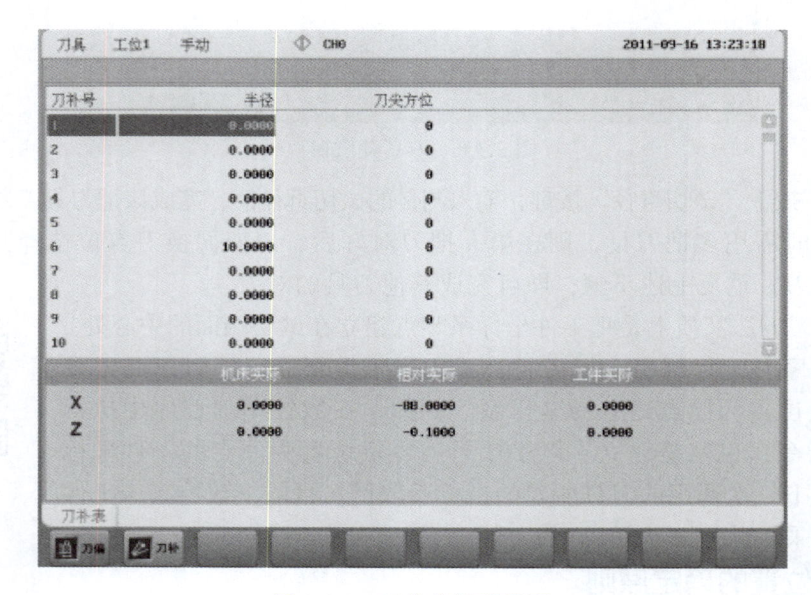

图 2.3.8　刀位点设置界面

引导问题 6：零件加工前，如何选择、调用、编辑、删除程序？____________

____

在程序主菜单下，可以进行程序选择，以及对所选程序进行编辑、存储、运行、任意行、重运行、停止和删除等操作。具体操作方法请参照所用数控系统的操作说明书。

引导问题 7：程序运行前，为防止出错可以对程序进行校验吗？____________

____

相关技能点

运行程序加工工件之前，应检查所编程序是否正确。对有图像模拟功能的数控机床，可进行图形模拟加工，检查刀具轨迹是否正确。对无此功能的数控机床，可通过空运转校验和观察坐标轴显示位置变化进行程序测试。进行空运行检查时，移走工件只检查刀具的移动轨迹是否正确。位置显示观察法是在机床锁住，即机床的辅助功能（主轴旋转、刀具更换、冷却液开关）全部失效的情况下，运行程序，观察显示位置的变化。以上工作由于只能查出刀具运动轨迹的正确性，验不出对刀误差和因某些计算误差引起的加工误差，所以还要进行首件试切，试切后若发现工件不符合要求，可通过修改程序或设置刀具尺寸补偿来保证零件的加工精度。

引导问题 8：加工过程中如何控制车削后零件的加工尺寸精度？__________

____

相关技能点 

数控车床
运行控制

数控车削加工时可通过设置刀具磨损量控制零件的加工尺寸。设置刀具磨损量实质为刀具头部磨损量的补偿。

【任务实施】

一、加工准备

1. 开机

（1）启动车床前检查机床的外观、润滑油箱的油位，清除机床上的灰尘和切屑。

（2）启动车床后，在手动模式下，检查主轴箱、进给轴的传动是否顺畅，是否有异响情况。

（3）回车床参考点。

2. 安装工件与刀具

（1）工件装夹及找正。棒料毛坯外圆在三爪卡盘中定位并夹牢，毛坯伸出卡盘长度不小于 40mm。

（2）刀具装夹及找正（注意刀具装夹牢固可靠）。

3. 对刀

采用试切法先后进行外圆刀、镗刀、螺纹刀、槽刀的对刀操作，并检查各刀号与程序中的刀号是否一致。若不一致，根据实际刀号修改程序中的刀具号。

4. 程序输入与校验

建议用 U 盘或在线传输方式输入程序，首件加工时需通过刀路轨迹校验和空运行对程序进行校验。

二、车削加工

1. 车削左侧外圆、内螺纹

（1）车端面见平，然后手动钻 ϕ18mm 螺纹底孔。

（2）车外圆。加工前，在刀补表（图 2.3.6）中输入磨损量值。例如，预设外圆刀的 X 方向磨损量为 +0.4mm，Z 方向磨损量为 +0.2mm。

1）按“刀补”键，窗口显示刀补数据；

2）用“▲”“▼”移动光标选择刀偏号（如 1 号刀）；

3）用“▶”“◀”选择“编辑”选项（如输入 1 号刀的 X 方向磨损量）；

4）按 Enter 键，系统进入编辑状态，输入 0.4；

5）修改完毕后，再次按 Enter 键确认；

6）同样方法输入 Z 方向磨损值（如 Z 磨损输入 0.2）。

（3）外圆精车余量调整。粗加工程序段执行完后，执行 M05 和 M00 程序段。此时，主轴停转，程序暂停，手工测量外圆尺寸，根据粗车后的实际尺寸修改磨损量，以控制外圆的精加工尺寸。

例如，若 X 实测尺寸比编程尺寸大 0.5mm，则 X 磨损参数设为 -0.1；若 X 实测尺寸比编程尺寸大 0.4mm，则 X 磨损参数设为 0；若 X 实测尺寸比编程尺寸大 0.3mm，则 X 磨损参数设为 +0.1。

（4）车内孔。调用内孔车削程序加工。如内孔有精度要求，可参照外圆精度控制方法，但需要注意，内圆刀的径向磨损量与外圆刀的相反。

（5）车螺纹。调用内螺纹车削程序加工。

2. 车削右侧轮廓

（1）调头装夹工件。采用三爪卡盘装夹已加工的 $\phi 36_{-0.03}^{0}$mm 外圆，装夹处需垫铜片，以保护已加工好的外圆表面。夹紧前用百分表找正车削的 ϕ52mm 外圆，跳动误差控制在 0.02mm 以内。

（2）车端面。量取总长及根据需要切除的余量，调整端面车削程序，以保证零件总长。

（3）外圆车削。执行外圆车削程序，操作过程同左侧外圆加工。

（4）精车外圆及槽。执行精车外圆和切槽程序。

加工要点：

（1）在粗、精车程序段之间加入回换刀点和 M05、M00 程序段，以方便通过调整刀具磨损量来控制加工精度。

（2）若同一方向上有不同偏差方向的尺寸，或尺寸精度相差较大，其精加工最好分开在不同程序中进行。如果必须在同一程序中加工，宜采用中间尺寸编程方式。手工编程时，可以通过分段设磨损补偿，但这样会使生产效率降低。

【实战演练】

依据传动轴 3 的零件图（图 2.1.6）和任务 2 编制完成的数控车削程序，操控数控车床加工出传动轴 3 零件。自检表见表 2.3.1。

表 2.3.1　传动轴 3 数控车削加工——零件自检表

班级： 姓名： 学号：								
零件名称		传动轴 3		允许读数误差				± 0.007mm
序号	项目	尺寸要求 /mm	使用的量具	测量结果				项目判定
				No.1	No.2	No.3	平均值	
1	外径	$\phi20_{-0.02}^{0}$						合　否
2	外径	$\phi36_{-0.03}^{0}$						合　否
3	长度	63 ± 0.1						合　否
结论（对上述三个测量尺寸进行评价）				合格品　次品　废品				
处理意见								

【评价反馈】

传动轴 3 自检记录评分表

工件名称	传动轴 3				
	班级：		姓名：	学号：	
序号	测量项目	配分	评分标准	自检与检测对比	得分
1	尺寸测量	3	每错一处扣 0.5 分，扣完为止	□正确 错误__处	
2	项目判定	0.6	全部正确得分	□正确　□错误	
3	结论判定	0.6	判断正确得分	□正确　□错误	
4	处理意见	0.8	处理正确得分	□正确　□错误	
总配分数		5	合计得分		

传动轴 3 数控车削加工——零件完整度评分表

	班级：		姓名：	学号：		
工件名称	传动轴 3			工件编号		
评价项目	考核内容	配分	评分标准	检测结果	得分	备注
传动轴 3 加工特征完整度	外圆 $\phi 36_{-0.03}^{0}$mm	2	未完成不得分	□完成 □未完成		
	外圆槽 $3_{0}^{+0.14}$mm × ϕ16mm	2	未完成不得分	□完成 □未完成		
	螺纹 M28 × 1.5-7G	2	未完成不得分	□完成 □未完成		
	外圆台阶 3mm × ϕ23mm	2	未完成不得分	□完成 □未完成		
	圆角 R3mm	2	未完成不得分	□完成 □未完成		
	小计	10				
总配分		10	总得分			

传动轴 3 数控车削加工——零件评分表

			班级：		姓名：		学号：			
工件名称		传动轴 3			工件编号					
检测评分记录（由检测员填写）										
序号	配分	尺寸类型	公称尺寸	上极限偏差	下极限偏差	上极限尺寸	下极限尺寸	实际尺寸	得分	评分标准
A—主要尺寸 /mm　共 44 分										
1	2	ϕ	52	0.1	−0.1	52.1	51.9			超差全扣
2	2	ϕ	40	0.1	−0.1	40.1	39.9			超差全扣
3	5	ϕ	20（外圆）	0	−0.02	20	19.98			超差全扣
4	2	ϕ	36	0	−0.03	36	35.97			超差全扣
5	2	ϕ	23	0.1	−0.1	23.1	22.9			超差全扣

续表

序号	配分	尺寸类型	公称尺寸	上极限偏差	下极限偏差	上极限尺寸	下极限尺寸	实际尺寸	得分	评分标准
6	2	ϕ	16	0.1	−0.1	16.1	15.9			超差全扣
7	4	L	63	0.1	−0.1	63.1	62.9			超差全扣
8	2	L	7	0.1	−0.1	8.02	7.98			超差全扣
9	2	L	18	0.1	−0.1	18.1	17.9			超差全扣
10	2	L	30	0.1	−0.1	20.1	19.9			超差全扣
11	4	L	3（外槽）	0.14	0	3.14	3			超差全扣
12	4	L	7	0.1	0	9.1	9			超差全扣
13	4	C	1	0.1	−0.1	1.1	0.9			3 处
14	2	R	3	0	0	3	3			超差全扣
15	5	螺纹	M28 × 1.5-7G							合格 / 不合格
B—形位公差 /mm　共 6 分										
16	6	同轴度	0.02	0	0.00	0.02	0.00			超差全扣
C—表面粗糙度 /μm　共 10 分										
17	4	表面质量	Ra1.6	0	0	1.6	0			超差全扣
18	4	表面质量	Ra1.6	0	0	1.6	0			超差全扣
19	2	表面质量	Ra3.2	0	0	3.2	0			超差全扣
总配分数			60	合计得分						
检测员签字：				教师签字：						

传动轴 3 数控车削加工——素质评分表

工件名称		传动轴 3			
序号	配分	考核内容与要求	完成情况	得分	评分标准
职业素养与操作规范					
1	2	按正确的顺序开关机床并做检查，关机时车床刀架停放正确的位置（1.0 分）	□ 正确　□ 错误		完成并正确
2		检查与保养机床润滑系统（0.5 分）	□ 完成　□ 未完成		完成并正确
3		正确操作机床及排除机床软故障（机床超程、程序传输、正确启动主轴等）（0.5 分）	□ 正确　□ 错误		完成并正确

续表

<table>
<tr><th>序号</th><th>配分</th><th>考核内容与要求</th><th>完成情况</th><th>得分</th><th>评分标准</th></tr>
<tr><td colspan="6">职业素养与操作规范</td></tr>
<tr><td>4</td><td rowspan="4">3</td><td>正确使用三爪卡盘扳手、加力杆安装车床工件（0.5分）</td><td>□正确　□错误</td><td></td><td>完成并正确</td></tr>
<tr><td>5</td><td>正确安装和校准卡盘等夹具（0.5分）</td><td>□正确　□错误</td><td></td><td>完成并正确</td></tr>
<tr><td>6</td><td>正确安装车床刀具，刀具伸出长度合理，校准中心高，禁止使用加力杆（1.0分）</td><td>□正确　□错误</td><td></td><td>完成并正确</td></tr>
<tr><td>7</td><td>正确使用量具、检具进行零件精度测量（1.0分）</td><td>□正确　□错误</td><td></td><td>完成并正确</td></tr>
<tr><td>8</td><td rowspan="4">5</td><td>按要求穿戴安全防护用品（工作服、防砸鞋、护目镜等）（1.0分）</td><td>□符合　□不符合</td><td></td><td>完成并正确</td></tr>
<tr><td>9</td><td>完成加工之后，及时清扫数控车床及周边（1.5分）</td><td>□完成　□未完成</td><td></td><td>完成并正确</td></tr>
<tr><td>10</td><td>工具、量具、刀具按规定位置正确摆放（1.5分）</td><td>□完成　□未完成</td><td></td><td>完成并正确</td></tr>
<tr><td>11</td><td>完成加工之后，及时清除数控机床和计算机中自编程序及数据（1.0分）</td><td>□完成　□未完成</td><td></td><td>完成并正确</td></tr>
<tr><td colspan="2">配分数</td><td>10</td><td>小计得分</td><td></td><td></td></tr>
<tr><td colspan="6">安全生产与文明生产（此项为扣分项，扣完10分为止）</td></tr>
<tr><td>12</td><td>扣分</td><td>机床加工过程中工件掉落（2.0分）</td><td>工件掉落___次</td><td></td><td>扣完10分为止</td></tr>
<tr><td>13</td><td>扣分</td><td>加工中不关闭安全门（1.0分）</td><td>未关安全门___次</td><td></td><td>扣完10分为止</td></tr>
<tr><td>14</td><td>扣分</td><td>刀具非正常损坏（每次1.0分）</td><td>刀具损坏___把</td><td></td><td>扣完10分为止</td></tr>
<tr><td>15</td><td>扣分</td><td>发生轻微机床碰撞事故（6.0分）</td><td>碰撞事故___次</td><td></td><td>扣完10分为止</td></tr>
<tr><td>16</td><td>扣分</td><td>发生重大事故（人身和设备安全事故等）、严重违反工艺原则和情节严重的野蛮操作、违反车间规定等行为</td><td></td><td></td><td>立即退出加工，取消全部成绩</td></tr>
<tr><td colspan="4">小计扣分</td><td></td><td></td></tr>
<tr><td colspan="2">总配分数</td><td>10</td><td>合计得分</td><td></td><td>得分 - 扣分</td></tr>
</table>

轴承座数控铣削工艺文件的制定

一、轴承座铣削工艺性分析

引导问题 1：轴承座零件宜选用何种类型的毛坯？______________________________

____

从材料、切削性能、毛坯种类及尺寸等方面考虑。

引导问题 2：轴承座零件的结构工艺性如何？________________________________

____

从零件图纸标注尺寸是否齐全、清晰、合理，以及有无形位公差要求和各加工表面的表面质量等方面考虑。

引导问题 3：综合分析轴承座零件图样，填写表 2.4.1。

表 2.4.1　轴承座数据表

序号	项目	部位或尺寸	精度要求或偏差范围
1	主要加工尺寸		
2			
3			
4			

续表

序号	项目	部位或尺寸	精度要求或偏差范围
5	主要加工尺寸		
6			
7			
8			
9	形位公差		
10	表面质量		

二、轴承座铣削用刀具选择

引导问题 4：根据轴承座零件图样，在表 2.4.2 中选用合适的铣刀类型，并说明选用的理由。________________

____

表 2.4.2　常用铣刀种类及应用

	圆柱面铣刀 主要用于卧式铣床加工平面
	端面铣刀 主要用于立式铣床上加工平面、台阶面等
	立铣刀 主要用于立式铣床上加工凹槽、台阶面、成形面等
	键槽铣刀 主要用于立式铣床上加工（圆头）封闭键槽等
	三面刃铣刀 主要用于卧式铣床上加工槽、台阶面等
	球头铣刀 主要用于立式铣床上加工三维成形表面

三、数控铣削工艺路线的制定

引导问题 5：依据轴承座机械加工工艺过程卡，确定外轮廓、内孔铣削的进给路线和刀具。____

____

相关知识点 

数控铣削进给路线的确定对零件的加工精度、表面粗糙度等有直接影响。确定进给路线时，需要从以下几个方面考虑。

1. 顺铣与逆铣的选择

铣削加工有顺铣和逆铣两种切削方法。当铣刀与工件接触部分的切削速度（v_c）方向和工件进给速度（v_f）方向相同时，即铣刀对工件的作用力 F' 在进给方向上的分力与工件进给速度（v_f）方向相同时称为顺铣，反之则称为逆铣，如图 2.4.1 所示。F_v 是 F' 在垂直于进给速度方向的分力，F_h 是 F' 平行于进给速度方向的分力。一般应尽量采用顺铣法加工，以降低被加工零件表面的粗糙度，保证尺寸精度；但是在切削面上有硬质层、积渣或工件表面凹凸不平较显著时，应采用逆铣法。

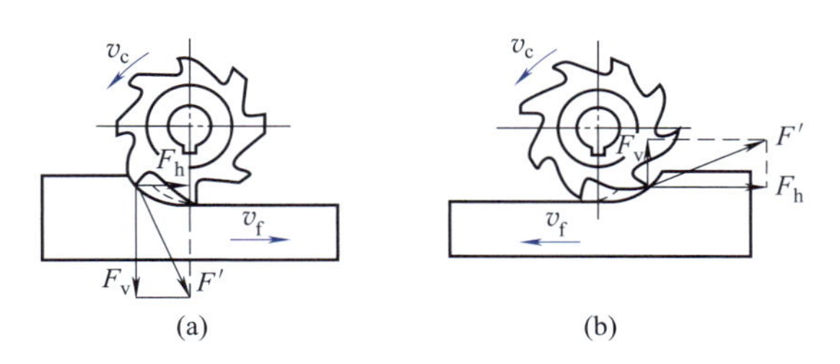

图 2.4.1　顺铣与逆铣示意

（a）顺铣；（b）逆铣

2. 型腔件铣削进给路线的选择

型腔件加工一般分两步切削，即先切内腔，后切轮廓。生产中广泛使用行切、环切，或混合使用行切与环切方法切削内腔区域，如图 2.4.2 所示。

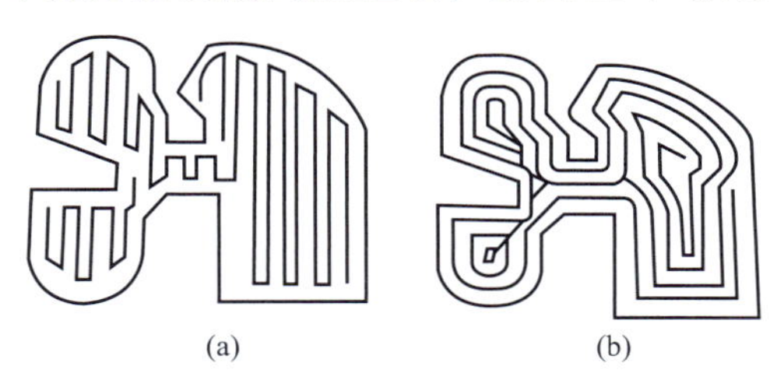

图 2.4.2　型腔区域加工走刀路线

型腔件加工主要包括材料去除和轮廓加工，一般采用立铣刀加工。形状复杂的二维型腔，宜采用大直径刀具与小直径刀具混合使用的方案。

四、数控铣床坐标系

引导问题 6：工件装夹到数控铣床后，如何确定其加工位置？____________

____

相关知识点 

数控铣床通过坐标系来确定工件和刀具的相对位置。数控铣床坐标系采用国际通用的标准坐标系，即右手笛卡儿坐标系，其零点位置由制造商设定。工件坐标系的 X 轴与 Y 轴的零点一般设在工件外轮廓的某一个角或轮廓中心；进刀深度方向（Z 轴）的零点，大多取在工件表面。工件坐标系与机床坐标系的关系通过对刀设置各轴的偏置量确定。图 2.4.3 为立式数控铣床坐标系的位置关系。

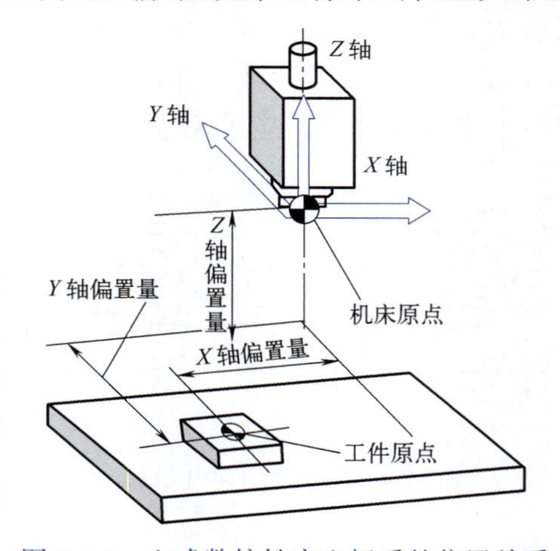

图 2.4.3　立式数控铣床坐标系的位置关系

【任务实施】

一、填写机械加工工序卡

依据任务书中轴承座机械加工工艺过程卡第 20 工序“粗、精铣反面平面、78mm × 74mm × 12mm 的外形、ϕ42mm 和 ϕ37mm 内孔、钻 4 × ϕ8mm 至图纸要求及倒角”内容，综合考虑加工质量与换刀次数等因素，编制轴承座反面数铣工序卡，见表 2.4.3。

表 2.4.3 轴承座数铣工序卡——反面铣削

零件名称	轴承座	机械加工工序卡		工序号	20	工序名称	数铣	共 1 页 第 1 页
材料	2A12	毛坯状态		机床设备	VMC850	夹具名称		机用虎钳

（工序简图）

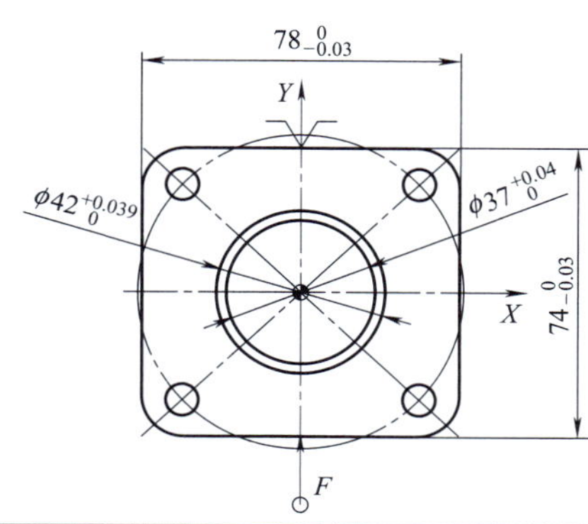

工步号	工步内容	刀具编号	刀具名称	量具名称	主轴转速/（r/min）	进给速度/（mm/min）	背吃刀量/mm
1	用机用虎钳夹紧毛坯相对两侧面，工件伸出钳口高度不小于 16mm						
2	用试切法对刀，设置工件坐标系						
3	铣平面	T01	立铣刀				
4	铣 78mm × 74mm × 12mm 外形	T01	立铣刀	游标卡尺	4500	1000	
5	分层粗铣 $\phi42_{0}^{+0.039}$mm、$\phi37_{0}^{+0.04}$mm 孔	T01	立铣刀	游标卡尺			
6	精铣 $\phi42_{0}^{+0.039}$mm 内孔、台阶面、$\phi37_{0}^{+0.04}$mm 内孔	T01	立铣刀	游标卡尺			
7	定心钻 4 × ϕ8mm 孔	T02	中心钻		400	40	
8	钻 4 × ϕ8mm 孔	T03	麻花钻	游标卡尺	400	40	
9	各孔倒角 C1mm	T04	45° 倒角刀				
编制		日期		审核		日期	

二、填写数控加工刀具卡

轴承座反面选用 ϕ12mm 立铣刀完成各面的粗、精铣加工，其他刀具详见表 2.4.4；第 30 工序“粗、精铣正面平面、ϕ46mm 的圆台、12mm 宽十字凸台至图纸要求及倒角”，选用 ϕ12mm 立铣刀粗、精铣各部，ϕ8mm 立铣刀精铣十字凸台侧壁，详见表 2.4.5。

表 2.4.4　轴承座反面数铣刀具卡

零件名称		轴承座	数控加工刀具卡			工序号	20	
工序名称		数铣	设备名称	数控铣床		设备型号	VMC850	
序号	刀具号	刀具名称	刀柄型号	刀具			补偿量/mm	备注
				直径/mm	刀长/mm	刀尖半径/mm		
1	T01	立铣刀	BT40	$\phi12$				
2	T02	中心钻	BT40	$\phi3$				
3	T03	麻花钻	BT40	$\phi8$				
4	T04	45° 倒角刀	BT40	$\phi6$，45°				
编制		审核		批准		共　页	第　页	

表 2.4.5　轴承座正面数铣用刀具表

零件名称	轴承座		数控加工刀具卡			工序号		30
工序名称	数铣		设备名称	数控铣床		设备型号		VMC850
序号	刀具号	刀具名称	刀柄型号	刀具			补偿量/mm	备注
				直径/mm	刀长/mm	刀尖半径/mm		
1	T01	立铣刀	BT40	$\phi12$				
2	T05	立铣刀	BT40	$\phi8$				
编制		审核		批准		共　页	第　页	

三、填写数控铣削加工程序卡

依据数铣工序 20 的工序卡，编写其数控加工程序卡，见表 2.4.6。表 2.4.7 为轴承座正面铣削程序卡。

表 2.4.6　轴承座反面数铣程序卡

数控加工程序卡		产品名称		零件名称	轴承座	共 1 页
		工序号	20	工序名称	数铣	第 1 页
序号	程序编号	工序内容	刀具	背吃刀量（相对最高点）/mm	备注	
1	%0001	分层粗、精铣反面平面	$\phi12$mm 立铣刀	1		
2	%0001	粗铣 78mm × 74mm × 12mm 外形	$\phi12$mm 立铣刀	15		
3	%0001	分层粗铣 $\phi42^{+0.039}_{0}$mm、$\phi37^{+0.04}_{0}$mm 孔	$\phi12$mm 立铣刀	23.5		
4	%0002	精铣 78mm × 74mm × 12mm 外形	$\phi12$mm 立铣刀			
	%0002	精铣 $\phi42^{+0.039}_{0}$mm 内孔、台阶面、$\phi37^{+0.04}_{0}$mm 内孔	$\phi12$mm 立铣刀	23.5		
5	%0003	定心钻 4 × $\phi8$mm 孔	$\phi3$mm 中心钻	1.5		

续表

序号	程序编号	工序内容	刀具	背吃刀量（相对最高点）/mm	备注
6	%0004	钻 4×ϕ8mm 孔	ϕ8mm 麻花钻	15	
7	%0005	各孔倒角 C1mm	ϕ6mm，45° 倒角刀	1	

装夹示意图：	装夹说明：
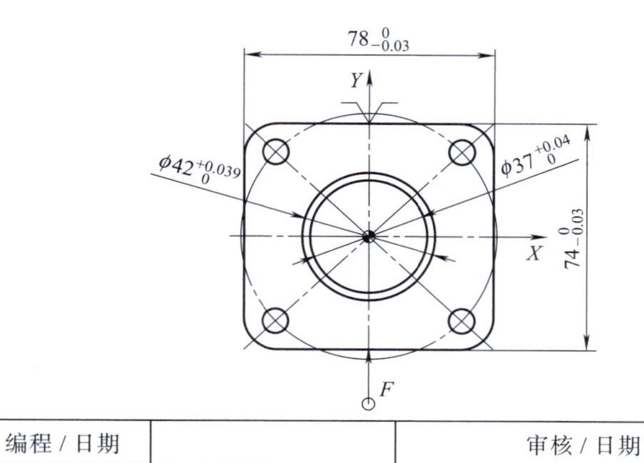	Z 轴原点取工件上表面，工件伸出钳口高度不小于 16mm，按图示方向定位并夹紧工件

编程 / 日期		审核 / 日期	

表 2.4.7　轴承座正面数铣程序卡

数控加工程序卡		产品名称		零件名称	轴承座	共 1 页
		工序号	30	工序名称	数铣	第 1 页
序号	程序编号	工序内容	刀具	背吃刀量（相对最高点）/mm	备注	
1	%0006	分层粗、精铣正面平面，保证总高 $23_{0}^{+0.05}$mm，粗铣 ϕ46mm 的圆台、12mm 宽十字凸台	ϕ12mm 立铣刀	11		
2	%0007	精铣 12mm 宽十字凸台	ϕ8mm 立铣刀	11		
3	%0008	ϕ46mm 外圆倒角 C1mm	45° 倒角刀	1		

装夹示意图：	装夹说明：
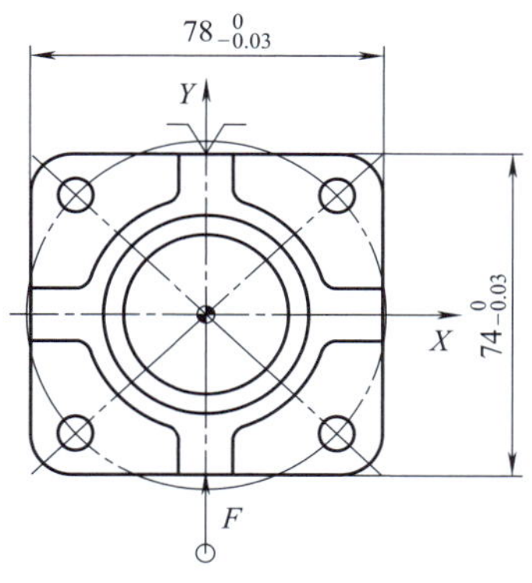	Z 轴原点取工件上表面，工件伸出钳口高度不小于 12mm，按图示方向定位并夹紧工件

编程 / 日期		审核 / 日期	

【实战演练】

依据轴承座3的零件图（图2.4.4）和表2.4.8所示的机械加工工艺过程卡，填写其中工序20的工序卡、刀具卡和程序卡（表2.4.9～表2.4.11）。

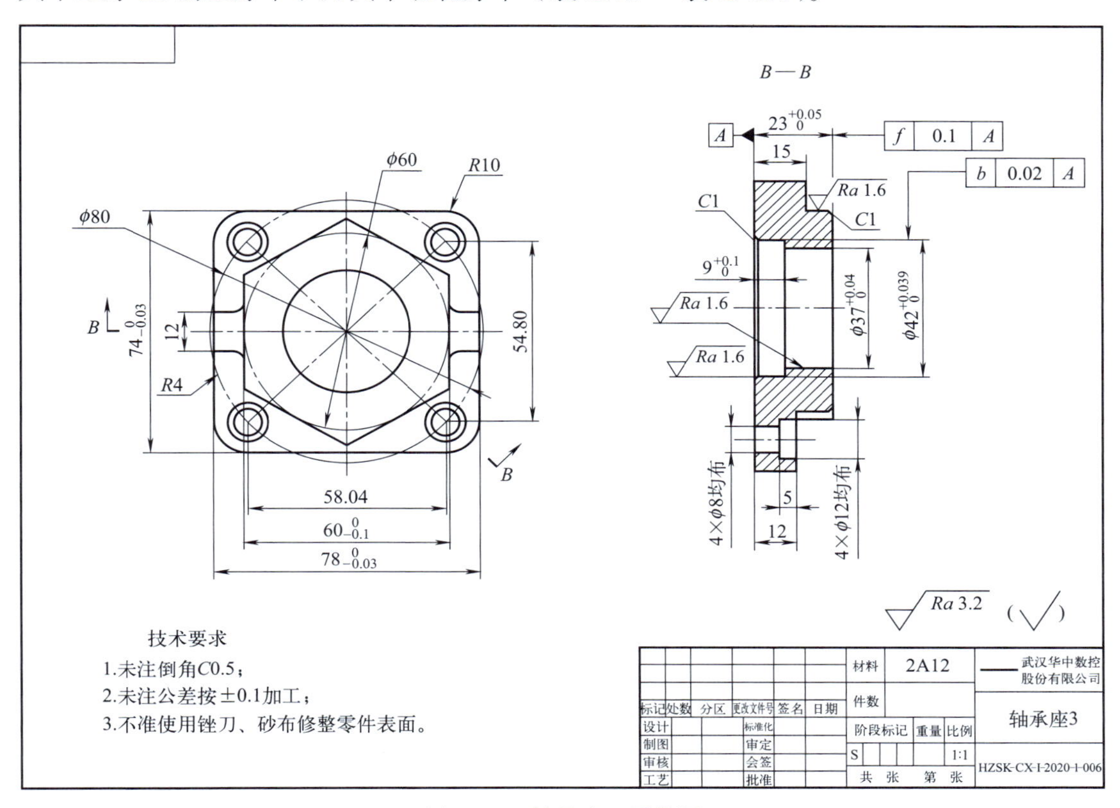

图2.4.4　轴承座3零件图

表2.4.8　轴承座3机械加工工艺过程卡

零件名称	轴承座		机械加工工艺过程卡	毛坯种类	棒料	共1页
				材料	2A12	第1页
工序号	工序名称	工序内容			设备	工艺装备
10	备料	80mm×80mm×25mm方料				
20	数铣	粗、精铣反面平面、78mm×74mm×12mm的外形、ϕ42mm、ϕ37mm内孔至图纸要求及倒角			VMC850	机用虎钳
30	数铣	粗、精铣正面平面、ϕ60mm内接圆的六边形凸台、12mm宽一字凸台、钻4×ϕ8mm、4×ϕ12mm至图纸要求及倒角			VMC850	机用虎钳
40	钳	锐边倒钝，去毛刺			钳台	台虎钳
50	清洗	用清洁剂清洗零件				
60	检验	按图样尺寸检测				
编制		日期		审核	日期	

表 2.4.9 轴承座 3 数控加工工序卡

零件名称		机械加工工序卡		工序号		工序名称		共 页
								第 页
材料		毛坯状态		机床设备		夹具名称		
(工序简图)								

工步号	工步内容	刀具编号	刀具名称	量具名称	主轴转速/(r/min)	进给速度/(mm/min)	背吃刀量/mm
编制		日期		审核		日期	

表 2.4.10 轴承座 3 数控加工刀具卡

零件名称		数控加工刀具卡		工序号	20			
工序名称		设备名称		设备型号				
工步号	刀具号	刀具名称	刀具材料	刀柄型号	刀具			补偿量/mm
					刀尖半径/mm	直径/mm	刀长/mm	
编制		审核		批准		共 页	第 页	

表 2.4.11　轴承座 3 程序卡

<table>
<tr><td colspan="2" rowspan="2">数控加工程序卡</td><td>产品名称</td><td></td><td>零件名称</td><td></td><td>共　页</td></tr>
<tr><td>工序号</td><td></td><td>工序名称</td><td></td><td>第　页</td></tr>
<tr><td>序号</td><td>程序编号</td><td>工序内容</td><td>刀具</td><td>背吃刀量（相对最高点）/mm</td><td colspan="2">备注</td></tr>
<tr><td></td><td></td><td></td><td></td><td></td><td colspan="2"></td></tr>
<tr><td></td><td></td><td></td><td></td><td></td><td colspan="2"></td></tr>
<tr><td></td><td></td><td></td><td></td><td></td><td colspan="2"></td></tr>
<tr><td></td><td></td><td></td><td></td><td></td><td colspan="2"></td></tr>
<tr><td></td><td></td><td></td><td></td><td></td><td colspan="2"></td></tr>
<tr><td colspan="4">装夹示意图：</td><td colspan="3">装夹说明：</td></tr>
<tr><td colspan="2">编程 / 日期</td><td></td><td>审核 / 日期</td><td colspan="3"></td></tr>
</table>

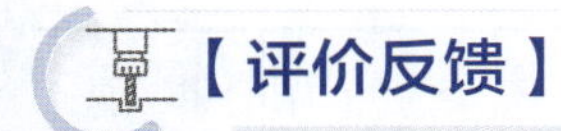

【评价反馈】

轴承座 3 机械加工工艺过程考核评分表

<table>
<tr><td colspan="2">工件名称</td><td colspan="7">轴承座 3</td></tr>
<tr><td colspan="9">班级：　　　　姓名：　　　　学号：</td></tr>
<tr><td>序号</td><td>总配分</td><td colspan="2">考核内容与要求</td><td>完成情况</td><td>配分</td><td>得分</td><td colspan="2">评分标准</td></tr>
<tr><td rowspan="4">1</td><td rowspan="4">6</td><td rowspan="4">机械加工工序卡</td><td>表头信息</td><td>□完全正确
□不正确、不完整</td><td>1</td><td></td><td colspan="2">工序卡表头信息完全正确得 1 分。错、漏填 3 个以内信息得 0.5 分，反之得 0 分</td></tr>
<tr><td>工步编制</td><td>□完整
□缺工步__个</td><td>2.5</td><td></td><td colspan="2">根据机械加工工艺过程卡编制工序卡工步，缺一个工步扣 0.5 分；共 2.5 分</td></tr>
<tr><td>工步参数</td><td>□合理
□不合理__项</td><td>2.5</td><td></td><td colspan="2">工序卡工步切削参数合理，一项不合理扣 0.5 分；共 2.5 分</td></tr>
<tr><td colspan="4">小计得分</td><td colspan="2"></td></tr>
<tr><td rowspan="3">2</td><td rowspan="3">3</td><td rowspan="3">数控加工刀具卡</td><td>表头信息</td><td>□正确
□不正确或不完整</td><td>0.5</td><td></td><td colspan="2">数控刀具卡表头信息，共 0.5 分</td></tr>
<tr><td>刀具参数</td><td>□合理
□不合理__项</td><td>2.5</td><td></td><td colspan="2">每个工步刀具参数合理，一项不合理扣 0.5 分；共 2.5 分</td></tr>
<tr><td colspan="4">小计得分</td><td colspan="2"></td></tr>
<tr><td rowspan="4">3</td><td rowspan="4">6</td><td rowspan="4">数控加工程序卡</td><td>表头信息</td><td>□正确
□不正确或不完整</td><td>0.5</td><td></td><td colspan="2">数控加工程序卡表头信息共 0.5 分</td></tr>
<tr><td>程序内容</td><td>□合理
□不合理__项</td><td>3.0</td><td></td><td colspan="2">每个程序对应的内容正确，一项不合理扣 0.5 分；共 3 分</td></tr>
<tr><td>装夹图示</td><td>□正确
□ 未完成</td><td>2.5</td><td></td><td colspan="2">装夹示意图及安装说明；共 2.5 分</td></tr>
<tr><td colspan="4">小计得分</td><td colspan="2"></td></tr>
<tr><td colspan="2">总配分数</td><td colspan="2">15</td><td colspan="3">合计得分</td><td colspan="2"></td></tr>
</table>

轴承座数控铣削手工编程

【工作准备】

引导问题 1：数控铣床编程代码有哪几类？________________________________

____

提示

华中系统数控铣床相关的 G 代码与 M 代码可参考附录附表 1 和附表 2。G 代码与 M 代码的组成和特性，以及程序的组成可参照数控车床的编程代码。

一、坐标系与坐标值设定指令

引导问题 2：数控铣削加工程序中，其工件坐标系可采用哪些方法设定？__

____

相关知识点

1. 工件坐标系选择（G54 ~ G59）指令

该方法设置工件坐标系实质上是零点偏置方法，即在编程过程中进行编程坐标的平移变换，使编程坐标系的零点偏移到新的位置。

当程序中采用 G54 ~ G59 指令指定工件坐标系时，只需给出代码（如 G54）而不用给出其他参数。程序执行前，需要通过对刀方式确定工件坐标原点在机床坐标系中的位置，再通过手动方式将该位置坐标输入系统。执行该指令后，系统自动使编程原点与工件坐标原点重合。如以下程序：

```
%1234
G54                 // 选择工件坐标系
```

G90 G00 X100 Y100 Z50　// 刀具定位到 G54 坐标系下（100，100，50）位置

M30

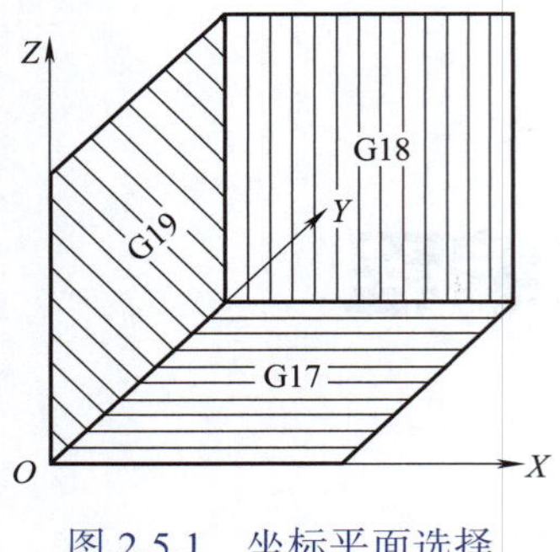

图 2.5.1　坐标平面选择

需要特别注意的是，使用 G54 ~ G59 指令前，应先输入各坐标系的坐标原点在机床坐标系中的坐标值，设定方法见后续数控铣床对刀操作部分。

2. 绝对值方式与增量方式

G90：绝对值指令。移动指令终点的坐标值以编程原点为基准计算。

G91：增量值指令。移动指令终点的坐标值和方向，以前一点为基准来计算和判断。

3. 坐标平面选择指令 G17、G18、G19

G17 选择 *XY* 平面，G18 选择 *XZ* 平面，G19 选择 *YZ* 平面，如图 2.5.1 所示。

二、快速定位、直线插补与圆弧插补指令

引导问题 3：数控铣削时，进刀、退刀与直线铣削的指令相同吗？＿＿＿＿＿＿

＿＿＿＿＿＿＿＿＿＿＿＿＿＿＿＿＿＿＿＿＿＿＿＿＿＿＿＿＿＿

1. 快速定位指令 G00

【功能】 刀具从当前点快速移动到目标点。G00 只是快速定位，对行程无轨迹要求，从起点到终点不一定是直线轨迹。移动速度是机床设定的空运行速度，与程序中的进给速度无关，实际加工时可由面板上的快速修调旋钮修正。

【格式】 G00　X_ Y_ Z_

其中：

X、Y、Z：移动终点坐标。

G00：模态指令，可由同组的 G01、G02、G03 等指令注销。

2. 直线插补指令 G01

【功能】 刀具以各轴联动的方式，按指定的进给速度从当前点沿直线移动到目标点。

【格式】 G01 X_ Y_ Z_ F_;

其中：

（1）X、Y、Z：移动终点坐标。G90 模式下为目标点的绝对坐标，G91 模式下为目标点的增量坐标。

（2）F 代码：进给速度指令代码，在被新的 F 指定前，一直有效；如果 F 后面不指定值，进给速度被当作零。

（3）G01：模态代码，可由 G00、G02、G03 或 G34 指令注销。

引导问题 4：铣削圆形轮廓时用哪个指令？____________________

____

相关知识点 

3. 圆弧插补指令

数控铣床圆弧插补指令有 G02 和 G03。

该组指令使刀具从圆弧起点沿圆弧移动到圆弧终点。G02 为顺时针圆弧插补指令，G03 为逆时针圆弧插补指令。以 *XY* 平面为例，从 *Z* 轴的正方向往负方向看 *XY* 平面，顺时针圆弧用 G02 编程指令，逆时针圆弧用 G03 指令编程。其余平面的判断方法相同，如图 2.5.2 所示。

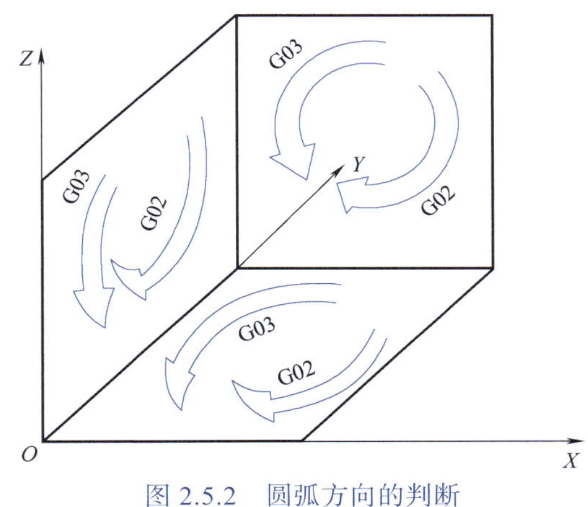

图 2.5.2　圆弧方向的判断

【格式】 在 *XY* 平面内的圆弧插补指令：

$$\text{G17}\begin{Bmatrix}\text{G02}\\\text{G03}\end{Bmatrix}\text{X\_ Y\_ R\_ F\_};\ \text{或 G17}\begin{Bmatrix}\text{G02}\\\text{G03}\end{Bmatrix}\text{X\_ Y\_ I\_ J\_ F\_};$$

其中：

（1）X、Y 为圆弧终点坐标。

（2）I、J 分别为圆弧圆心相对于圆弧起点在 *X*、*Y* 轴方向的坐标增量，用来指定圆弧中心的位置，其计算方法见图 2.5.3。

（3）用半径 R 方式编程，若圆弧的圆心角小于或等于 180°，用“+R”编程；若圆弧的圆心角大于 180°，用“−R”编程，如图 2.5.4 所示。

（4）整圆编程时不可以用 R 方式编程，只能采用 I、J、K 方式。

（5）如果在非整圆圆弧插补指令中同时指定 I、J、K 和 R，则以 R 指定的圆弧有效。

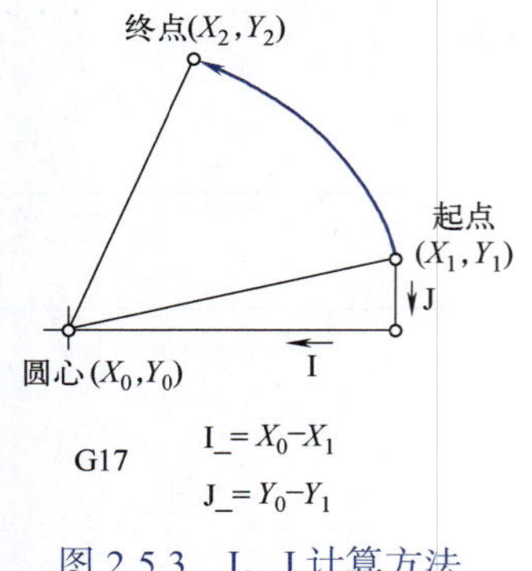

图 2.5.3　I、J 计算方法

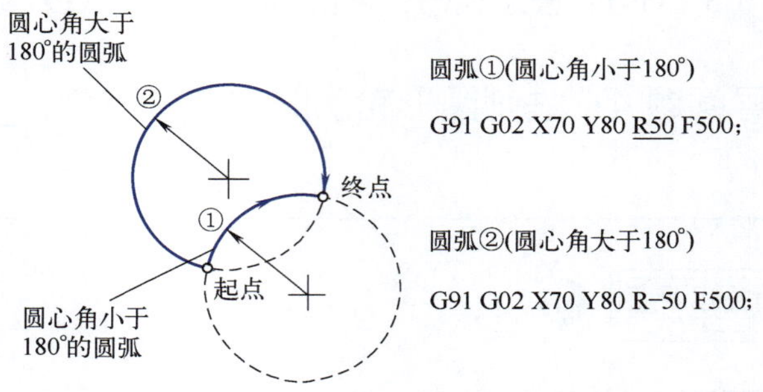

圆心角大于180°的圆弧

②

①

终点

起点

圆心角小于180°的圆弧

圆弧①(圆心角小于180°)

G91 G02 X70 Y80 R50 F500;

圆弧②(圆心角大于180°)

G91 G02 X70 Y80 R−50 F500;

图 2.5.4　R 方式编程

三、刀具长度补偿与半径补偿指令

引导问题 5：编写数控铣削程序时，需要考虑实际加工时刀具的长度和直径吗？____

____

相关知识点 

采用数控铣床加工，编写程序时不需要考虑刀具的实际长度，加工时通过对刀设置刀具长度即可。在加工中心采用多把刀加工时，刀具的长度必然会影响刀位点的 *Z* 坐标值。因此，编程时需要考虑刀具长度的影响，一般可以通过刀具长度补偿指令来解决（图 2.5.5）。

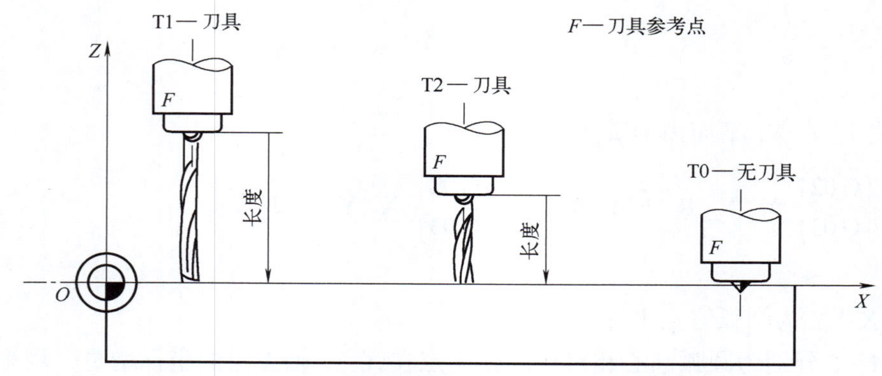

图 2.5.5　刀具长度补偿示意图

铣刀的刀位点为其端面中心，铣刀直径不同和切削时的走向不同，必然会影响刀位点的运动轨迹。因此，编程时必须考虑刀具直径的影响。

1. 刀具长度补偿指令 G43、G44、G49

【功能】 刀具长度补偿功能用于 *Z* 轴方向的刀具补偿。

G43：建立刀具长度正补偿值。

G44：建立刀具长度负补偿值。

G49：取消刀具长度补偿。

【格式】 G43/G44 G00/G01 Z_ H_；

⋮

G49 G00/G01 Z_

其中：

（1）Z 为补偿轴的终点坐标值，H 为长度补偿值偏置号。

（2）使用 G43、G44 指令时，无论用绝对尺寸还是增量尺寸编程，程序中指定的 *Z* 轴终点坐标值，都要与 H 所指定的寄存器中的长度补偿值进行运算，执行 G43 相加，执行 G44 相减，然后将运算结果作为终点坐标值进行加工。

例如，设刀具长度补偿值为 30.0，补偿值在 H1 中，执行 G43 和 G44 指令后，其刀具的位置是不同的。

G90 G43 Z150 H01：执行此程序段后，Z 将达到 180。

G90 G44 Z150 H01：执行此程序段后，Z 将达到 120。

（3）偏置号改变后，新的偏置值并不加到旧偏置值上。

例如，刀具长度补偿值为 10.0，补偿值在 H1 中；刀具长度补偿值为 20.0，补偿值在 H2 中。

G90 G43 Z100 H01，执行此程序段后，Z 将达到 110。

G90 G43 Z100 H02，执行此程序段后，Z 将达到 120。

（4）G43、G44、G49 都是模态代码，可相互注销。

此外，加工中因刀具磨损、重磨、换新刀具而使刀具长度发生变化后，也不必修改程序中的坐标值，只要修改刀具参数库中的长度补偿值即可。

2. 半径补偿指令 G41、G42、G40

在铣床上采用立铣刀进行轮廓加工时，因铣刀有一定的半径，刀具中心（刀心）轨迹和工件轮廓不重合。如图 2.5.6 所示刀具中心轨迹与所加工的轮廓相似，两者相差一个刀具半径。因此，若数控装置具有刀具半径补偿功能，则只需要按零件轮廓编程，实际加工时输入刀具半径值，通过刀具半径补偿指令，数控系统便能自动计算出刀具中心的偏移量，进而得到偏移后的中心轨迹，并使系统按刀具中心轨迹运动。

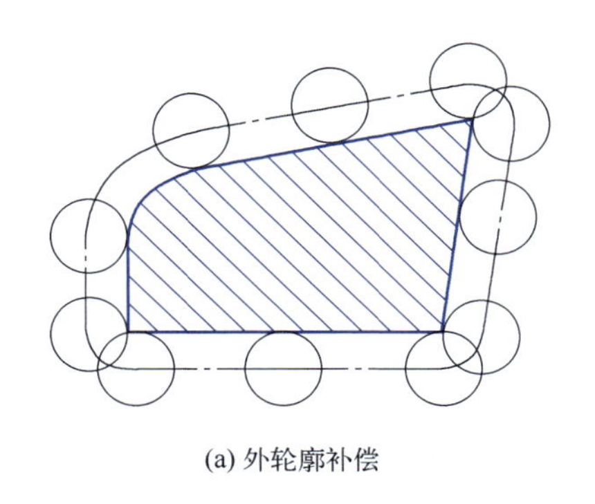

(a) 外轮廓补偿　　(b) 内轮廓补偿

图 2.5.6　刀具半径补偿

G41：刀具半径左补偿指令。假定工件不动，面向垂直于加工面的第三轴正向，顺着刀具前进方向看（例如在 *XY* 平面内，从 *Z* 轴正向向原点观察），刀具位于工件轮廓的左边，称为左补偿，如图 2.5.7（a）所示。

G42：刀具半径右补偿指令。面向垂直于加工面的第三轴正向，顺着刀具前进方向看，刀具位于工件轮廓的右边，称为右补偿，如图 2.5.7（b）所示。

G40：取消刀具半径补偿指令。使用该指令后，G41、G42 指令无效。

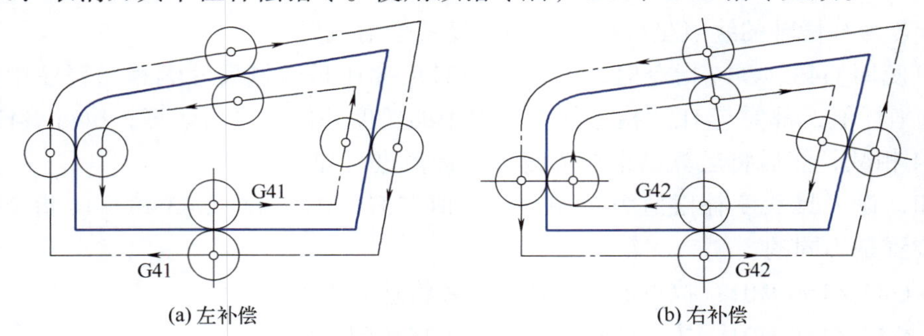

图 2.5.7　刀具半径的左、右补偿

【格式】 对于 *XY* 平面：

$$G17\begin{cases}\left.\begin{matrix}G41\\G42\end{matrix}\right\}\ G01/G00\ X\_\ Y\_\ D\_;\\G40\quad G01/G00\ X\_\ Y\_;\end{cases}$$

其中：

（1）G41、G42、G40 为模态指令，机床的初始状态为 G40。

（2）建立和取消刀补过程必须与 G01 或 G00 指令组合完成，不得使用 G02、G03 指令。如图 2.5.8（a）所示，建立刀补的过程是使刀具从无补偿状态（P_0 点）运动到补偿开始点（P_1 点）；加工轮廓完成后，还有一个取消刀补的过程，即从刀补结束后（P_2 点）运动到无补偿状态（P_0 点）。

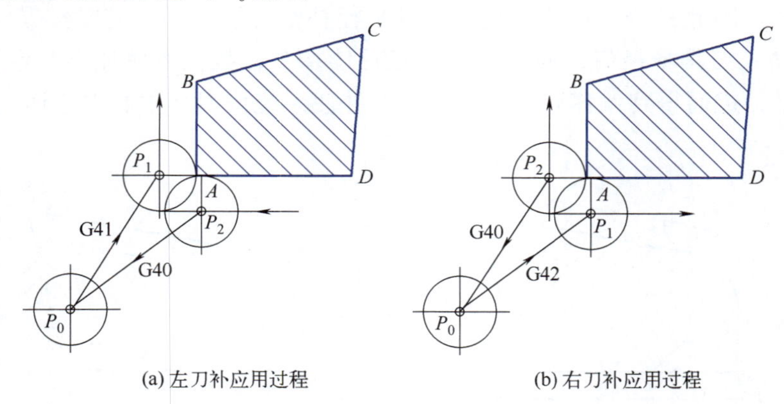

图 2.5.8　建立和取消刀补过程

（3）X、Y 是 G01、G00 运动的目标点坐标，编程时不用考虑刀具半径。如图 2.5.8 所示，*A* 点是四边形左下角点，快移铣刀 $P_0 \rightarrow A$ 的目标点是 *A* 点。使用半径补偿指令编程时，(a）图为 G41 G01 X_A Y_A D01，(b）图为 G42 G01 X_A Y_A D01。加工时，系统会在刀具运行过程中，自动将刀具半径与 *A* 点坐标进行计算，刀心点实际上是移到了 P_1 点。

（4）G41 或 G42 必须与 G40 成对使用。

（5）D 为刀具补偿号，也称刀具偏置代号地址字，后面常用 2 位数字表示，一般有 D00 ～ D99。D 代码中存放的刀具半径值作为偏置量，用于数控系统计算刀具中心的运动轨迹，偏置量在加工前用手动方式输入。

（6）偏置计算在确定的平面上进行，偏置平面外的轴上坐标值不受偏置的影响。在同时 3 轴控制中，刀具以投射在偏置平面上的形状被偏置的方式移动。

在建立刀具半径补偿前，刀具应离开工件轮廓适当的距离，且应与选定好的切入点和进刀方式协调，保证刀具半径补偿有效，如图 2.5.9 所示。取消刀具半径补偿时，终点应放在刀具切出工件以后，否则会发生碰撞。

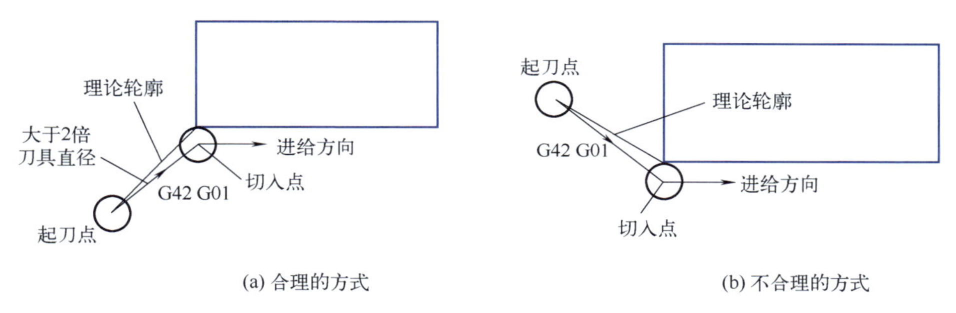

图 2.5.9　建立刀具半径补偿

【例】 利用刀具半径补偿指令编制图 2.5.10 所示轮廓的加工程序，使用 ϕ8mm 立铣刀，走刀路线为 $P_0 \rightarrow P_1 \rightarrow P_2 \rightarrow P_3 \rightarrow P_0$，加工起点坐标为（40，20），切深 1mm。

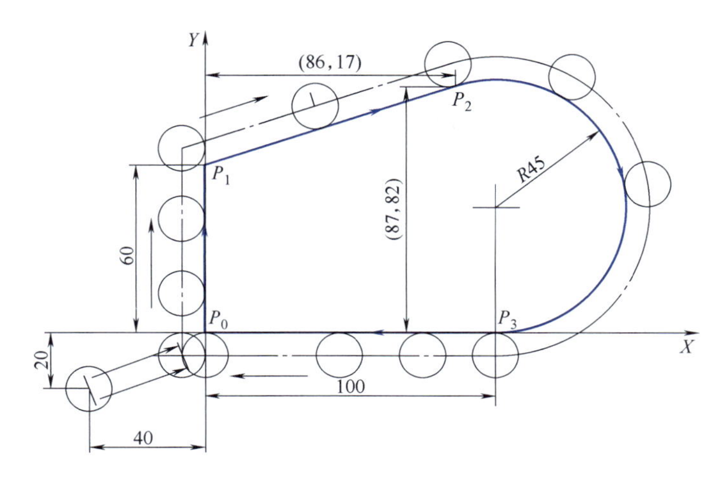

图 2.5.10　刀具半径补偿例题图

```
%0336                              // 程序名
N10 G54 G40 G90                    // 选用 G54 坐标系，设置初始状态
```

```
N15 G00 X0 Y0 Z100 M03 S3000   // 刀具定位至（0, 0, 100），主轴正转，转速为3000r/min
N20 G41 G00 X-40 Y-20 D03      // 建立左补偿，定位至（-40，-20）
N30 Z10                        // 快速落刀至Z10
N40 G01 Z-1 F300               // 下刀至Z-1
N50 X0 Y-5 M08                 // 进刀至P1P0的延长线上，冷却液开
N60 Y60 F1000                  // 直线插补至P1点
N70 X86 Y87                    // 直线插补至P2点
N80 G02 X100 Y0 R-45           // 圆弧插补至P3点
N90 G01 X-5 Y0                 // 直线插补至P3P0延长线上
N100 G00 X-40 Y-20             // 快速移刀至（-40，-20）
N105 Z100 M09                  // 快速抬刀，冷却液关
N105 G40 X0 Y0                 // 取消刀具左补偿
N110 M30                       // 程序结束
```

四、钻孔循环指令

引导问题 6：数控铣床钻孔时，钻削过程一般由几个动作组成？____________

____

相关知识点 

数控铣床钻孔和镗孔的加工动作循环已固定为“孔平面定位、快进、工进、快退”等一系列典型的加工动作，系统已预先编好程序存储于内存中，用一个 G 代码程序段直接调用，这一过程称为孔固定循环加工。该过程中，刀具一般有 6 个动作，如图 2.5.11 所示。

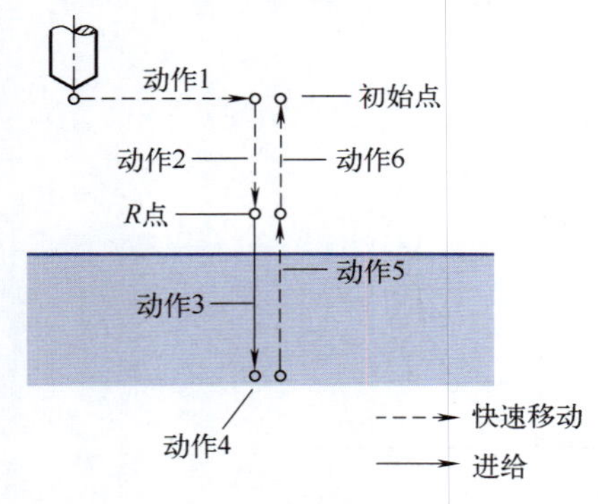

图 2.5.11 孔固定循环加工 6 个典型动作

动作 1：在 X 轴、Y 轴定位。

动作 2：快速移动到 R 点（参考点）。

动作 3：孔加工。

动作 4：孔底动作。

动作 5：返回到 R 点（参考点）。

动作 6：快速移动到初始点。

钻孔固定循环的程序段包括“数据形式、返回点平面、孔加工方式、孔位置数据、孔加工数据和循环次数”等内容。如果在程序开始时已指定数据形式（G90 或 G91），则固定循环程序段中可不注出。本书仅给出几种常用的钻孔与攻螺纹指令。

（一）钻孔类指令

1. 钻孔循环指令 G81

G81 指令用于一般孔的钻削及中心钻加工。当 Z 方向移动量为零时，该指令不执行。

【格式】 $\begin{Bmatrix} G98 \\ G99 \end{Bmatrix}$ G81 X_ Y_ Z_ R_ F_ L_；

其中：

G98/G99：G98 控制刀具返回初始点，G99 控制刀具返回 R 点。

X、Y：G90 方式下为孔位坐标；G91 方式下为刀具从当前位置到孔位的有向距离。

Z：G90 方式下为孔底坐标；G91 方式下为孔底相对 R 点的有向距离。

R：G90 方式下为 R 点坐标；G91 方式下为 R 点相对初始平面的有向距离。

L：固定循环次数，其值为 1 时可省略。一般用于多孔加工，相应的 X 或 Y 应采用增量方式。

F：进给速度。

2. 带孔底暂停的钻孔循环指令 G82

G82 指令除有孔底暂停动作外，其他动作与 G81 指令相同。其钻孔至孔底 Z 点后，刀具不作进给运动，保持旋转状态按参数 P 所指定的时间（毫秒）停留，有利于降低孔表面和孔底粗糙度。该指令一般用于扩孔、盲孔和沉头孔加工。

【格式】 $\begin{Bmatrix} G98 \\ G99 \end{Bmatrix}$ G82 X_ Y_ Z_ R_ P_ F_ L_；

3. 钻深孔循环指令 G83

该指令用于 Z 轴的间歇进给，G83 的动作序列如图 2.5.12 所示。

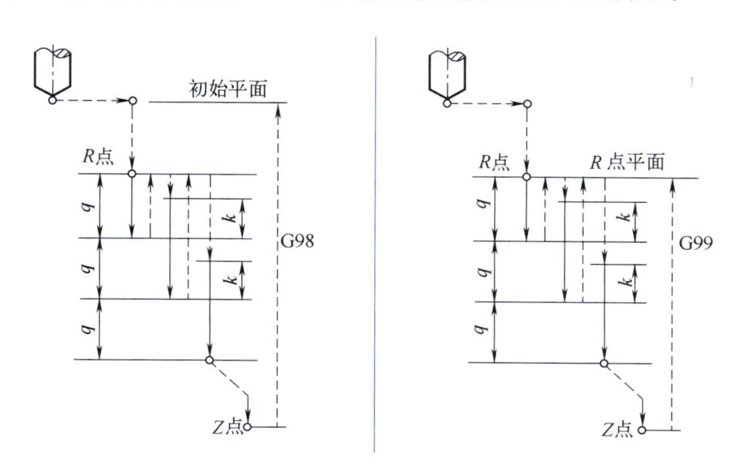

图 2.5.12　G83 钻孔动作示意图

G83 指令每向下钻一次孔后，快速退到参考点 R，退刀量较大，便于排屑和方便加冷却液。每次的进给深度为 q，每次进刀位与上一次钻削底部位置的距离由参数 k 控制。

【格式】 $\begin{Bmatrix} G98 \\ G99 \end{Bmatrix}$ G83 X_ Y_ Z_ R_ Q_ K_ F_ L_ P_;

其中，与 G81、G82 指令不同的参数为：

Q：每次向下的钻孔深度 q，增量值，取负。

K：距已加工孔深上方的距离 k。增量值，取正。

该程序段中要保证 $|q|>|k|$。如果 Z、Q、K 的移动量为零，该指令不执行。

4. 高速深孔加工循环指令 G73

G73 用于 Z 轴的间歇进给，使深孔加工时容易断屑、排屑和加入冷却液，其动作过程见图 2.5.13，图中虚线表示快速定位。G73 指令的动作过程及要求与 G83 指令基本相同，只是每次退刀仅需要向上抬高 k 值，比 G83 的退刀距离短，因此，其钻孔速度较快，可进行深孔的高速加工。

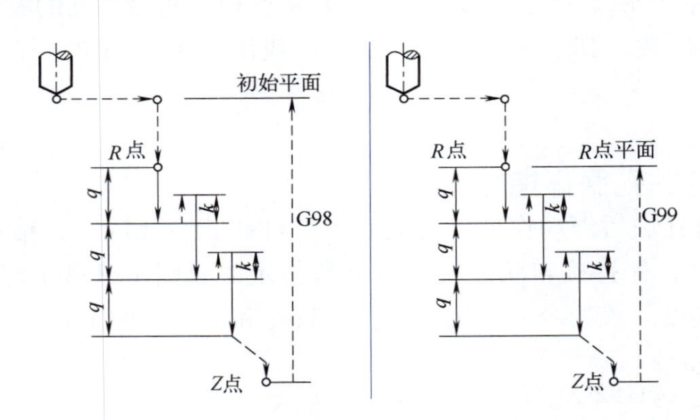

图 2.5.13　G73 指令动作示意图

【格式】 $\begin{Bmatrix} G98 \\ G99 \end{Bmatrix}$ G73 X_ Y_ Z_ R_ Q_ P_ K_ F_ L_;

（二）攻螺纹类指令

1. 攻螺纹循环指令 G84

G84 指令的动作是主轴正转，攻螺纹到孔底后反转回退。执行 G84 指令前，应先钻出底孔。其动作如图 2.5.14 所示。

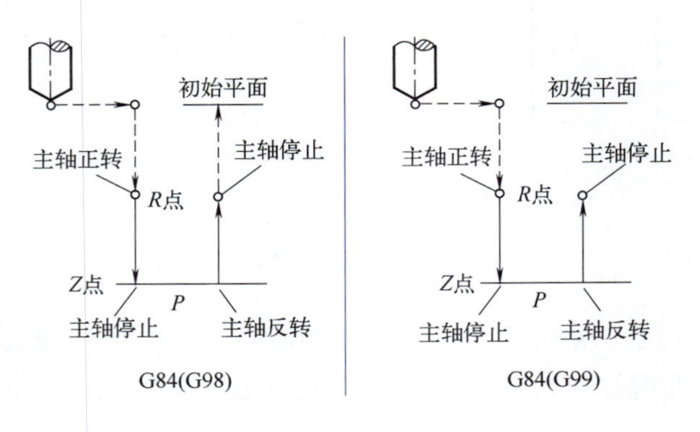

图 2.5.14　G84 攻螺纹循环示意图

【格式】 $\left\{\begin{matrix}\text{G98}\\ \text{G99}\end{matrix}\right\}$ G84 X_ Y_ Z_ R_ P_ F_ L_;

其中：

F：指定螺纹导程。

其他参数的含义与 G81 的完全相同。攻螺纹的 *R* 点一般选在距工件表面 7mm 以上的地方。

2. 反攻螺纹循环指令 G74

利用 G74 攻左旋螺纹时，主轴反转。

【格式】 $\left\{\begin{matrix}\text{G98}\\ \text{G99}\end{matrix}\right\}$ G74 X_ Y_ Z_ R_ P_ F_ L_;

参数含义及使用要求与 G84 相同。

（三）取消固定循环指令 G80

【格式】 G80

执行 G80 指令后，所有钻孔固定循环均被取消，即程序退出循环加工模式，*R* 平面和 *Z* 平面被取消，其他钻孔数据均被取消，之后恢复正常操作。此外，使用 01 组 G 代码也可以取消钻孔固定循环。

【任务实施】

一、轴承座零件外轮廓的精铣程序

依据任务书中轴承座零件图和表 2.4.6 数铣程序卡，采用 ϕ12mm 立铣刀精铣 78mm × 74mm × 15mm 凸台的外轮轮廓，主要工艺参数如下：精铣余量 0.2mm；主轴转速 4500r/min，进给速度 1000mm/min。采用圆弧进刀（图 2.5.15），程序见表 2.5.1。

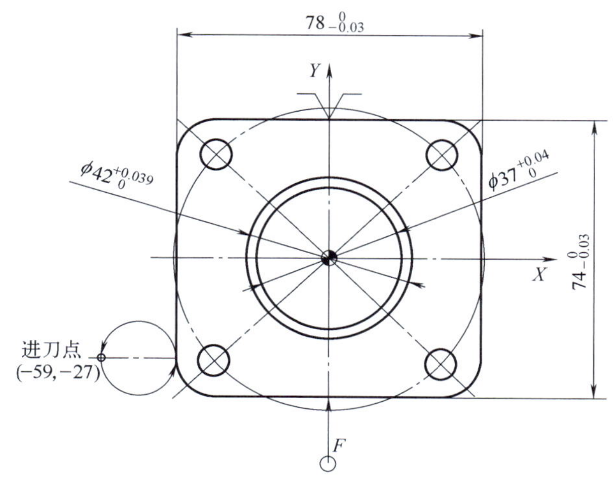

图 2.5.15　精铣轴承座外轮廓进刀点设置示意图

表 2.5.1　轴承座外轮廓精铣程序

数控程序	程序注解
%0251	// 程序名
G54 G90	// 选择 G54 坐标系，绝对值方式
G00 X0 Y0 Z100 M03 S4500	// 主轴正转，转速为 4500r/min。快移铣刀至工件中心方向
G41 X-59Y-27 D01	// 刀具左补偿并快移刀具到工件左下角的进刀点
G00 Z10	// 落刀靠近工件上表面
G01 Z-13 F300	// 下刀
G03 X-39 Y-27 R10 F1000 M08	// 圆弧进刀，冷却液开
Y27	// 精铣凸台左侧
G02 X-29 Y37 R10	// 精铣左上圆角
G01 X29	// 精铣凸台上侧
G02 X39 Y27 R10	// 精铣右上圆角
G01 Y-27	// 精铣凸台右侧
G02 X29 Y-37 R10	// 精铣右下圆角
G01 X-29	// 精铣凸台下侧
G02 X-39 Y-27 R10	// 精铣左下圆角
G03 X-59 Y-27 R10	// 圆弧退刀
G90 G00 Z100	// 快速抬刀
G40 X0 Y0 M09	// 取消刀具半径补偿，冷却液关
M05	// 主轴停转
M30	// 程序结束并复位

二、轴承座零件钻孔程序

依据轴承座零件图和表 2.4.6 数铣程序卡，2×ϕ8mm 孔定心后，采用 ϕ8mm 麻花钻（高速钢）在数控铣床上钻削 4×ϕ8mm 孔。主要工艺参数如下：主轴转速为 400r/min，进给速度为 20mm/min。程序见表 2.5.2。

表 2.5.2　轴承座钻孔程序

数控程序	程序注解
%0252	// 程序名
G54	// 选择 G54 坐标系
M03 S400	// 主轴正转，转速为 400r/min
G00 Z10 M08	// 快移车刀到安全平面，冷却液开
G99 G83 X-29.02 Y-27.53 Z-24 R3 Q-3 K1. 5F20	// 钻左下角孔
X-29.02 Y27.53	// 钻左上角孔
X29.02 Y27.53	// 钻右上角孔
X29.02 Y-27.53	// 钻右下角孔
G00 Z100 M09	// 钻孔循环结束，快速抬刀，冷却液关
M05	// 主轴停转
M30	// 程序结束并复位

【实战演练】

（1）依据图 2.4.4 所给轴承座 3 的零件图和机械加工工艺过程卡，手工编写精铣轴承座 3 正六边形轮廓（深度取 8mm）的数控铣削程序。

（2）依据图 2.4.4 所给轴承座 3 的零件图和机械加工工艺过程卡，手工编写 $4\times\phi8$mm 定心孔的钻孔程序。

【评价反馈】

轴承座 3 数控铣削程序评分表

班级： 姓名： 学号：

序号	评价项目	评价标准	配分	得分
1	数控加工程序卡表头信息	是否与数控系统要求一致	10	
2	程序与程序单的对应度	每段程序是否与相应的程序单相对应	10	
3	指令应用情况	所用指令是否与加工内容相适应	20	
4	工步安排	工步层次分明、顺序合理	20	
5	切削用量	背吃刀量、进给量、主轴转速设置合理	10	
6	工艺装备	各工步所用的刀具合理、恰当	10	
7	标准化	程序编写符合所用数控系统的标准	20	

模块三
车铣配合件的自动编程（UG NX）与加工

【任务描述】

根据所给传动轴、轴承座零件图纸和机械加工工艺过程卡，以及模块二所编制的机械加工工序卡、数控加工刀具卡、数控加工程序卡，使用 UG NX12.0 软件编制传动轴、轴承座的数控加工程序，操控数控铣床或加工中心完成轴承座零件的铣削加工。

【学习目标】

1. 能根据传动轴、轴承座的零件图，使用 UG NX12.0 软件建模。
2. 能根据传动轴、轴承座的机械加工工序卡，使用 UG NX12.0 软件自动编程。
3. 会检查刀路轨迹优劣，选择合适的工艺参数，优化数控工序。
4. 会使用合适的后处理器文件对工序后处理，检查并优化生成的 G 代码数控程序。
5. 能熟练操作数控铣床或加工中心完成轴承座的数控加工，并达到图纸要求。
6. 能根据零件的技术要求，合理选用量具、量仪，完成轴承座的尺寸精度、形位公差和表面粗糙度的检测。
7. 能严格按照数控铣床操作规程和车间要求工作，养成良好的 6S 习惯，形成严谨的工作态度和专业、专注的精神。

【任务书】

按照 1+X 数控车铣加工技能等级（中级）考核要求，本任务需要使用 UG NX12.0 软件的建模和自动编程功能。首先根据传动轴、轴承座零件图进行三维建模，再创建传动轴、轴承座零件的数控车削、数控铣削程序；操作数控铣床或加工中心完成轴承座零件的加工。接受任务后，请查询或学习有关资料，了解数控车床、数控铣床的加工工艺、UG NX12.0 建模和自动编程的方法，完成以下任务：

1. 传动轴、轴承座的三维建模。

2. 使用 UG NX12.0 软件，完成传动轴一夹工序、二夹工序的编程及后处理，检查并优化生成的 NC 程序。

3. 使用 UG NX12.0 软件，完成轴承座一夹工序、二夹工序的编程及后处理，检查并优化生成的 NC 程序。

4. 选择合适的夹具、刀具、量具，在数控铣床或加工中心上加工出轴承座成品，进行产品自检；交付质检员验收后，填写工作单、整理好工具等物品、清理机床和场地、归档好资料；若有废弃物品，按环保要求处置。

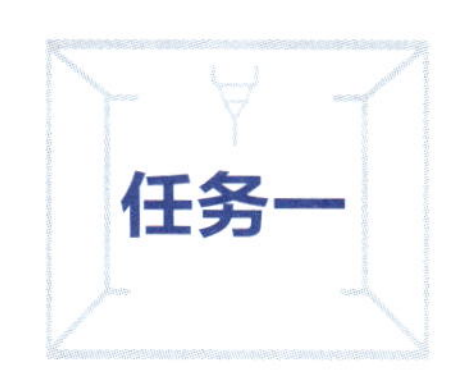

轴承座的三维建模

【工作准备】

一、UG NX12.0 基本操作

引导问题 1：UG NX 有哪些功能？________________________________

____

提示

UG NX 是由西门子 UGS PLM 软件公司开发的一款集 CAD/CAE/CAM 于一体的产品生命周期管理软件。

引导问题 2：如何进入 UG NX 的建模模块？__________________________

____

本书使用 UG NX12.0 版本，双击桌面或“开始”菜单中的 NX12.0 图标，均可启动 UG 进入 NX12.0 主界面，如图 3.1.1 所示。单击工具栏中的“新建”，弹出图 3.1.2 所示的“新建”对话框。在“模板”区域中选择“模型”选项，在“新文件名”区域“名称”文本框中输入文件名，“文件夹”中输入或选择好存放路径，单击“确定”，弹出建模模块的基本操作界面，如图 3.1.3 所示。首次启动 NX 12.0 时，默认为“基本功能”角色，包含一些常用命令，可通过“角色”功能快捷设置所需要的其他界面，建议使用“高级”角色。

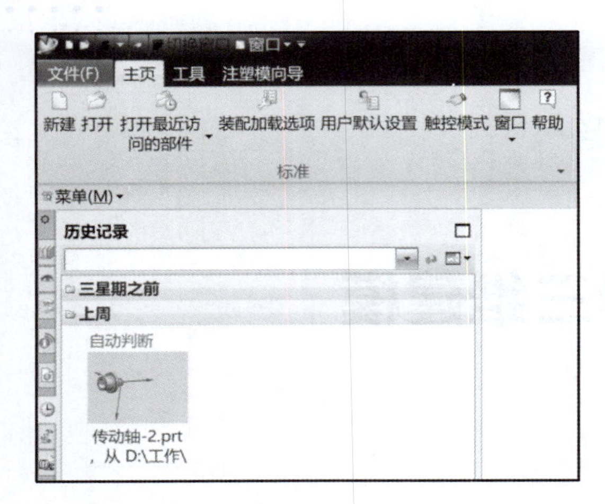

图 3.1.1　NX12.0 主界面

图 3.1.2　“新建”对话框

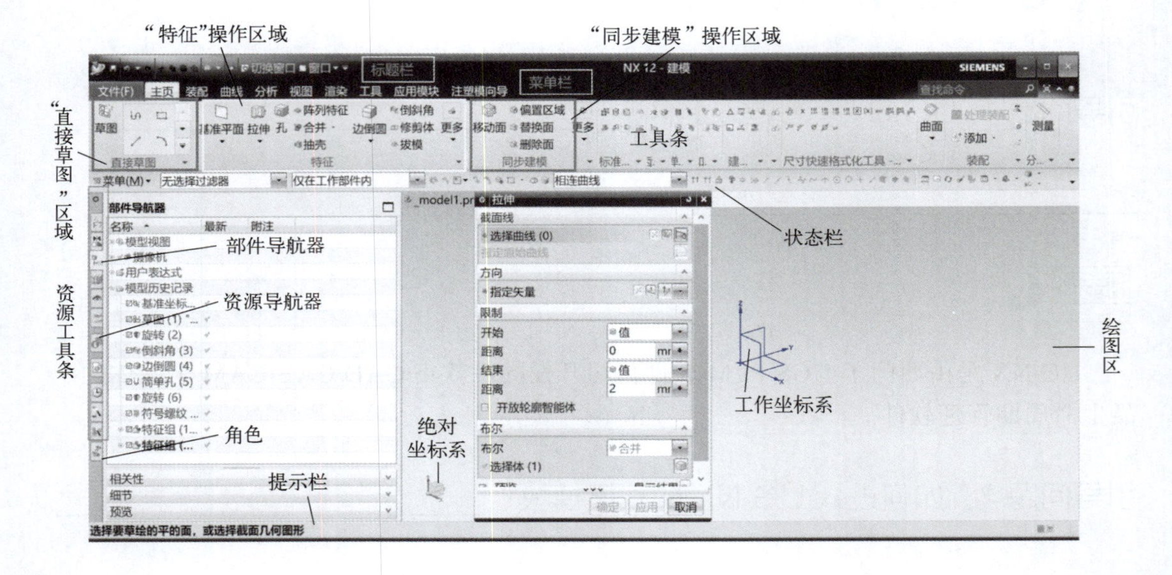

图 3.1.3　NX12.0 建模模块的基本操作界面

引导问题 3：如何新建、保存和关闭 NX 文件？________________________

____

单击菜单栏中“文件”，选择菜单中的“新建”“保存”“关闭”等选项，或通过快捷键实现。如：新建 Ctrl+N；打开 Ctrl+O；保存 Ctrl+S；另存为 Ctrl+Shift+A 等。

二、草图的创建

引导问题 4：使用 NX12.0 进行三维建模需要先绘制二维投影图吗？______

______

提示

用 NX12.0 三维建模时，一般先利用“草图”功能快速勾画出零件主要特征的二维轮廓线；再通过施加几何约束和尺寸约束精确确定轮廓曲线的尺寸、形状和位置；最后利用“拉伸”“旋转”“扫掠”等命令生成实体造型。

引导问题 5：如何绘制与编辑草图？______

______

相关技能点

1. 进入草图环境

在打开或新建的模型文件中，在“直接草图”区域，单击“草图”按钮，或单击下拉菜单 菜单(M)→“插入（S）”→“草图（H）...”或“在任务环境中绘制草图”，弹出“创建草图”对话框。图 3.1.4 列出了“创建草图”对话框主要选项的功能。

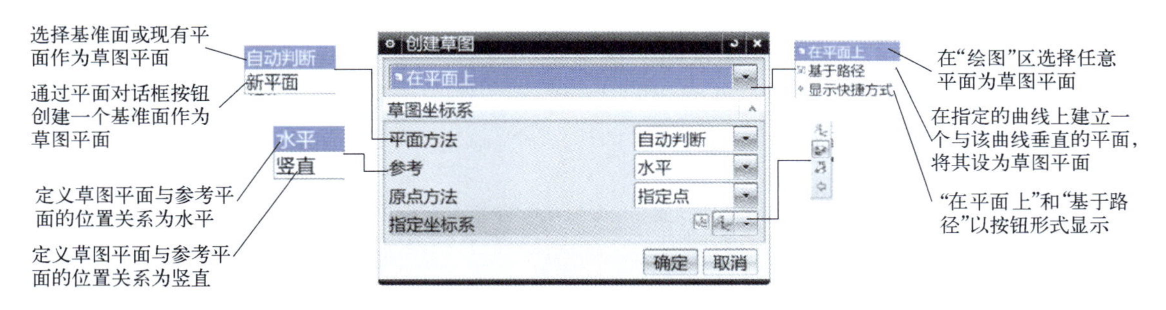

图 3.1.4 “创建草图”对话框

2. 创建草图平面

通过选择“在平面上”或“基于路径”确定创建草图平面的方式，再在“草图坐标系”区域选择“平面方法”和“原点方法”等，给出草图坐标原点和坐标轴，创建草图平面。

3. 绘制与编辑草图

利用“直接草图”区域中的按钮完成草图曲线的绘制、编辑，图 3.1.5 中列出了常用功能按钮的作用。

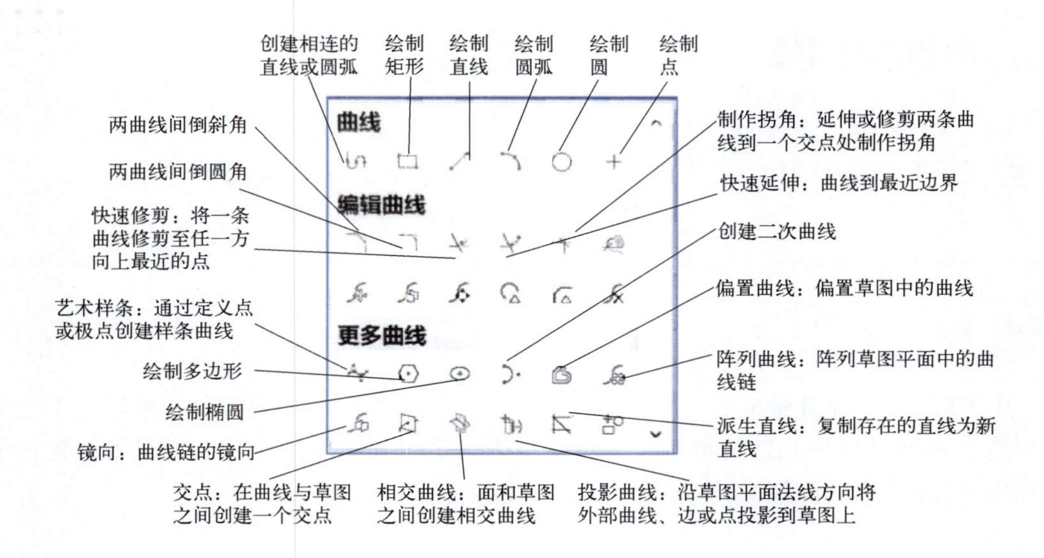

图 3.1.5　直接草图按钮功能示意图

4. 草图约束

（1）尺寸约束。单击“直接草图”区域的“快速尺寸”按钮，可通过选定的对象和光标位置自动判断尺寸类型，创建尺寸约束。单击右侧下拉箭头，可选择以下方式创建尺寸约束。

“线性尺寸”：在所选的两个对象或点之间创建线性距离约束。

“径向尺寸”：创建圆形对象的半径或直径约束。

“角度尺寸”：在两条不平行直线之间创建角度约束。

“周长尺寸”：对所选对象创建周长约束。

（2）几何约束。单击“直接草图”区域的“几何约束”按钮，弹出“几何约束”工具栏，图 3.1.6 中列出了各按钮的功能作用。图中未显示但比较常用的几何约束相关按钮如下所述：

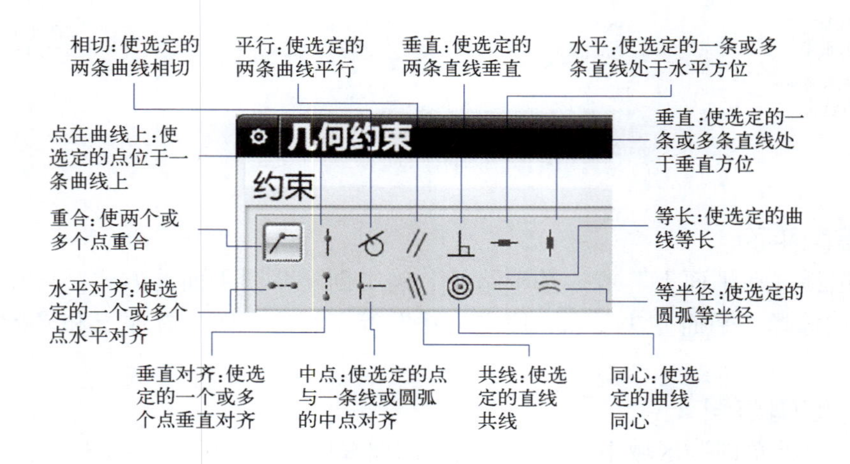

图 3.1.6　草图“几何约束”按钮功能

“设为对称”。使选定的两个点或曲线相对于草图上的一条线对称。

“自动约束”。控制自动约束功能开启与关闭。

“显示草图约束”。显示施加到草图上的所有约束。

“自动标注尺寸”。控制自动标注尺寸功能的开启与关闭。

“转换至 / 自参考对象”。将草图曲线或草图尺寸从活动转换为参考，或反之。

5. 退出草图环境

草图绘制完成后，单击“直接草图”区域的“完成草图”按钮，退出草图环境。

三、UG NX12.0 的拉伸特征

引导问题 6：轴承座是典型的板块类零件，UG NX12.0 中有无针对板块类零件的建模指令？________________________________

____

相关技能点 

拉伸特征是将截面沿着草图平面的垂直方向拉伸的特征，如图 3.1.7 所示。在 UG NX 12.0 中创建拉伸特征时，在“主页”窗口，单击“菜单”→“插入（S）”→“设计特征（E）”→“拉伸（X）...”，或在“主页”窗口的特征功能选项卡中单击按钮，系统弹出“拉伸”对话框，如图 3.1.8 所示。单击按钮选择用于拉伸的草图或几何体边缘，或单击按钮进入草图界面绘制新的截面草图，然后单击“完成草图”按钮，退出草图界面；通过“矢量”及“点设置”对话框设置好拉伸方向，再设置好拉伸深度及布尔运算方式，单击“应用”或“确定”，完成拉伸特征的创建。“拉伸”对话框主要按钮的功能见图 3.1.8。

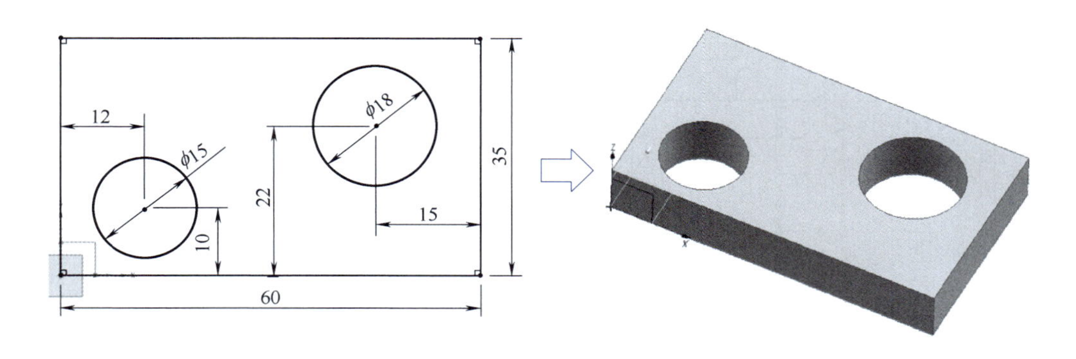

图 3.1.7　拉伸件示意图

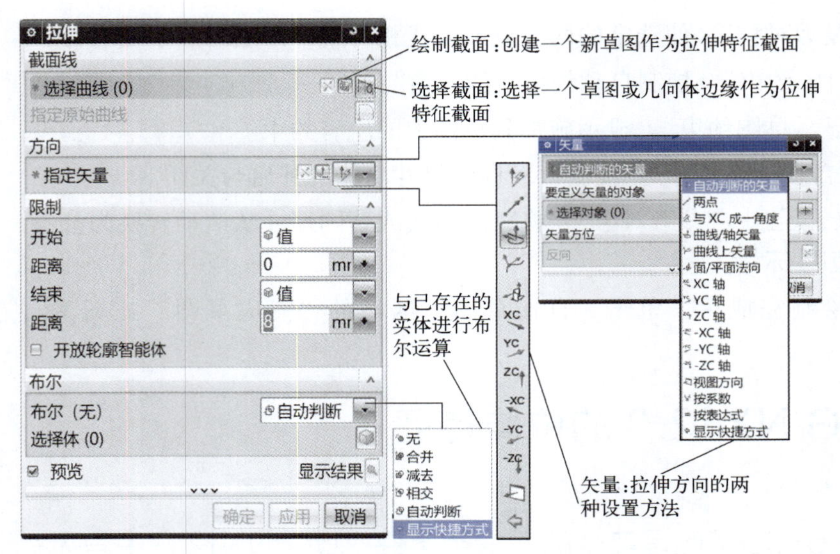

图 3.1.8　“拉伸”对话框及主要按钮功能示意图

【任务实施】

轴承座零件的结构及其尺寸如图 3.1.9 所示。该零件是典型的板块结构，主要使用拉伸、孔、倒圆角等特征，以及布尔求差、求和等功能建模。

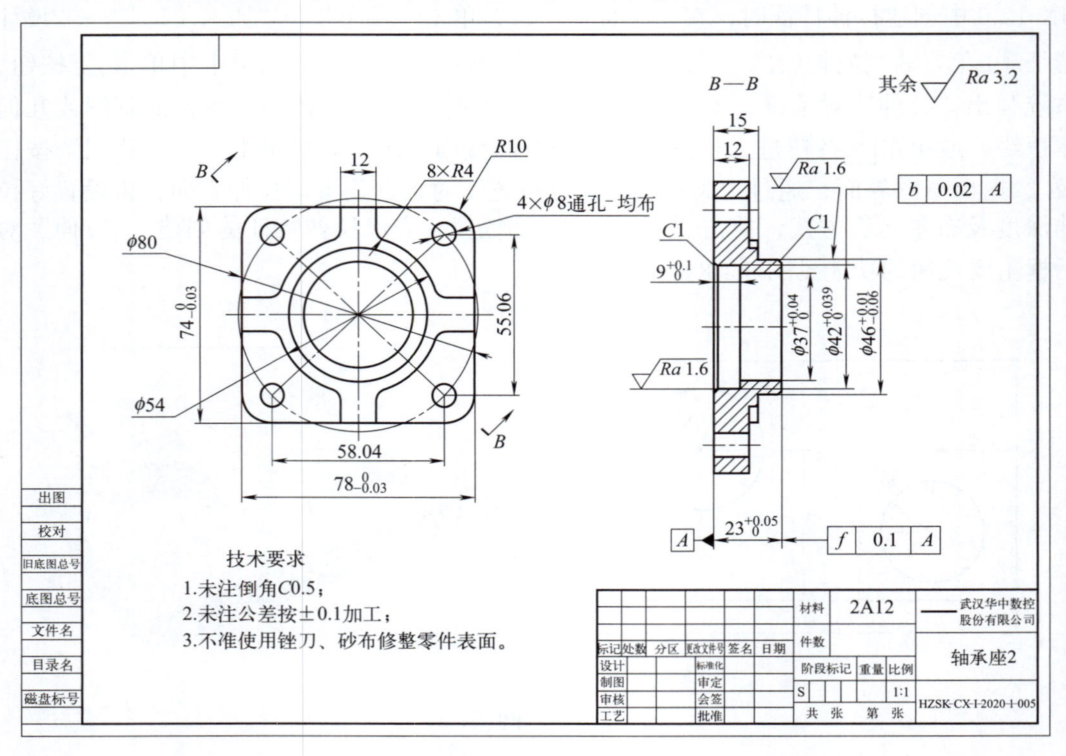

图 3.1.9　轴承座零件

1. 选择草图基准面

进入 UG NX12.0 建模界面，新建模型文件“轴承座”，在“主页”窗口的功能选项卡中，单击“拉伸”按钮，系统弹出“拉伸”对话框，单击“选择曲线”右侧的按钮，选择 XOY 为草图基准平面，如图 3.1.10 所示。

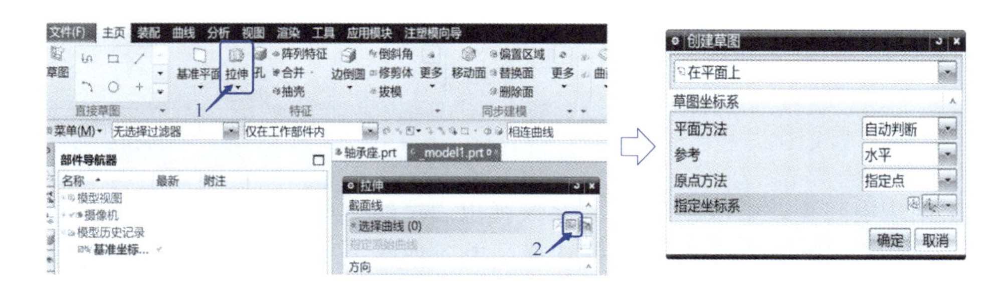

图 3.1.10　创建拉伸草图平面

2. 轴承座基本体建模

（1）绘制截面草图。单击“直接草图”区域的“矩形”按钮，弹出“矩形”对话框，单击按钮，选择草图原点为矩形中心，按图 3.1.11 所示设置矩形的高度、宽度、角度，单击 Enter 键，生成矩形。再以草图原点为中心，绘制宽 58.04mm、高 55.06mm 的水平矩形，选中该矩形各边，在“约束”工具栏的下拉列表中选择“转换至 / 自参考对象”。再以该矩形四个角点为圆心绘制 4 个 ϕ8mm 的圆，单击“完成”按钮，返回“拉伸”对话框。

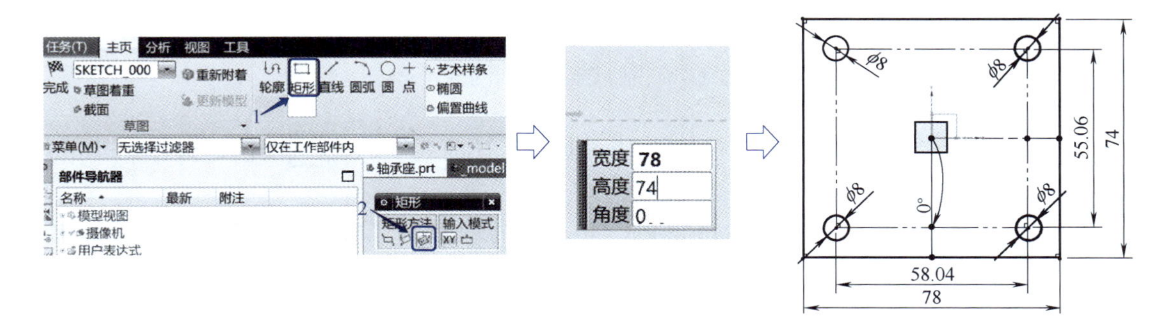

图 3.1.11　创建轴承座草图

（2）拉伸。选择草图为拉伸曲线，默认矢量方向为 +Z，通过“方向”区域的按钮修改矢量方向；也可单击“方向”区域“指定矢量”的下拉列表，选择方向，拉伸参数设置如图 3.1.12 所示，其他参数默认，单击 确定，完成轴承座基本体外形建模。

（3）绘制中间孔草图截面。以方体上表面为草图平面，在中心部位绘制 ϕ37mm、ϕ42mm 两个同心圆，如图 3.1.13 所示。

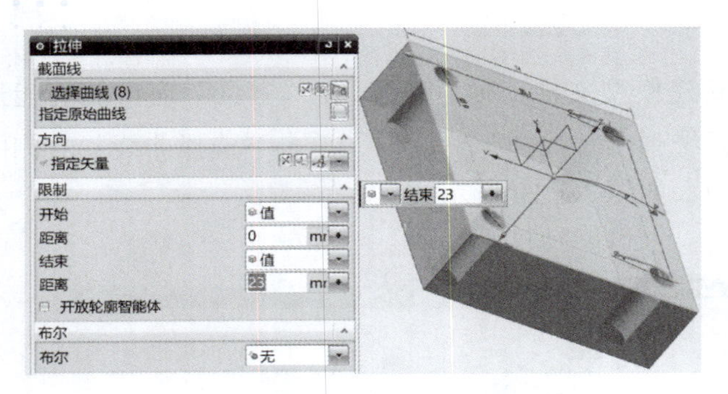

图 3.1.12　拉伸参数设置

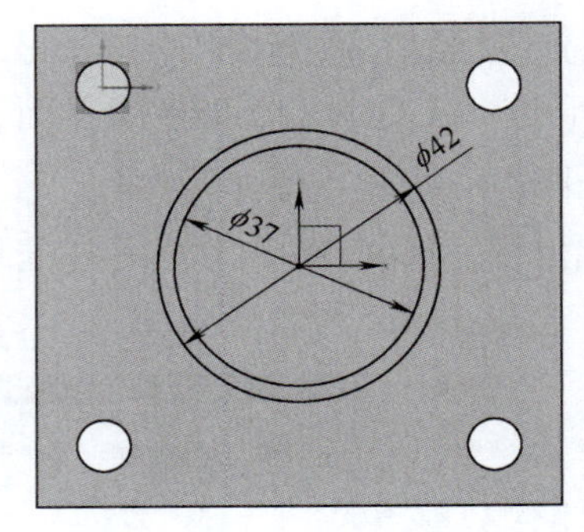

图 3.1.13　中间孔草图

（4）创建中间孔。单击按钮，系统弹出“拉伸”对话框，单击“选择曲线”右侧的按钮，“过滤选择器”文本框选择“单条曲线”，在图形区域选择 ϕ37mm 圆，拉伸方向选择 $-Z$，在“限制”区域的开始“距离”文本框中输入“0”，结束“距离”文本框中输入“14”（或是大于 14 的数值），“布尔”选择“减去”，单击 应用 ，生成 ϕ37mm 中心孔；同样方法拉伸 ϕ42mm 圆，拉伸方向选择 $-Z$，在开始“距离”文本框中输入“14”，结束“距离”文本框中输入“23”，“布尔”选择“减去”，单击 应用 ，完成中间孔的建模。右键单击 ϕ37mm、ϕ42mm 草图，在弹出的快捷菜单中选择“隐藏”，使草图隐去。如图 3.1.14 所示。

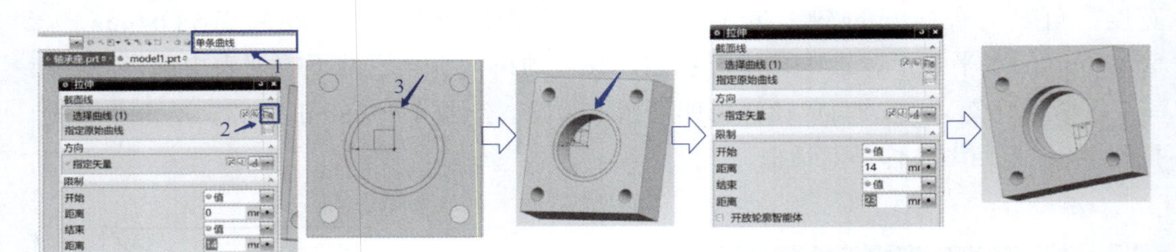

图 3.1.14　轴承座中间孔的创建

（5）十字凸台建模。单击“拉伸”对话框“选择曲线”右侧按钮，选择 ϕ37mm 孔端面为草图平面。

步骤 1：在中心位置绘制 ϕ54mm 圆，单击“直接草图”区域中的按钮，在弹出的“矩形”对话框中单击按钮，参考图 3.1.15（a）中矩形位置绘制宽 12mm 的矩形。

步骤 2：单击“直接草图”区域中的“几何约束”按钮，在弹出的“约束”对话框中单击“重合”按钮，在“要约束的几何体”区域单击“选择要约束的对象”，用鼠标选择矩形左边线中点；单击“选择要约束的对象”，用鼠标选择方体左边线中点，两中点自动重合，如图 3.1.15（b）、（c）所示。

步骤 3：单击“直接草图”区域中的“阵列曲线”按钮，弹出图 3.1.16 所示对话框，单击“选择曲线”按钮，在图形区域用鼠标选择宽 12mm 的矩形 4 条边，在“旋转点”下拉列表中选择，在图形区域用鼠标选择 ϕ54mm 圆心，其余参数按图设置，单击 确定 ，生成图 3.1.17 所示草图。单击按钮，返回“拉伸”对话框。

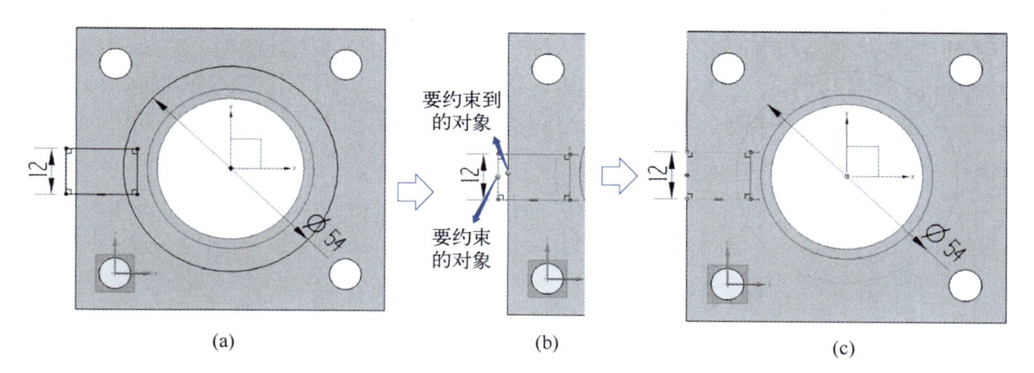

图 3.1.15　十字凸台草图绘制过程

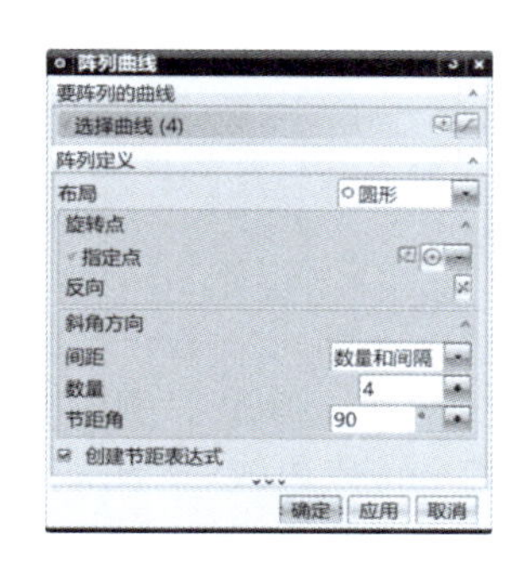

图 3.1.16　“阵列曲线”对话框

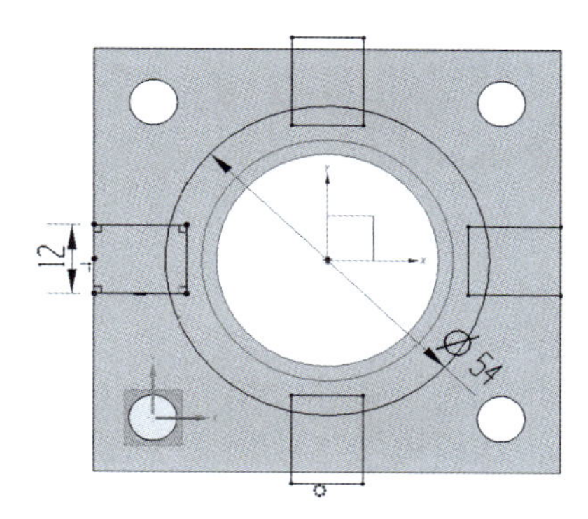

图 3.1.17　阵列矩形

步骤 4：单击“选择曲线”右侧的按钮，“过滤选择器”文本框选择“单条曲线”，单击“相交处停止”按钮，在图形区用鼠标分别单击四个角区域的圆、矩形边线、方体轮廓线，自动生成图 3.1.18 所示四个角块。在“限制”区域的开始“距离”文本框中输入“0”，结束“距离”文本框中输入“11”，“布尔”下拉列表选择“减去”，单击 应用 ，完成十字凸台建模，如图 3.1.19 所示。

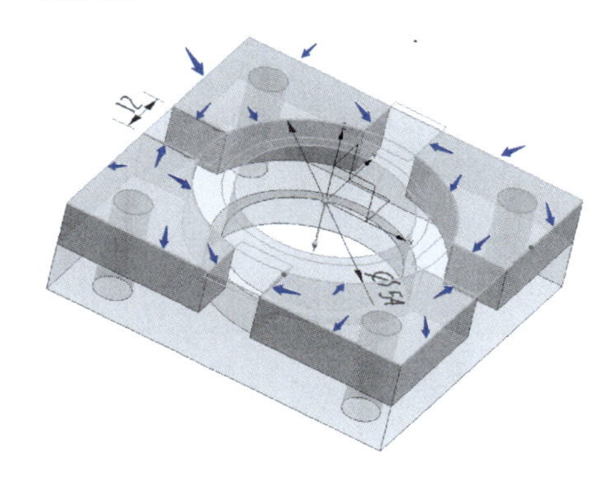

图 3.1.18　拉伸曲线选择

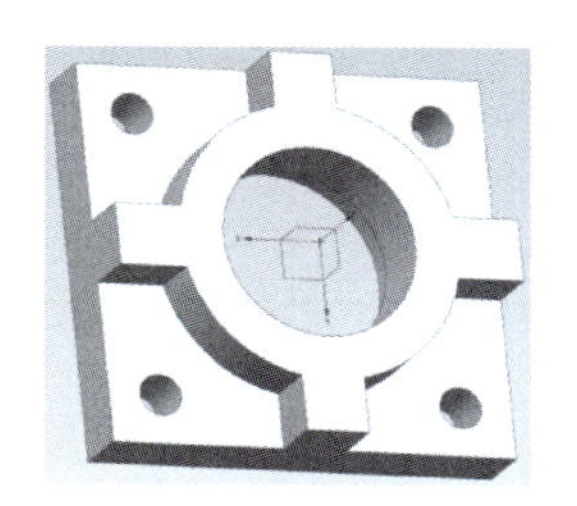

图 3.1.19　十字台建模

（6）台阶圆台建模。在“拉伸”对话框中单击“选择曲线”右侧按钮，以十字凸台表面为草图平面，在中心部位绘制 ϕ46mm 圆，单击按钮，返回“拉伸”对话框。单击“选择曲线”右侧的按钮，“过滤选择器”文本框选择“单条曲线”，选择ϕ46mm 圆和十字凸台上边线，在“限制”区域的开始“距离”文本框输入“0”，结束“距离”文本框中输入“8”，“布尔”下拉列表选择“减去”，单击“确定”，完成台阶圆台建模，如图 3.1.20 所示。

（7）倒圆。单击“特征”区域中的“边倒圆”按钮，弹出“边倒圆”对话框，如图 3.1.21 所示，单击“选择边”，按图 3.1.22 所示选择十字凸台的 8 条交线，其他参数按图 3.1.21 设置，单击 应用 完成倒圆。再单击“选择边”，参照零件图选择方体的四个直角棱边，“半径 1”文本框中输入“10”，完成直角倒圆，如图 3.1.23 所示。

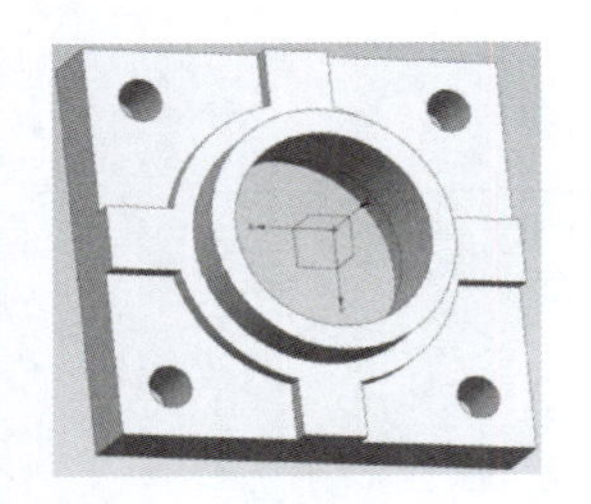

图 3.1.20　圆台建模

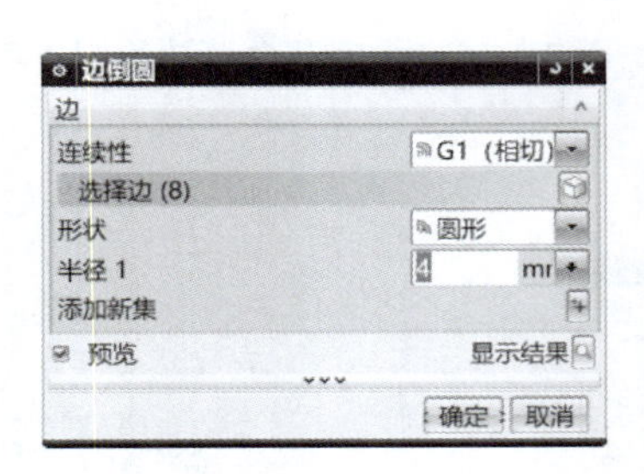

图 3.1.21　“边倒圆”对话框

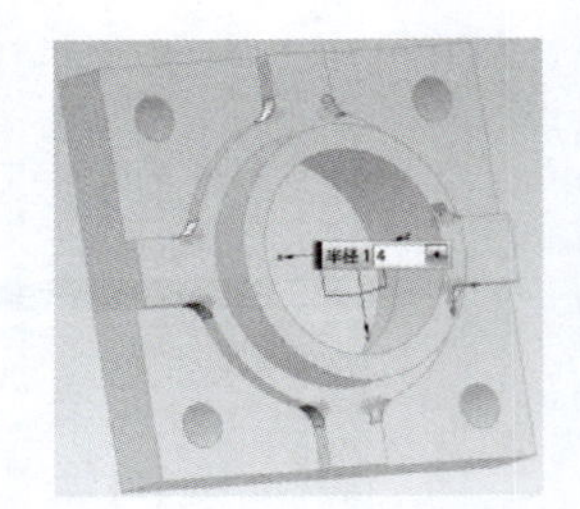

图 3.1.22　倒 $R4$ 圆

（8）倒斜角。单击“特征”区域中的“倒斜角”按钮，弹出“倒斜角”对话框。单击“选择边”，在图形区域选择圆台端面边线和ϕ42mm 孔边线，“横截面”文本框选择“对称”，“距离”文本框中输入“1”，完成四条棱的 $C1$ 斜角，如图 3.1.24 所示。至此，完成轴承座的全部结构建模。

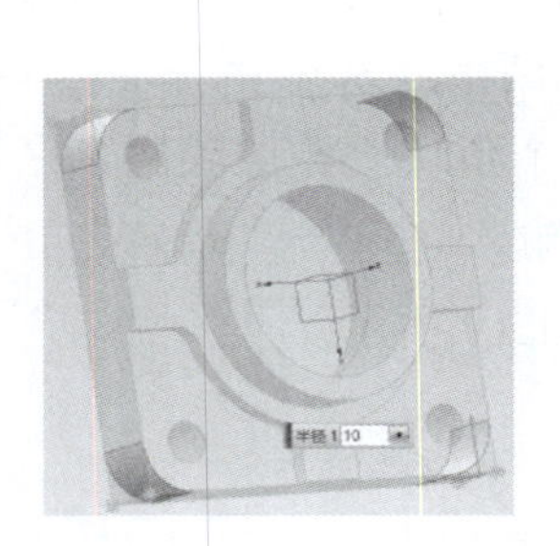

图 3.1.23　倒圆

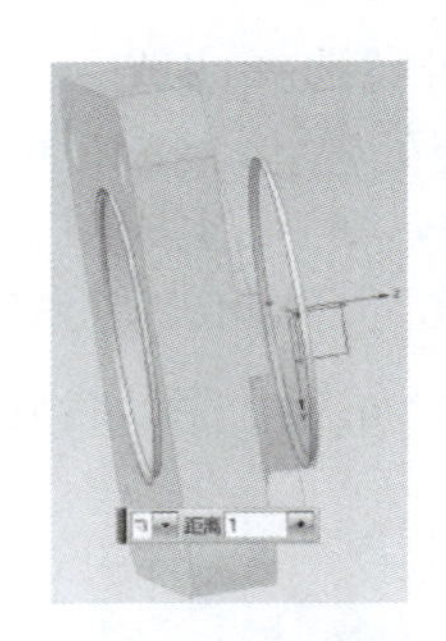

图 3.1.24　倒斜角

【实战演练】

依据轴承座 3 的零件图（图 3.1.25），利用 UG NX 12.0 软件绘制轴承座 3 的三维数模。

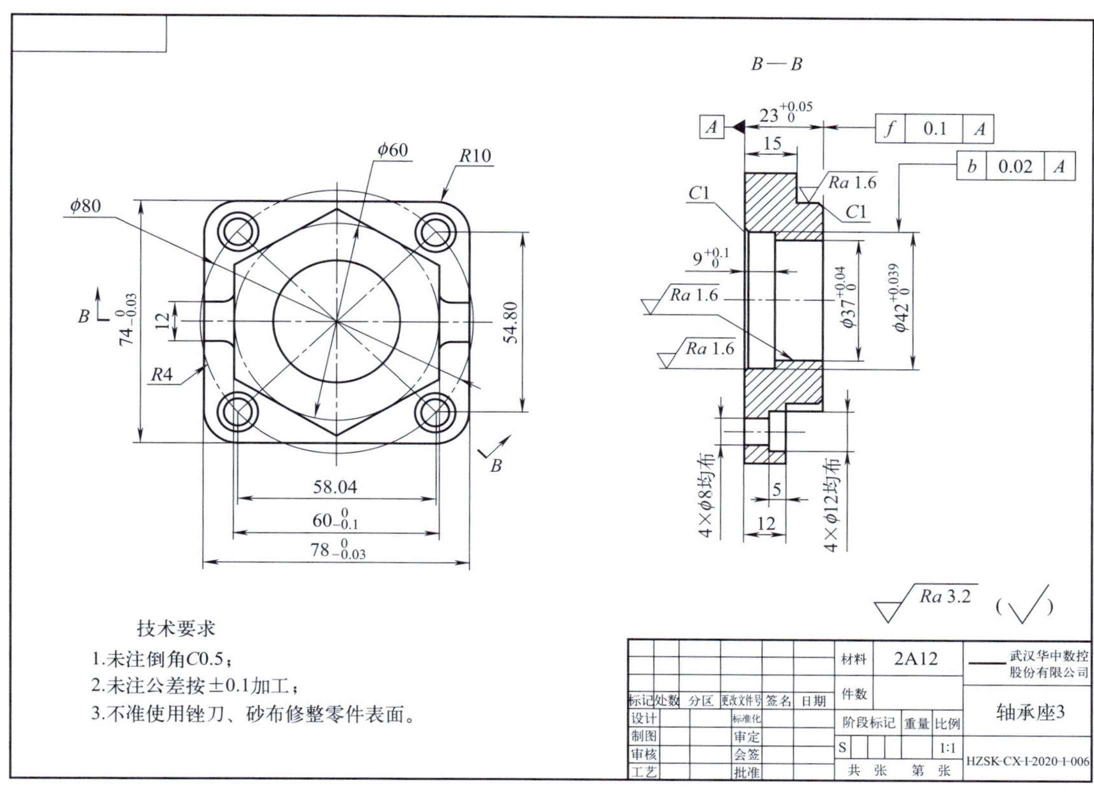

图 3.1.25　轴承座 3 零件图

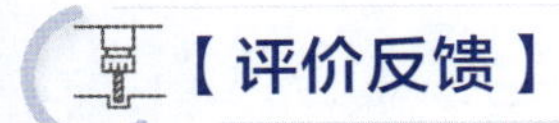

【评价反馈】

轴承座 3 建模评分表

班级：　　　　　　姓名：　　　　　　学号：

序号	评价项目	评价标准	配分	得分
1	结构完整性	能完整表达轴承座 3 零件的结构	60	
2	尺寸准确性	轴承座 3 零件各部分尺寸与零件图一致	20	
3	建模命令合理性	可行且高效的特征创建方法与步骤	20	

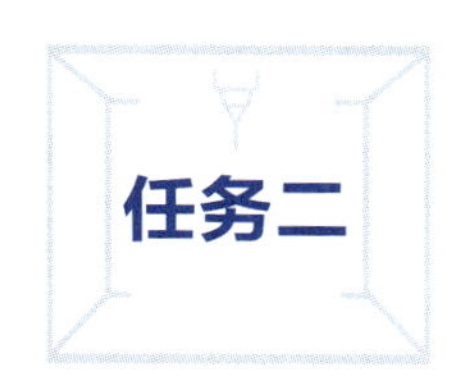

轴承座数控铣削自动编程

一、UG NX12.0 铣削模块的功能

引导问题 1：如何进入铣削加工模块？________________________________

____

相关技能点 

单击“应用模块”，在“加工”快捷键区域单击“加工”按钮，“资源工具条”切换到“工序导航器”，并弹出“加工环境”对话框。在“CAM 会话配置”中选择“cam general”，在“要创建的 CAM 组装”中选择“mill_planar”（平面铣）或“mill_contour”（轮廓铣）。按图 3.2.1 的选择后，单击 确定，则进入平面铣削环境，弹出“平面铣”对话框，图 3.2.2 列出了平面铣子类型功能说明；或直接使用 Ctrl+Alt+M 快捷键进入铣削界面，直接单击 确定。

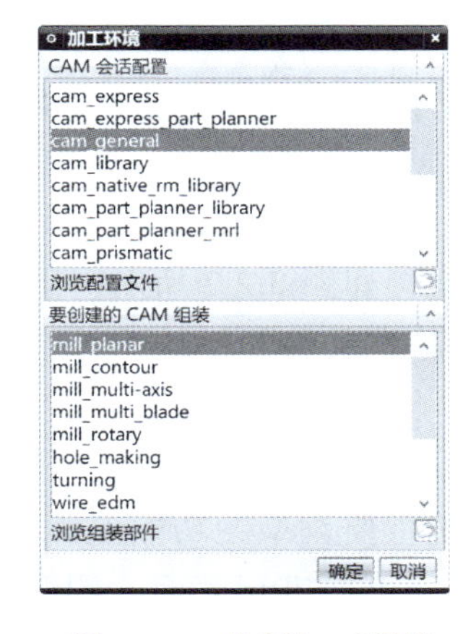

图 3.2.1　铣削加工环境

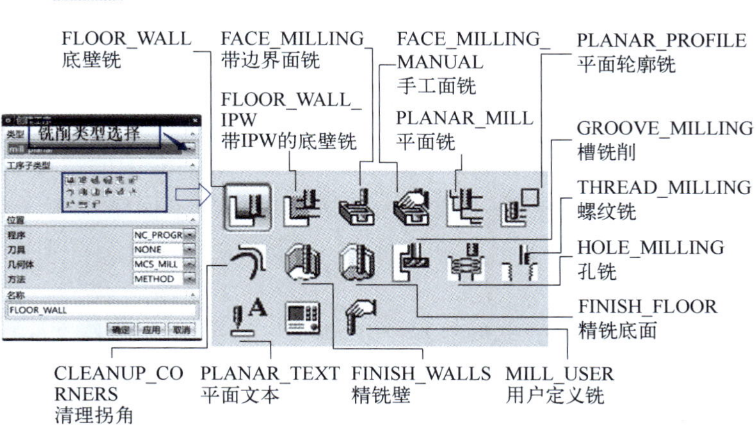

图 3.2.2　“平面铣”对话框及其子类型功能说明

引导问题 2:“工序导航器”有哪些功能?

相关知识点 

“工序导航器”是一种图形化的用户界面，如图 3.2.3 所示，用于管理当前部件的加工工序和加工工序参数，有程序顺序、机床、几何、加工方法四种视图。不同的视图下，可方便快捷地设置相应参数，提高工作效率。

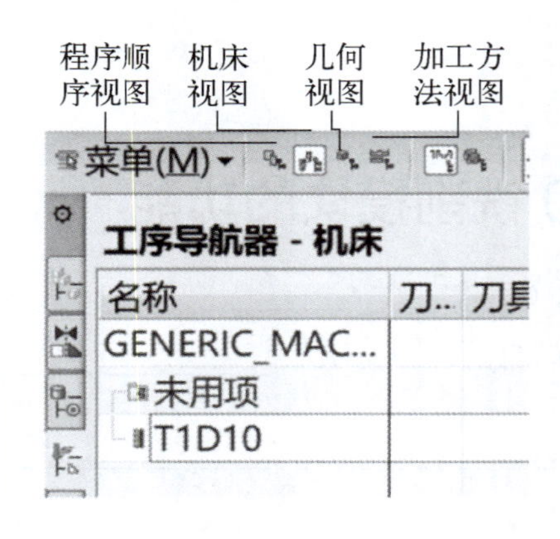

图 3.2.3　“工序导航器”图

引导问题 3: UG NX12.0 铣削模块有哪些铣削加工子类型?

相关知识点 

选择下拉“菜单”→“插入（S）”→“工序（E）”，或在加工模块“主页”窗口的“刀片”快捷键区域单击“创建工序”按钮，系统弹出“工序选择”对话框。

（1）平面铣子类型。在“创建工序”对话框中的“类型”下拉列表中选择“mill_planar”，则在“工序子类型”区域相应列出平面铣加工子类型，如图 3.2.2 所示。各子类型平面铣加工都是移除零件平面层中的材料，特别适用于平面和直壁的粗铣与精铣。

（2）轮廓铣子类型。在“类型”下拉列表中选择“mill_contour”，则在“工序子类型”区域相应列出轮廓铣加工子类型，图 3.2.4 给出了轮廓铣主要类型的功能说明。轮廓铣在数控加工中应用最为广泛，选择不同轮廓铣的子类型，可以进行底面、侧壁及固定轴轮廓的粗铣、精铣加工。

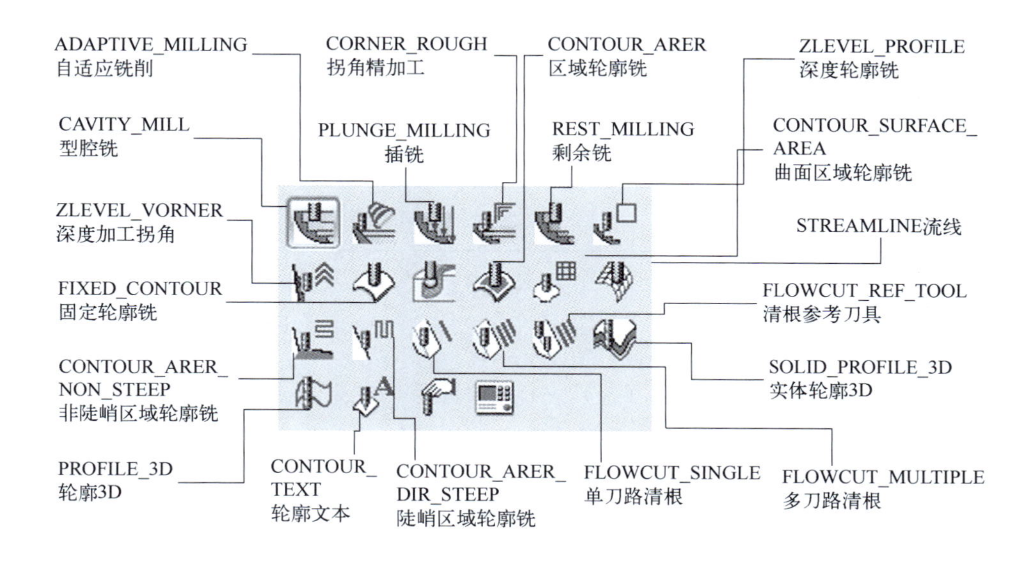

图 3.2.4　轮廓铣主要子类型功能说明

引导问题 4：使用 UG NX12.0 创建的工序可以直接在数控铣床上使用吗？

UG NX12.0 创建的加工工序需要经过后处理生成 G 代码程序才能在机床上使用。首先选择要加工的工序，单击右键选择“后处理”，选择机床相对应的后处理文件，然后选择后处理后的程序文件所放的位置，最后检查生成的 G 代码程序。后处理步骤见图 3.2.5。

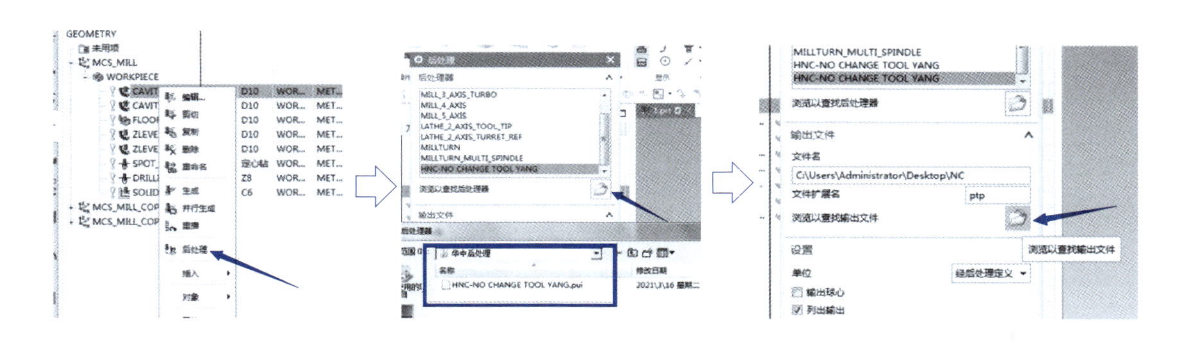

图 3.2.5　后处理操作步骤

二、可选用的铣刀类型

引导问题 5：UG NX12.0 铣削模块中，如何选择铣刀类型？______________

____

相关知识点

选择下拉“菜单”→“插入（S）”→“刀具（T）...”，或在加工模块“主页”窗口的“刀片”快捷键区域单击“创建刀具”按钮，系统弹出“创建刀具”对话框，图 3.2.6 中列出了常用铣刀类型。

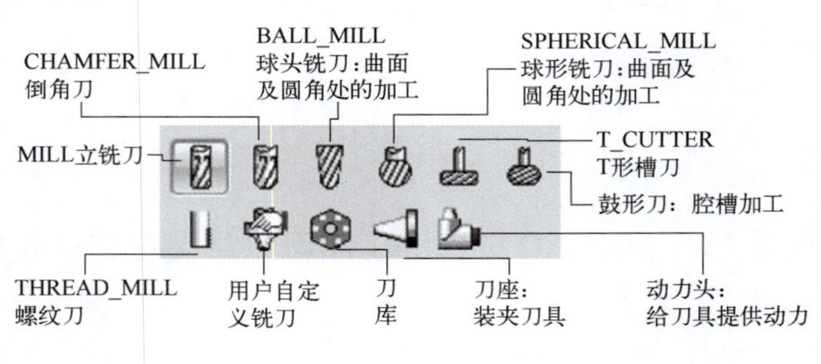

图 3.2.6 可选用的铣刀类型

三、UG NX12.0 铣削编程步骤

引导问题 6：UG NX12.0 铣削自动编程一般有哪几个步骤？______________

____

相关知识点

自动编程前需要先打开或创建零件模型，进入铣削加工环境，然后按以下步骤编程。

（1）创建几何体。包括创建机床坐标系、部件几何体、毛坯几何体。

（2）创建刀具。根据车削工艺需要创建适合的刀具。

（3）创建铣削工序。根据加工需要创建一个或多个类型的铣削工序。每个工序中通过设置切削区域、切削参数、非切削参数，生成合适的刀路轨迹，并进行加工仿真。

（4）后处理生成数控加工程序。

【任务实施】

依据任务书所给轴承座机械加工工艺过程卡和表 2.4.6 数控加工程序卡，以及模块二有关轴承座数控铣削工艺分析，即数控铣削的一夹工序为粗铣、精铣轴承座反面的平面、轮廓、中间沉头孔，钻四个小孔；二夹工序为粗铣、精铣正面的顶面、十字台及台阶圆台轮廓和底面。数控铣削的工艺路线为：

反面：铣反面平面→粗铣中间台阶孔→粗铣外轮廓→精铣中间台阶孔→精铣外轮廓→钻四个孔→倒角。

正面：粗铣十字台及圆台轮廓→精铣十字台和圆台平面→精铣十字台和圆台侧面→倒角。

一、轴承座反面铣削工序设计

轴承座反面的加工内容为任务书中轴承座机械加工工艺过程卡的一夹工序，工步内容参照模块二的表 2.4.6 数控加工程序卡。

轴承座反面铣削

打开轴承座模型文件，按下 Ctrl+Alt+M 快捷键，直接单击 确定 进入铣削界面。

1. 创建几何体

（1）创建坐标系。单击“工序导航器”中选项钮，将工序导航器调整到“几何视图”。在选项窗中双击“MCS_MILL”，如图 3.2.7 所示，系统弹出“MCS 铣削”对话框，如图 3.2.8 所示。

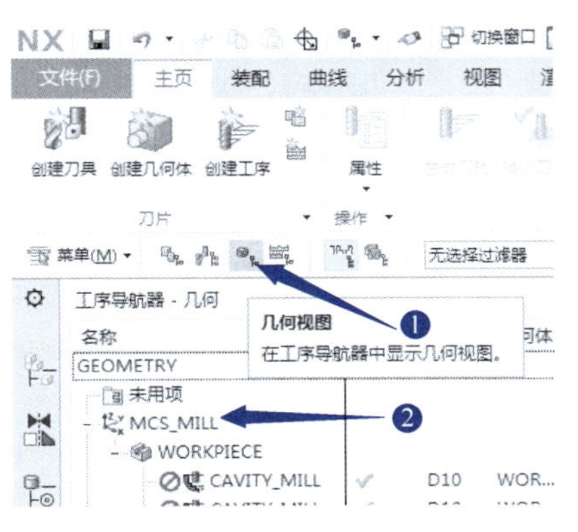

图 3.2.7　几何视图

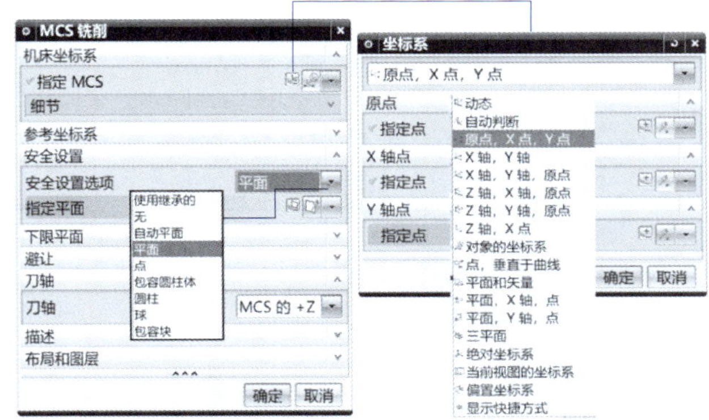

图 3.2.8　坐标系及安全平面设置

单击“指定 MCS”右侧按钮，弹出“坐标系”对话框。在首行下拉列表中选择“原点，X 点，Y 点”，单击“原点”区域的“指定点”，在图形区域选取反面中间大孔的中心；分别单击“X 轴点”和“Y 轴点”区域的“指定点”，参照图 3.2.9 依次选取反面相邻两边的中点，以所创建的坐标系 X 轴与数模的 X 轴方向一致为准，以方便零件正反面加工时的装夹位置调整。

（2）设置安全平面。参照图 3.2.8，在“安全设置选项”下拉列表中选择“平面”，单击按钮，在弹出的“平面”对话框的下拉列表中选择“自动判断”，在图形区域单击轴承座反面，在“偏置”区域的“距离”文本框中输入“10”，如图 3.2.10 所示。单击“确定”，退出“MCS 铣削”对话框，完成坐标系设定。

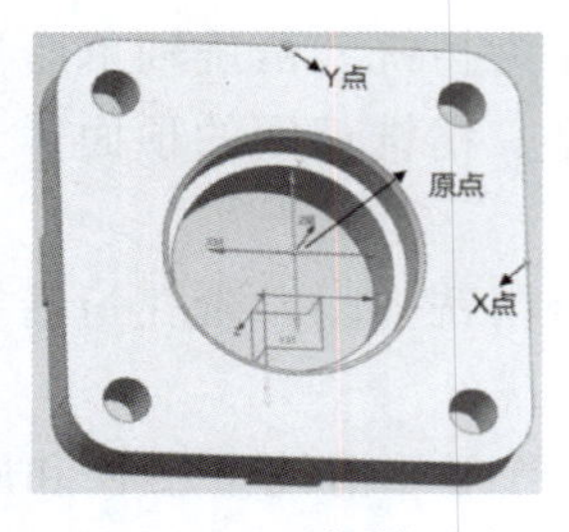

图 3.2.9　坐标轴设定

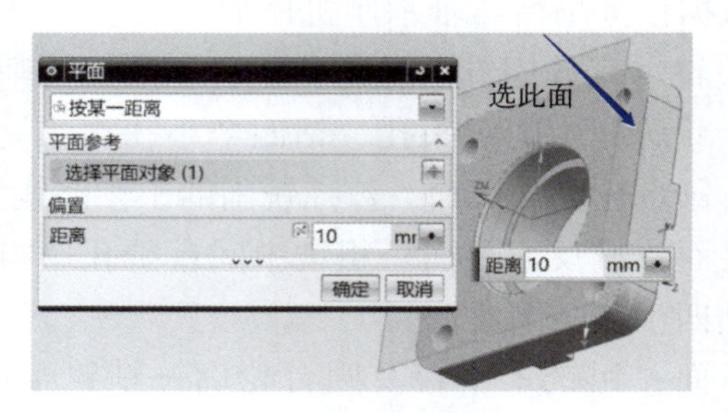

图 3.2.10　设置安全平面

（3）创建部件几何体。在“工序导航器 - 几何”视图中，双击选项窗中“WORKPIECE”，系统弹出“工件”对话框（图 3.2.11）。单击图 3.2.11 所示“工件”对话框中的按钮，系统弹出“部件几何体”对话框，选取整个零件为部件几何体。单击 确定 ，完成部件几何体的创建。

（4）创建毛坯几何体。单击图 3.2.11 所示“工件”对话框“指定毛坯”按钮，弹出“毛坯几何体”对话框，按图 3.2.11 所示设置参数。单击 确定 ，完成毛坯几何体的定义，返回“工件”对话框。单击 确定 退出。

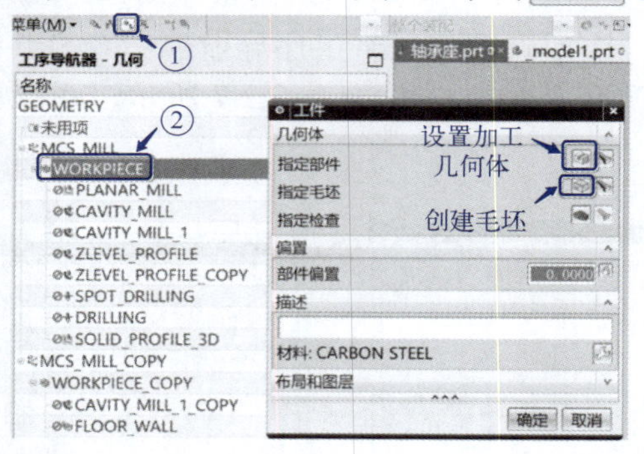

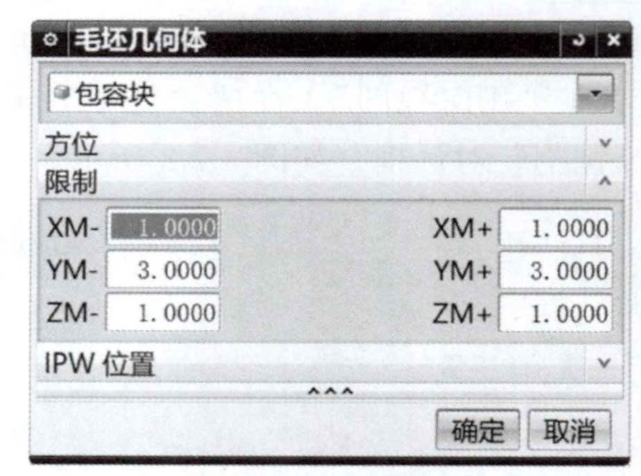

图 3.2.11　创建部件几何体

2. 平面铣削（反面平面）

（1）创建刀具

① 右击工序导航器列表中的“未用项”，在快捷菜单中选择“插入”→“刀具 ...”，或单击“刀片”快捷按钮区域的“创建刀具”按钮，系统弹出“创建刀具”对话框，在“类型”下拉列表中选择“mill_planar”，在“刀具子类型”区域单击“mill”按钮。在“位置”区域的“刀具”下拉列表中选择“GENERIC_MACHING”，在“名称”文本框中输入“T1D12”，单击 确定 或 应用 按钮，弹出“铣刀 -5 参数”对话框，如图 3.2.12 所示。

② 在“（D）直径”文本框中输入“12”，“刀具号”和“补偿寄存器”的文本框中均输入“1”，其他参数默认，单击 确定 ，完成刀具创建。

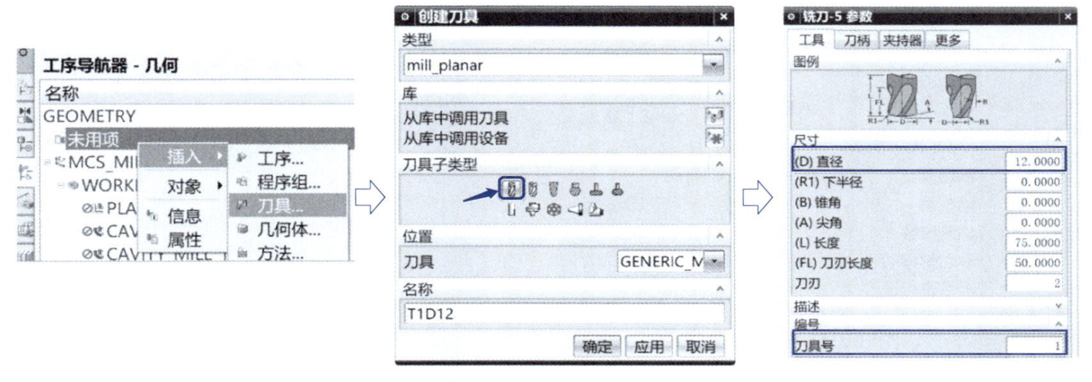

图 3.2.12　创建铣刀

（2）创建工序。

① 创建“平面铣”。单击“刀片”快捷按钮区域的“创建工序”按钮，系统弹出“创建工序”对话框，在“类型”下拉列表中选择“mill_planar”，“工序子类型”中单击（平面铣），“程序”下拉列表中选择“PROGRAM”，“刀具”下拉列表中选择 T1D12（铣刀），“几何体”下拉列表中选择“WORKPIECE”，“方法”下拉列表中选择“MILL_FINISH”，“名称”默认，如图 3.2.13 所示。单击 确定 或 应用 ，弹出“平面铣”对话框。

② 指定毛坯边界。单击“几何体”区域的“指定毛坯”按钮，弹出“毛坯边界”对话框，“刀具侧”下拉列表选择“内侧”，“平面”下拉列表选择“自动”，然后在图形区单击轴承座的反面平面，如图 3.2.14 所示。单击右侧的可观察所选的区域。

③ 指定底面。单击“指定底面”按钮，在图形区再选择轴承座的反面平面。

④ 刀轨设置。在“刀轨设置”区域的“切削模式”下拉列表中选择“往复”，“步距”选择“% 刀具平直”，“平面直径百分比”文本框中输入“60”，见图 3.2.15。

⑤ 进给率和速度设置。单击“进给率和速度”右侧按钮，弹出对话框，按图 3.2.16 所示设置输入主轴速度和进给率（实际加工时，应根据所用机床、刀具的性能，以及工件材料选用合适的速度和进给率）。按 Enter 键并单击其右侧按钮，单击 确定 返回“平面铣”对话框。

图 3.2.13　“创建工序”对话框

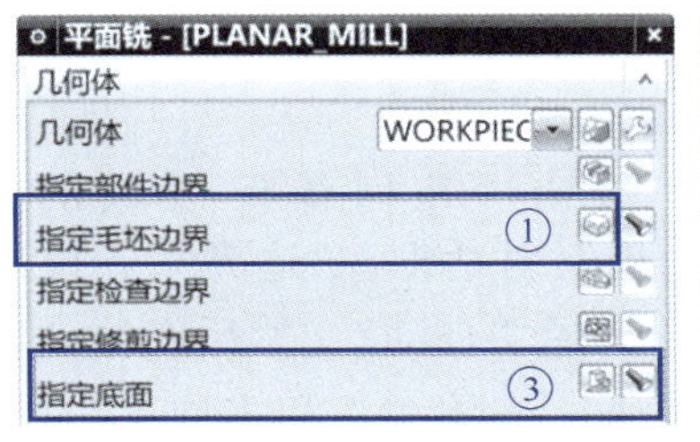

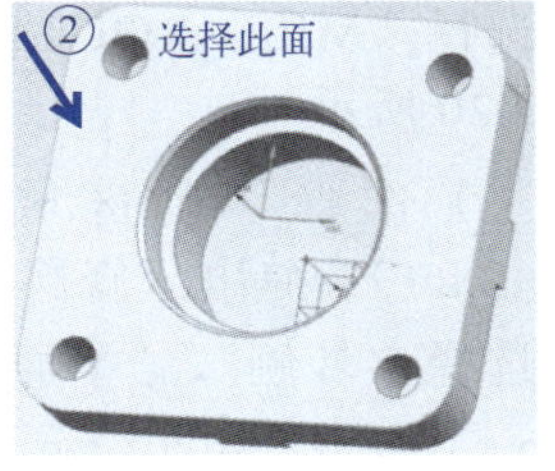

图 3.2.14　指定毛坯和切削区底面

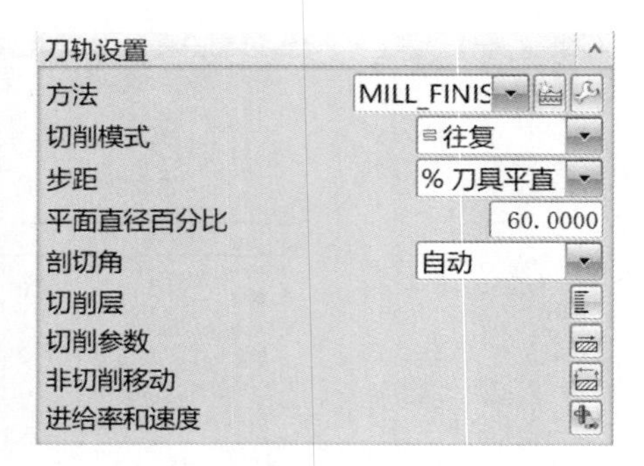

图 3.2.15　刀轨设置

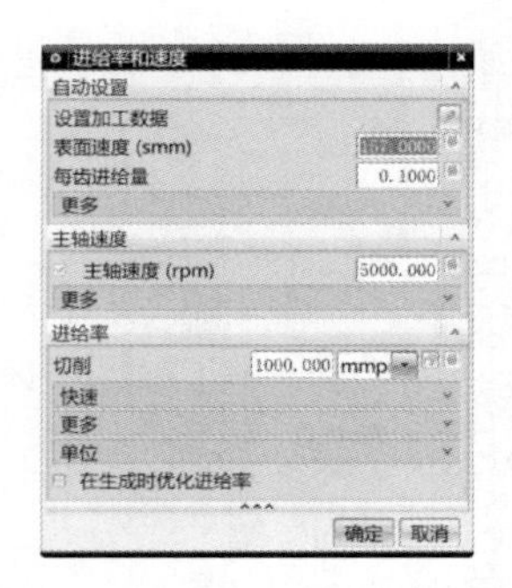

图 3.2.16　速度和进给率设置

⑥ 生成刀轨与仿真加工。其他参数默认，单击“操作”区域的“生成”按钮，勾选“预览”复选框，在图形区域生成平面铣削刀轨，如图 3.2.17 所示。单击“操作”区域的“确认”按钮，弹出“刀轨可视化”对话框，单击“3D 动态”选项卡，调整好播放速度，单击“播放”按钮，显示 3D 仿真加工，图 3.2.18 所示为仿真加工结果。

单击 确定，返回“平面铣”对话框，再单击 确定，完成平面铣削工序设计。

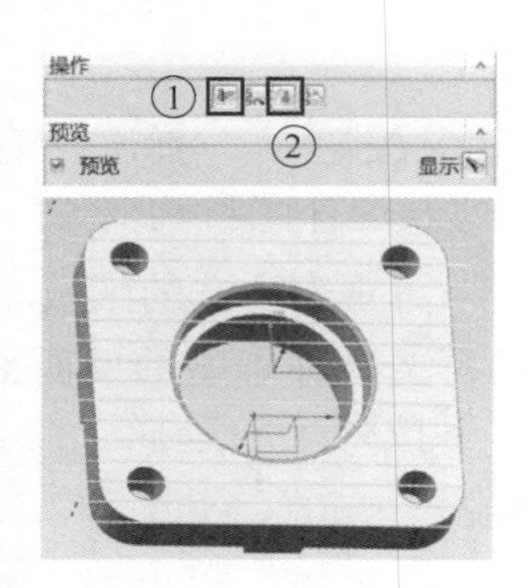

图 3.2.17　平面铣削刀轨

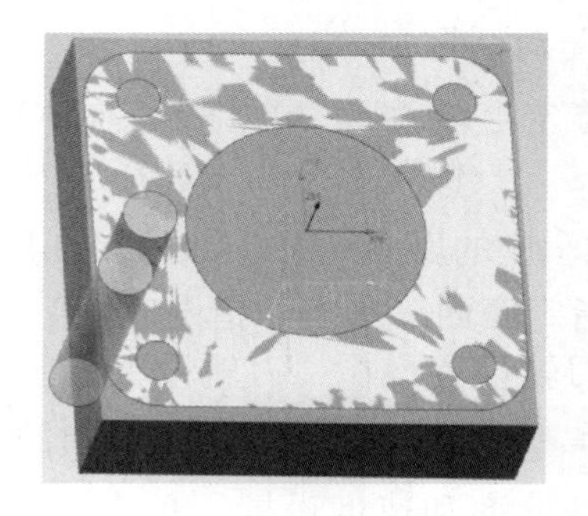

图 3.2.18　平面铣削仿真加工

3. 粗铣中间台阶孔

（1）创建“型腔铣”。单击“创建工序”按钮，弹出“创建工序”对话框，在“类型”下拉列表中选择“mill_contour”，“工序子类型”中单击（型腔铣），如图 3.2.19 所示；“程序”下拉列表中选择“NC_PROGRAM”，“刀具”下拉列表中选择“T1D12（铣刀）”，“几何体”下拉列表中选择“WORKPIECE”，“方法”下拉列表中选择“MILL_ROUGH”，“名称”默认，单击 确定，弹出“型腔铣”对话框，如图 3.2.20 所示。

（2）选择切削区域。单击“几何体”区域的“指定修剪边界”按钮（图 3.2.20），弹出“修剪边界”对话框，“边界”下拉列表选择“选择曲线”，“修剪侧”选择“外侧”，“平面”选择“自动”，然后在绘图区单击中间台阶孔的边线，如图 3.2.21 所示。单击 确定 返回“型腔铣”对话框。

（3）刀轨设置。按图 3.2.22 所示设置“切削模式”“步距”等参数。

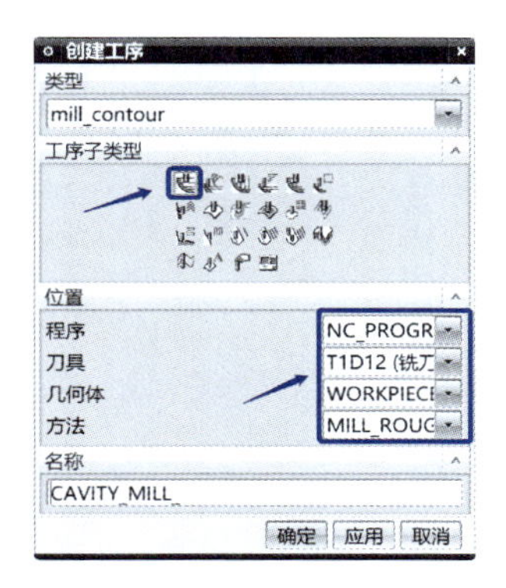

图 3.2.19　创建型腔铣工序

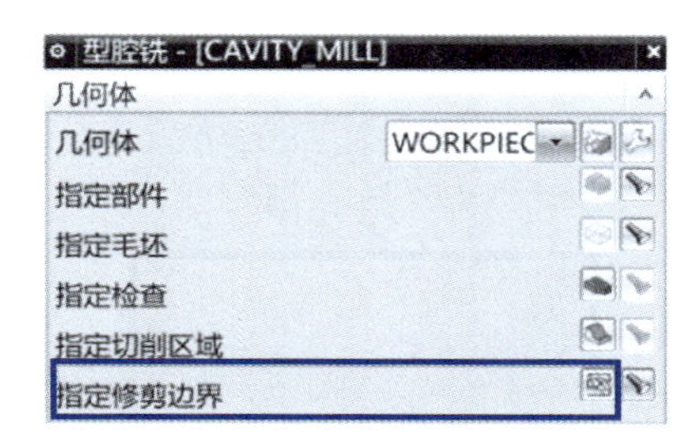

图 3.2.20　“型腔铣”对话框

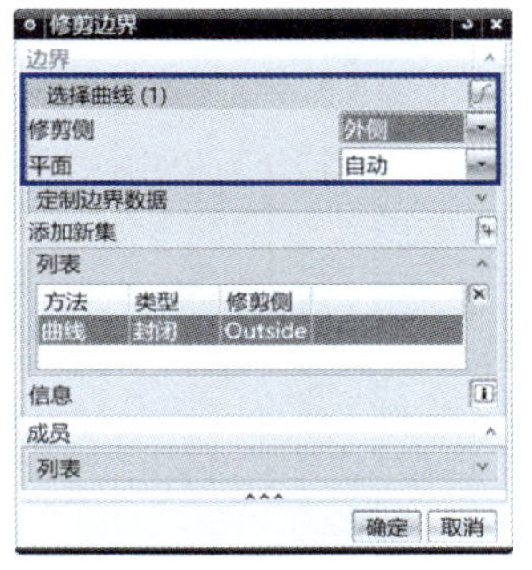

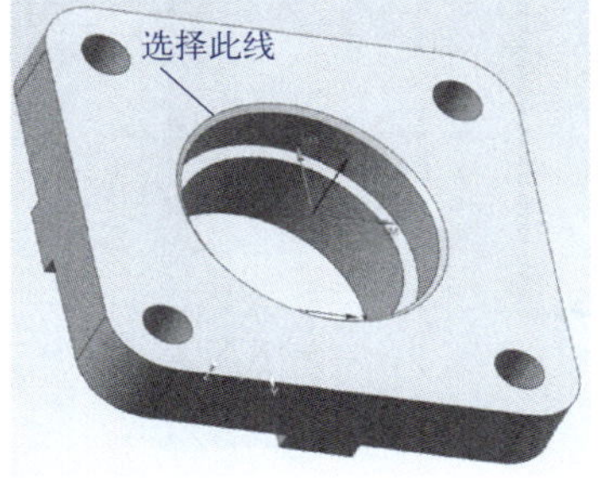

图 3.2.21　“修剪边界”对话框及边界选取

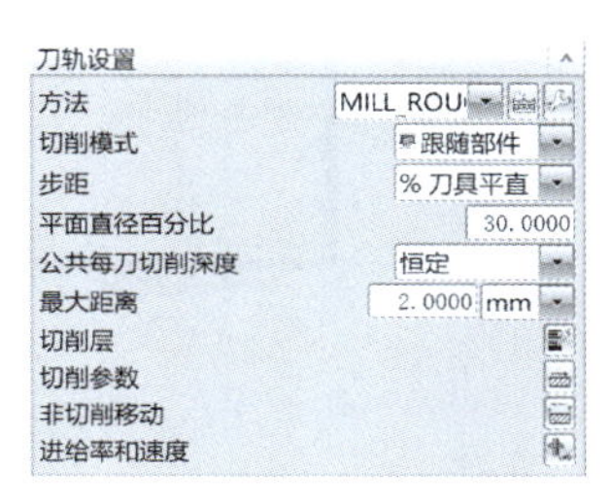

图 3.2.22　台阶孔刀轨设置

（4）切削参数设置。单击“切削参数”按钮，弹出“切削参数”对话框，如图 3.2.23 所示。单击“策略”选项卡，在“切削方向”下拉列表中选择“顺铣”，“切削顺序”选择“深度优先”。单击“余量”选项卡，勾选“使底面余量与侧面余量一致”复选框，“部件侧面余量”文本框中输入“0.2”。单击“连接”选项卡，在“开放刀路”下拉列表中选择“变换切削方向”。其他参数默认，单击 确定 返回“型腔铣”对话框。

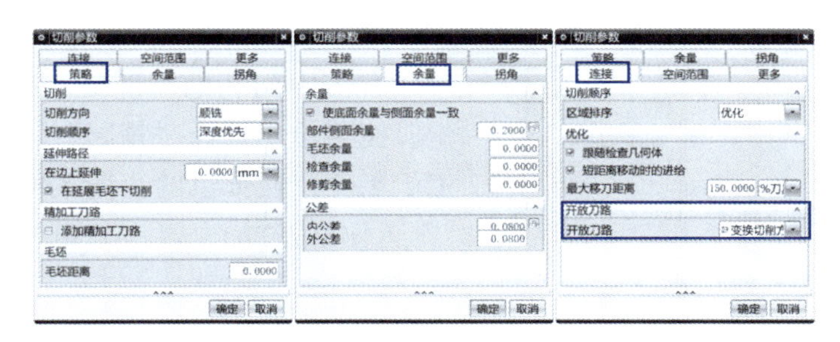

图 3.2.23　切削参数设置

（5）非切削参数设置。单击“非切削移动”按钮，弹出“非切削移动”对话框。单击“进刀”选择卡，按图 3.2.24 所示设置进刀参数。单击“转移 / 快速”选项卡，在“区域内”的“转移类型”下拉列表中选择“前一平面”，如图 3.2.25 所示。其他参数使用系统默认设置。单击 确定 ，返回“型腔铣”对话框。

（6）进给率和速度设置。单击“进给率和速度”按钮，弹出对话框，“主轴速度”文本框输入“5000”，“进给率”文本框输入 2000。单击 确定，返回“型腔铣”对话框。

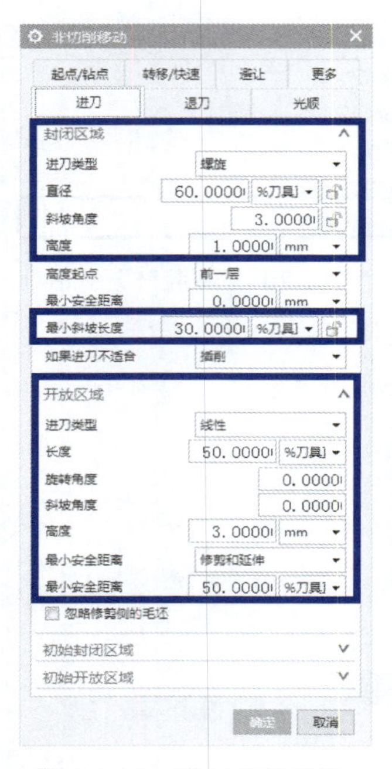

图 3.2.24　进刀参数设置

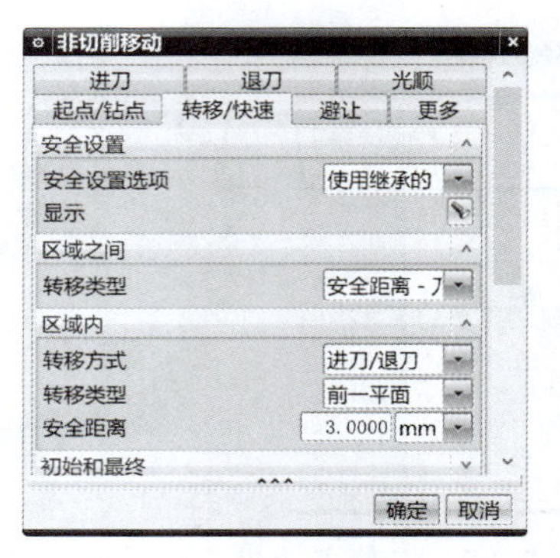

图 3.2.25　非切削移动

（7）生成刀轨与仿真加工。单击“操作”区域的“生成”按钮，生成中间台阶孔铣削刀路。单击“确认”按钮，弹出“刀轨可视化”对话框，单击“3D 动态”选项卡，调整好播放速度，单击“播放”按钮，加工结果如图 3.2.26 所示。

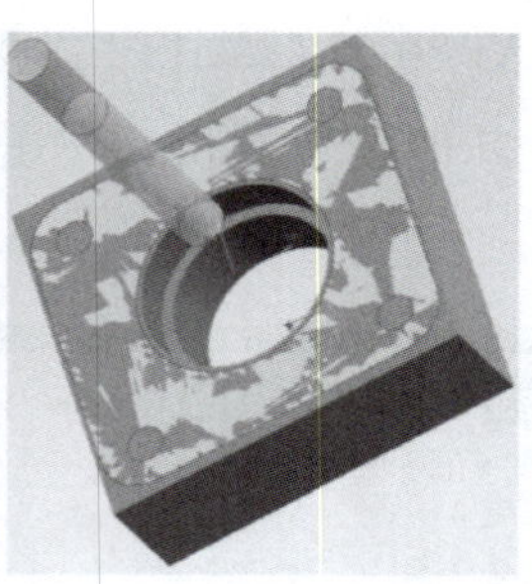

图 3.2.26　中间台阶孔刀轨及仿真加工

4. 粗铣外轮廓

（1）复制中间孔“型腔铣”工序。右击中间孔的型腔铣工序，在弹出的快捷菜单中选择“复制”，再次右击型腔铣工序，在弹出的快捷菜单中选择“粘贴”（图 3.2.27）。双击复制所得的型腔铣工序，弹出“型腔铣”对话框。

（2）修改切削区域。单击“指定修剪边界”按钮，在弹出的“修剪边界”对话框中，“修剪侧”选“内侧”，单击 确定 返回“型腔铣”对话框（图 3.2.28）。

（3）修改刀轨设置。按图 3.2.29 所示设置“切削模式”“步距”等参数。

（4）切削层设置。单击图 3.2.29 中的“切削层”按钮，弹出“切削层”对话框（图 3.2.30）。先移除列表中的原有内容，然后单击“范围 1 的顶部”区域的“选择对象”，在图形区单击轴承座反面的大平面；在“范围定义”区域的“范围深度”文本框中输入“15”，“测量开始位置”选择“顶层”，“每刀切削深度”文本框中输入“5”，如图 3.2.30 所示。单击 确定 返回“型腔铣”对话框。

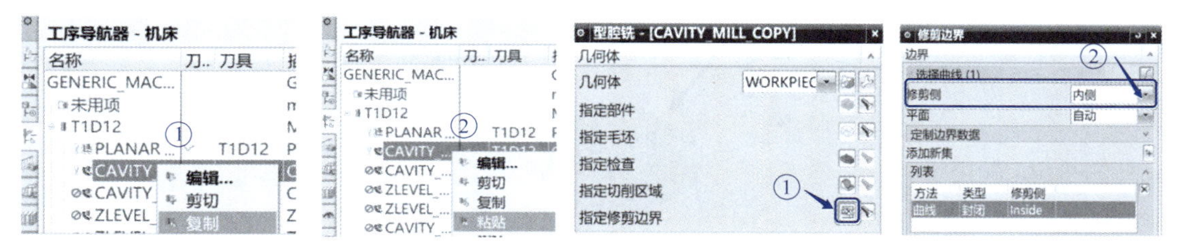

图 3.2.27　复制台阶孔工序　　　　图 3.2.28　修改切削区域

（5）进给率和速度设置。单击图 3.2.29 所示“参数设置”区域中的“进给率和速度”按钮，弹出对话框，“主轴速度”文本框输入“5000”，“进给率”文本框输入“2000”。单击 确定 返回“型腔铣”对话框。

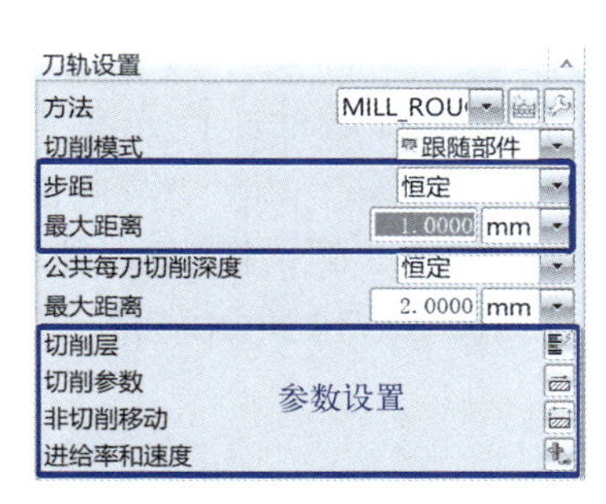

图 3.2.29　铣外轮廓刀轨参数

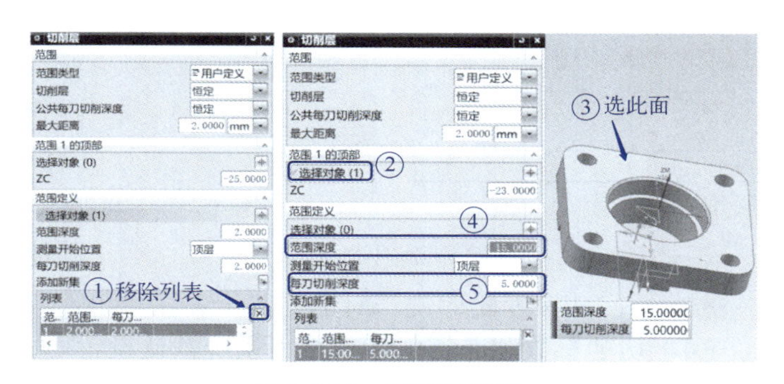

图 3.2.30　切削层设置

（6）生成刀轨与仿真加工。单击“操作”区域的“生成”按钮，生成外轮廓铣削刀路。单击“确认”按钮，弹出“刀轨可视化”对话框，单击“3D 动态”选项卡，调整好播放速度，单击“播放”按钮，加工结果如图 3.2.31 所示。

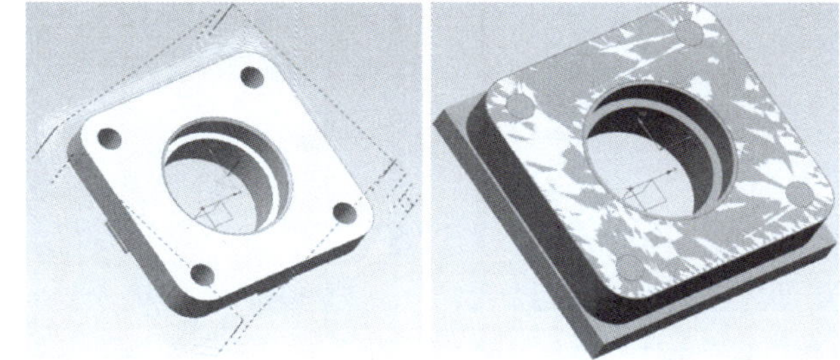

图 3.2.31　反面外轮廓粗铣刀轨与仿真加工

5. 精铣中间台阶孔

（1）创建深度轮廓铣。单击“创建工序”按钮，弹出“创建工序”对话框，在“类型”下拉列表中选择“mill_contour”，“工序子类型”中单击（深度轮廓铣），“程序”下拉列表中选择“PROGRAM”，“刀具”下拉列表中选择 T1D12(铣刀)，“几何体”下拉列表中选择“WORKPIECE”，“方法”下拉列表中选择“MILL_FINISH”，“名称”默认，如图 3.2.32 所示。单击 确定，弹出“深度轮廓铣”对话框。

（2）选择切削区域。单击“几何体”区域的“指定切削区域”按钮，在图形区选择中间台阶孔为加工区域，如图 3.2.33 所示。

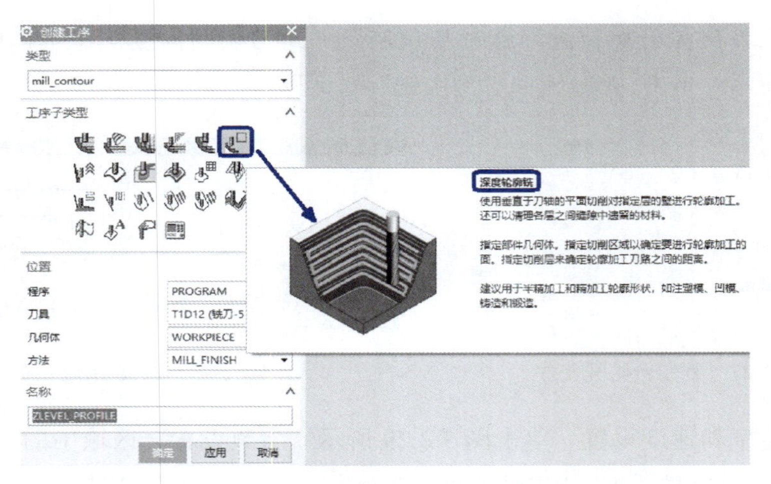

图 3.2.32　深度轮廓铣选择

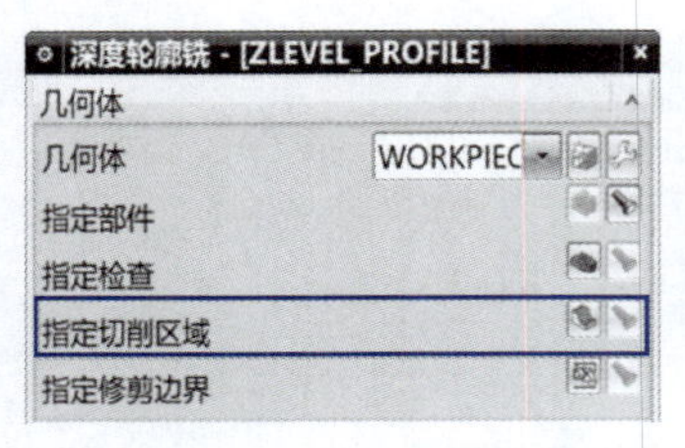

图 3.2.33　深度轮廓铣中间台阶孔区域

（3）切削层设置。在“刀轨设置”区域单击“切削层”按钮，弹出“切削层”对话框。首先单击“添加新集”按钮，再在“范围深度”文本框中输入“8”，按 Enter 键。其他参数按照图 3.2.34 所示设置。单击 确定 返回“深度轮廓铣”对话框。

（4）切削参数和非切削参数采用系统默认设置。

（5）进给率和速度设置。单击“进给率和速度”按钮，弹出对话框，“主轴速度”文本框输入“5000”，“进给率”文本框输入“1000”。单击 确定 返回“深度轮廓铣”对话框。

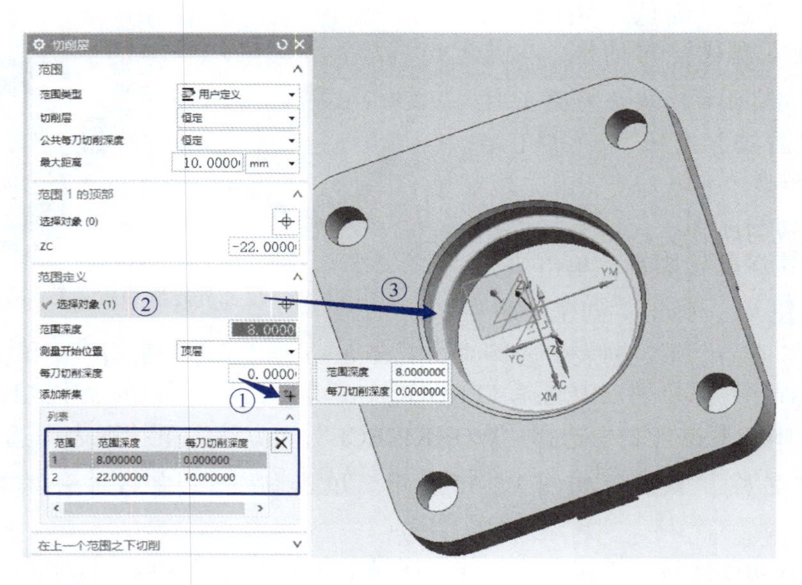

图 3.2.34　深度轮廓铣切削层设置

（6）生成刀轨和仿真加工，如图 3.2.35 所示。

6. 精铣外轮廓

（1）复制深度轮廓铣。在“工序导航器”的“程序顺序”视图中，右击“ZLEVEL_PROFILE”，在弹出的快捷菜单中选择“复制”，再右击“ZLEVEL_PROFILE”，在弹出的快捷菜单中选择“粘贴”，在工序后面出现“ZLEVEL_PROFILE_COPY”工序。

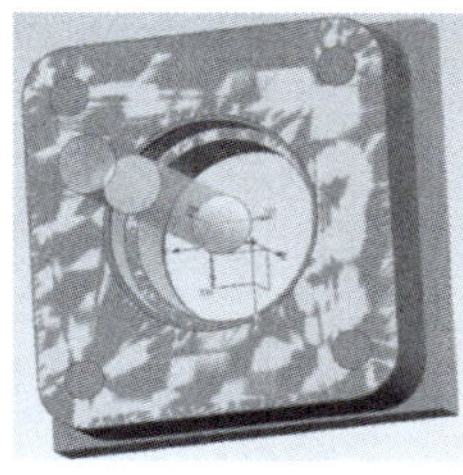

图 3.2.35　中间孔刀轨与仿真结果

（2）修改切削区域。双击“ZLEVEL_PROFILE_COPY”打开“深度轮廓铣”对话框，单击“几何体”区域的“指定切削区域”按钮，在弹出的“切削区域”对话框中选中列表中所有项，单击“删除”按钮将其删去。然后，选择轴承座最大外轮廓面，如图 3.2.36 所示。

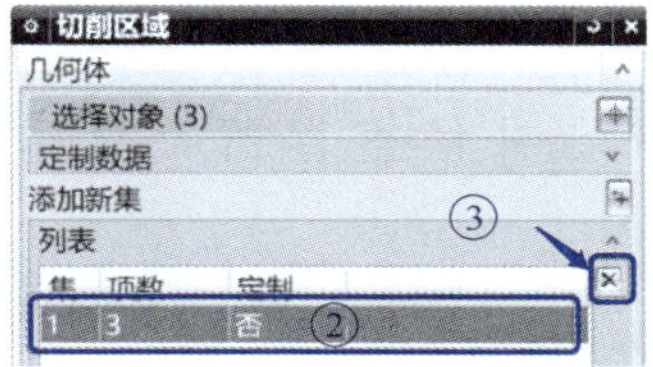

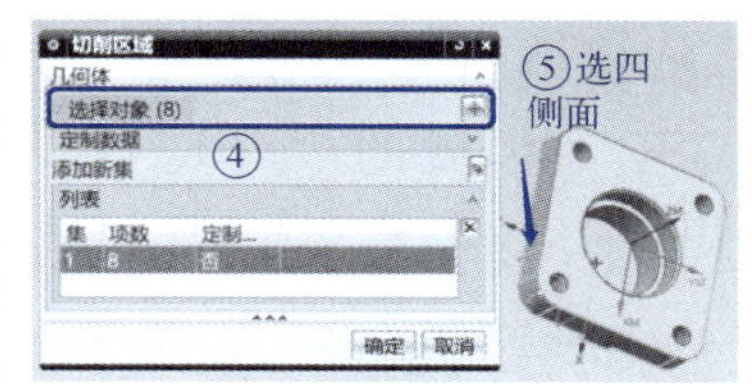

图 3.2.36　修改切削区域

（3）修改切削层。在“刀轨设置”区域，单击“切削层”按钮，弹出“切削层”对话框。在列表区域，选择表中所有项，单击按钮将其删去。在“范围定义”区域的“范围深度”文本框输入“15”，“每刀切削深度”文本框输入“0”，单击确定返回“深度轮廓铣”对话框。

（4）修改切削参数。单击“切削参数”按钮，弹出“切削参数”对话框。在“策略”选项卡中，勾选“在刀具接触点下继续切削”，如图 3.2.37（a）所示。其他参数默认，单击确定返回“深度轮廓铣”对话框。

（5）修改非切削参数。单击“非切削移动”按钮，弹出“非切削移动”对话框。单击“起点 / 钻点”选择卡，“重叠距离”文本框输入“2”，“默认区域起点”下拉列表中选择“拐角”，如图 3.2.37（b）所示，其他参数使用系统默认设置。单击确定返回“深度轮廓铣”对话框。

（6）生成刀轨并仿真加工，见图 3.2.38。

7. 钻孔

（1）创建钻刀。单击“工序导航器”中选项，将“工序导航器”调整到“机床视图”，按以下步骤创建定心钻刀（T02）和麻花钻刀（T03）。

① 创建定心钻刀。单击“刀片”快捷按钮区域的“创建刀具”按钮，系统弹出“创建刀具”对话框，在“类型”下拉列表中选择“hole_making”，在“刀具子类型”区域单击按钮（SPOT_DRILL）。在“位置”区域的“刀具”下拉列表中选择“GENERIC_MACHING”，“名称”文本中输入“定心钻”，如图 3.2.39 所示。单击确定或应用按钮，弹出“定心钻刀”对话框，按图 3.2.40 所示设置刀具参数。单击确定退出。

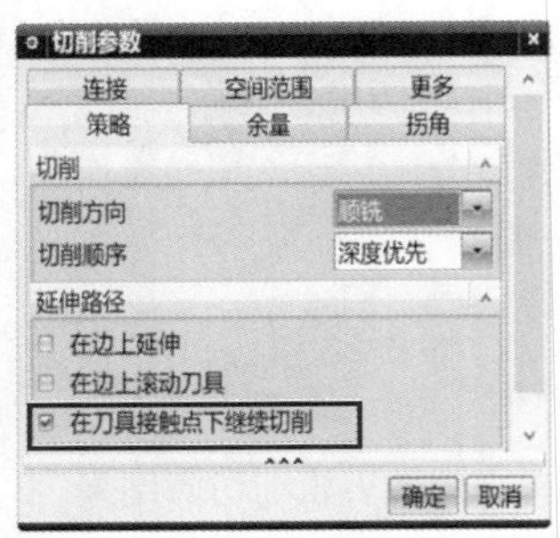

(a) 切削参数设置

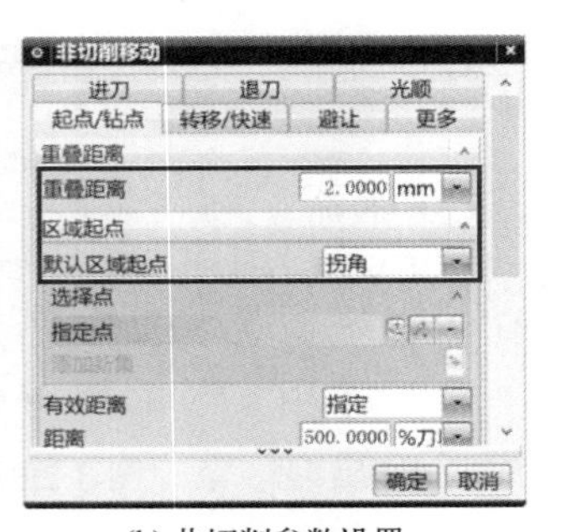

(b) 非切削参数设置

图 3.2.37　参数设置

图 3.2.38　外轮廓精铣刀轨

② 创建麻花钻刀。再次进入“创建刀具”对话框，“类型”选择“hole_making”，在“刀具子类型”区域单击按钮（STD_DRILL），“刀具”下拉列表中选择“GENERIC_MACHING”，“名称”文本框中输入“Z8”，单击确定或应用按钮，弹出“钻孔”对话框。在“尺寸”区域的“直径”文本框输入“8”，“编号”区域的“刀具号”和“补偿寄存器”文本框均输入“3”，单击确定退出。

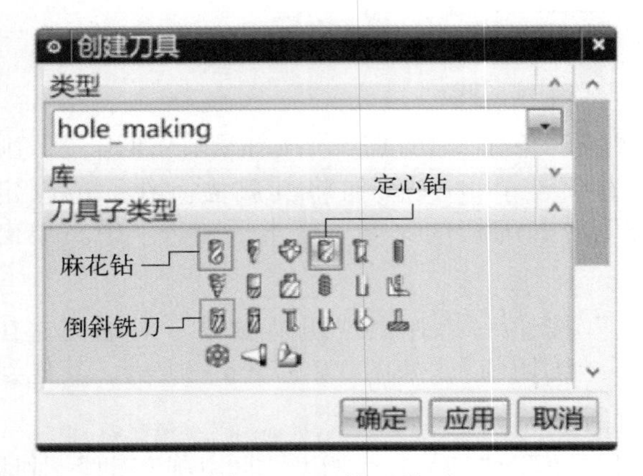

图 3.2.39　钻刀类型

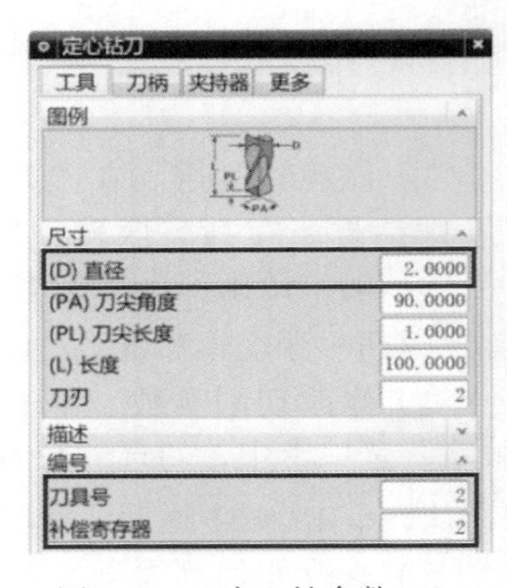

图 3.2.40　中心钻参数

（2）创建定心钻工序。单击“创建工序”按钮，弹出“创建工序”对话框（图 3.2.41），在“类型”下拉列表中选择“hole_making”，“工序子类型”中单击（定心钻），“程序”下拉列表中选择“PROGRAM”，“刀具”下拉列表中选择“定心钻（定心）”，“几何体”下拉列表中选择“WORKPIECE”，其他默认，单击确定弹出“定心钻”对话框。

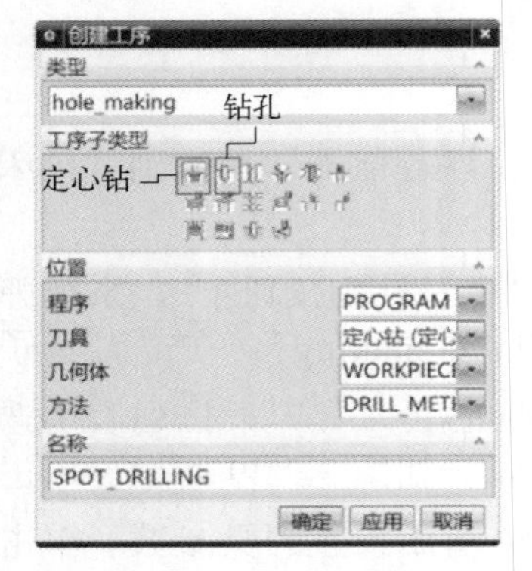

图 3.2.41　钻孔类型

① 选择孔位。单击“几何体”区域的“指定特征几何体”按钮，在图形区选择四个 ϕ8mm 孔圆心，如图 3.2.42 所示。

② 设置移刀平面。单击“非切削移动”按钮，单击“转移 / 快速”选项卡，在“间隙”区域的“安全设置选

项”下拉列表中选择“平面”，在“特征之间”的“转移类型”下拉列表中选择“安全距离 - 最短距离”，如图 3.2.43 所示，单击确定完成设置。

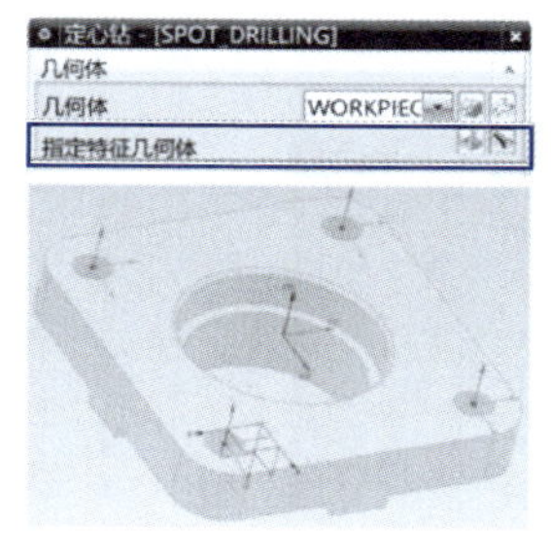

图 3.2.42　孔位选择

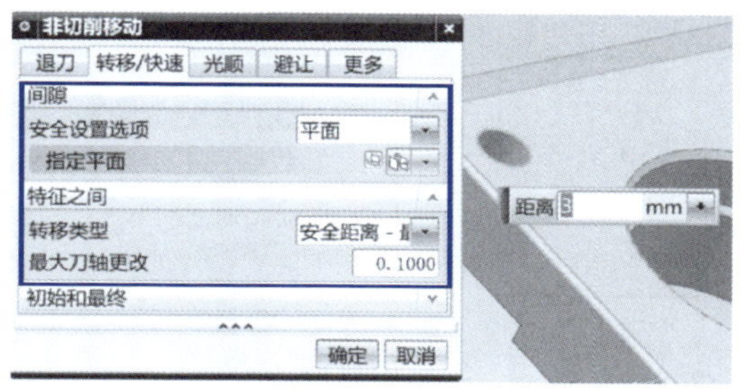

图 3.2.43　移刀平面设置

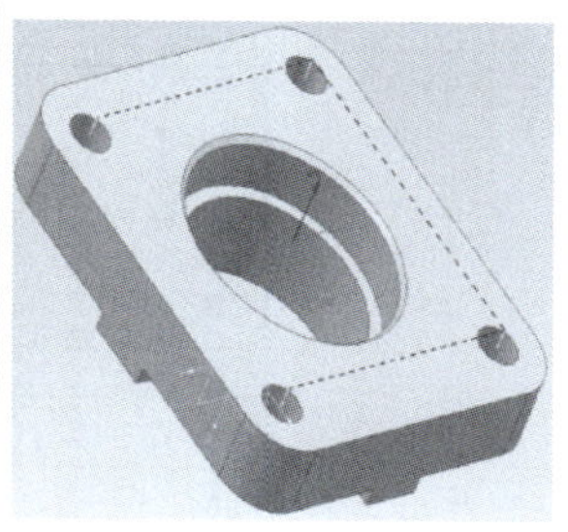

图 3.2.44　定心孔刀轨

③ 设置主轴速度和进给率。单击“进给率和速度”按钮，设定主轴转速为 2000r/min，进给率为 200mm/min，其他参数默认。

④ 生成刀轨。单击“操作”区域的“生成”按钮，生成定心钻刀路，如图 3.2.44 所示。若刀路正确，单击“确认”按钮，可进行仿真加工，单击确定完成定心钻工序。

（3）创建钻孔工序。单击“创建工序”按钮，在弹出的“创建工序”对话框的“类型”下拉列表中选择“hole_making”，“工序子类型”中单击（钻孔），“刀具”下拉列表中选择“Z8”，其他参数同定心钻。单击确定，弹出图 3.2.45 所示“钻孔”对话框。

① 选择孔位。同定心钻。

② 刀轨设置。“运动输出”选择“机床加工周期”。

③ 设置深孔循环参数。“循环”下拉列表中选择“钻，深孔”，弹出“循环参数”对话框，按图 3.2.46 所示设置参数，单击确定返回“钻孔”对话框。单击图 3.2.45 中“刀轨设置”区域“循环”右侧的按钮，可查看和修改参数。

④ 移刀平面。同定心钻。

⑤ 设置主轴速度和进给率。单击“进给率和速度”按钮，设定主轴转速为 1800r/min，进给率为 150mm/min，其他参数默认。

⑥ 生成刀轨与仿真加工。

8. 倒角

（1）创建倒斜铣刀。单击“工序导航器”中按钮，将工序导航器调整到“机床视图”。

单击“创建刀具”按钮，系统弹出“创建刀具”对话框，在“类型”下拉列表中选择“hole_making”，在“刀具子类型”区域单击按钮（CHAMFER_MILL）。在“位置”区域的“刀具”下拉列表中选择“GENERIC_MACHING”，“名称”文本中输入“C6”，单击确定，弹出“倒斜铣刀”对话框，按图 3.2.47 所示设置刀具参数。单击确定退出。

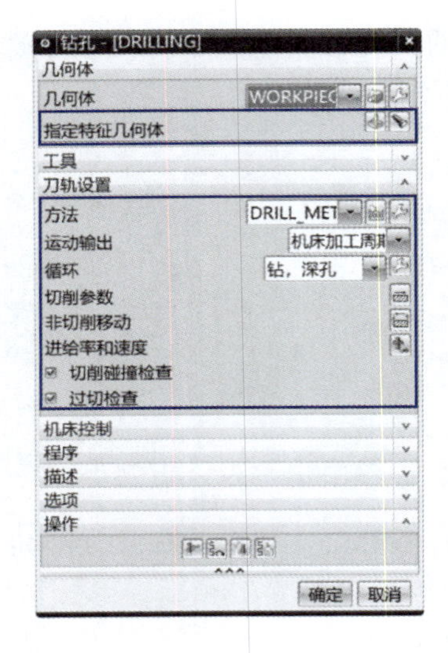

图 3.2.45　“钻孔”对话框

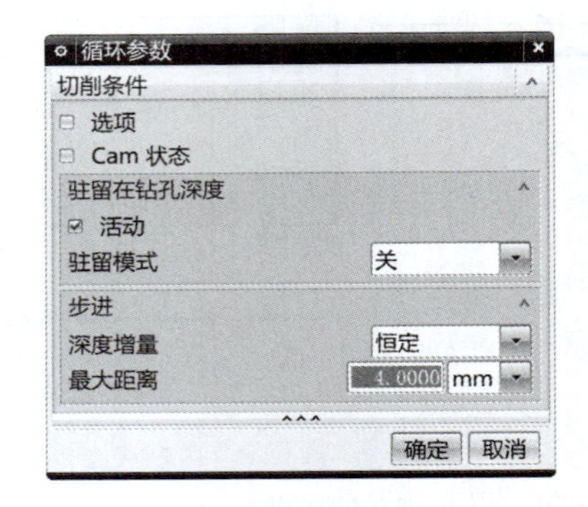

图 3.2.46　钻孔循环参数设置

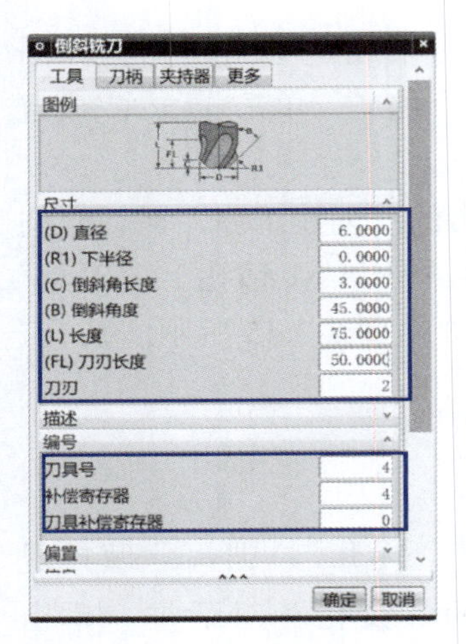

图 3.2.47　倒斜铣刀设置

（2）倒角。

① 创建“实体轮廓 3D”工序。单击“创建工序”按钮，在弹出的“创建工序”对话框的“类型”下拉列表中选择“mill_contour”，“工序子类型”中单击（实体轮廓 3D）按钮，“程序”下拉列表中选择“PROGRAM”，“刀具”下拉列表中选择“C6（倒斜铣刀）”，“几何体”下拉列表中选择“WORKPIECE”，“方法”下拉列表中选择“METHOD”，“名称”默认，如图 3.2.48 所示。单击确定，弹出“实体轮廓 3D”对话框，如图 3.2.49 所示。

② 选择倒斜角区域。单击“几何体”区域的“指定壁”按钮，弹出“壁几何体”对话框，然后在图形区选择轴承座中间台阶孔的倒角面（图 3.2.50），单击确定返回。

③ 设置倒角参数。按图 3.2.49 所示设置“部件余量”和“Z 向深度偏置”。

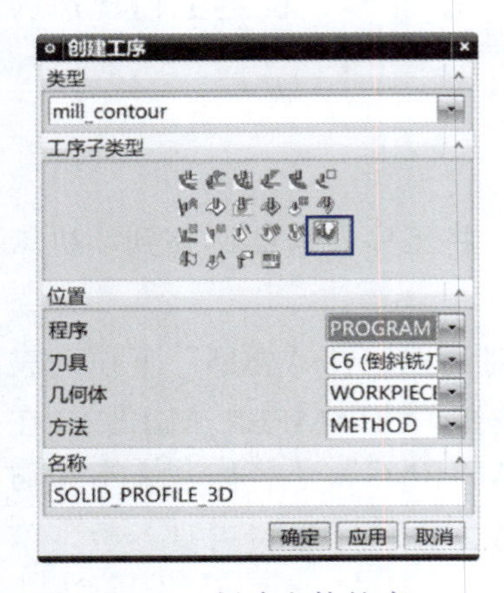

图 3.2.48　创建实体轮廓 3D

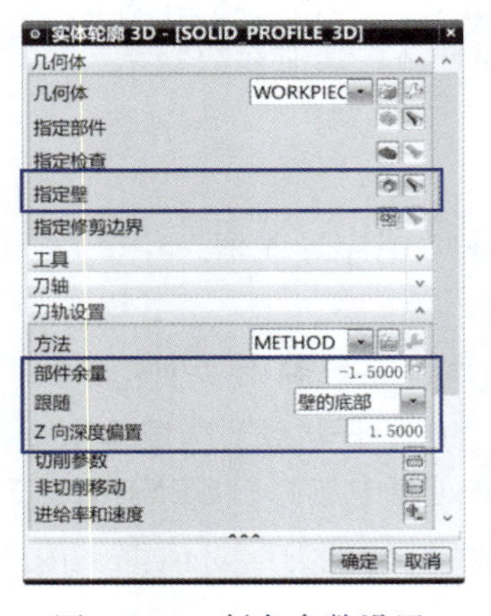

图 3.2.49　斜角参数设置

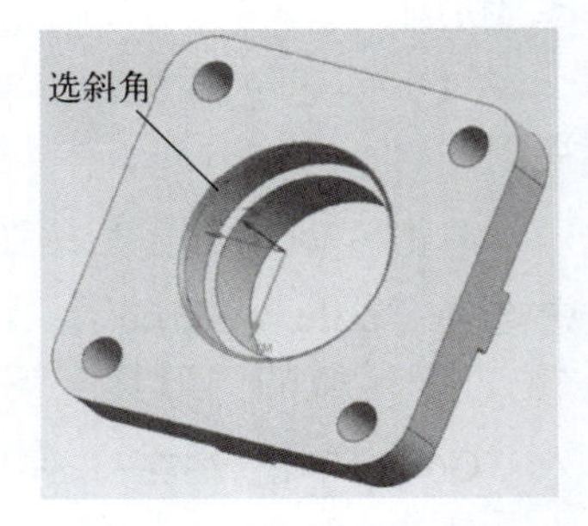

图 3.2.50　选倒角面

④ 设置主轴速度和进给率。单击“进给率和速度”按钮，设定主轴转速为5000r/min，进给率为1500mm/min，其他参数默认。

⑤ 生成刀轨与仿真加工。单击“生成”按钮，生成倒角刀路；单击“确认”按钮，在“导轨可视化”界面进行仿真加工，如图3.2.51所示。单击确定完成倒角工序。

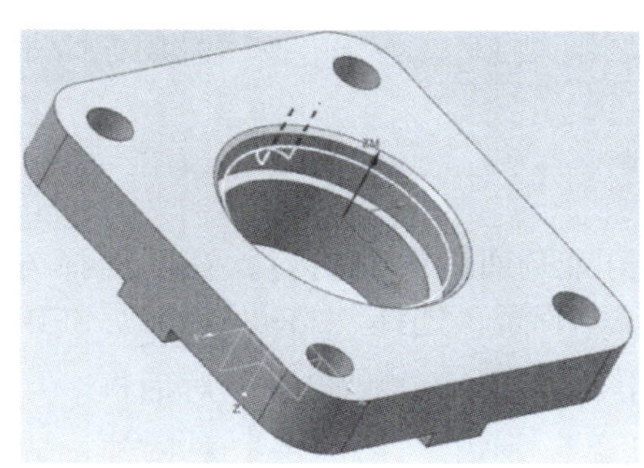
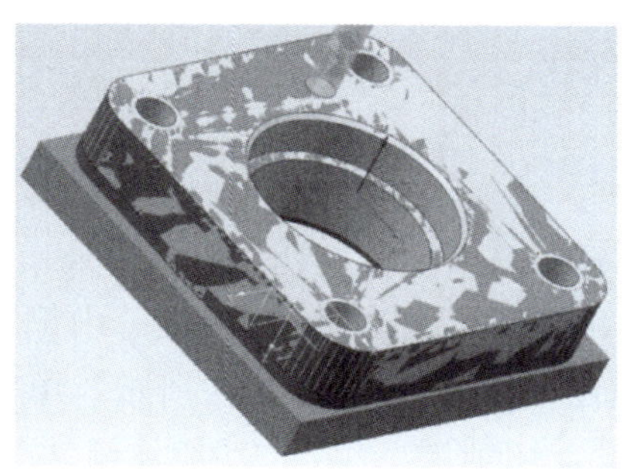

图3.2.51　倒角刀轨与仿真结果

轴承座正面铣削

二、轴承座正面铣削工序设计

轴承座正面的加工内容为任务书中轴承座机械加工工艺过程卡的二夹工序，所用刀具参照表2.4.5，工步内容参照表2.4.7。二夹工序的几何体与一夹相同，为简化编程，可以复制一夹的加工坐标系、加工部件和加工工序，再根据实际需要修改和删除。

1. 修改坐标系与安全平面

（1）删除多余工序。在“工序导航器”的“几何视图”界面，右击反面坐标系+“MCS_MILL”，在弹出的快捷菜单（图3.2.52）中选择“复制”，再右击+“MCS_MILL”，在快捷菜单（图3.2.52）中选择“粘贴”，在“MCS_MILL”下出现“MCS_MILL_COPY”，如图3.2.53所示。按住Ctrl键，逐一选择“PLANAR_MILL_COPY”（铣顶面）、“CAVITY_MILL_COPY”（台阶孔粗铣）、“ZLEVEL_PROFILE_COPY_COPY”（外轮廓精铣）、“SPOT_DRILLING_COPY”（定心钻）、“DRILLING_COPY”（钻孔），再用右键快捷菜单中的“删除”选项将其删除。

（2）设置工件坐标系。双击“MCS_MILL_COPY”，弹出“MCS铣削”对话框，通过“指定MCS”按钮将正面圆心设为坐标原点，如图3.2.54所示。

（3）设置安全平面。在“安全设置”选项下拉列表中选择“平面”，单击“指定平面”按钮，在图形区选择圆台顶面，在“偏置”区域的“距离”文本框中输入“10”，如图3.2.54所示。单击确定，退出“MCS铣削”对话框，完成坐标系设定。

2. 粗铣十字台和圆台轮廓

（1）选择切削区域。双击“工序导航器”中的“CAVITY_MILL_1_COPY”（复制的反面粗铣外轮廓工序），弹出“型腔铣”对话框。单击“几何体”区域的“指定修剪边

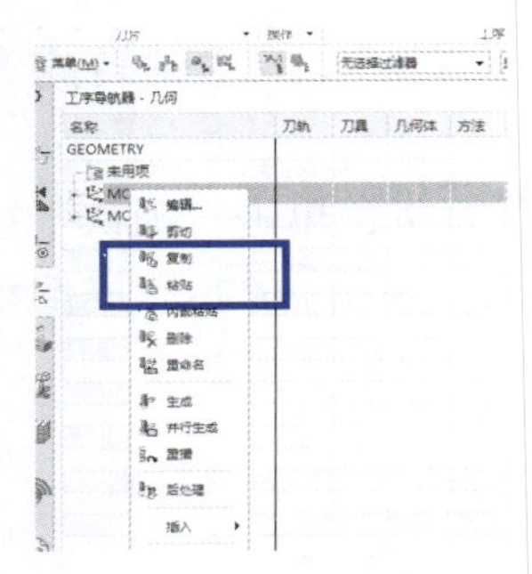

图 3.2.52　坐标系快捷菜单

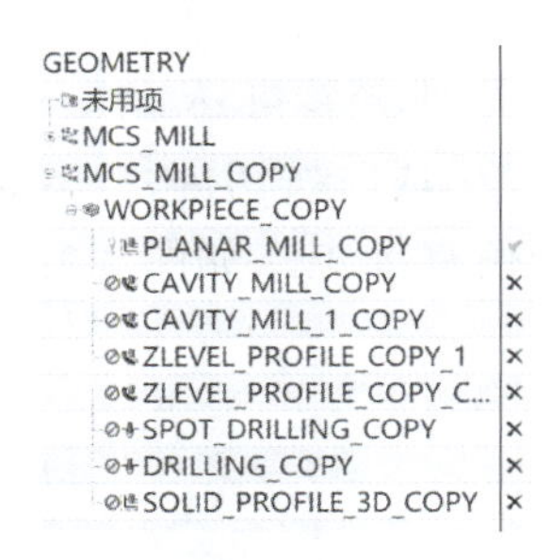

图 3.2.53　复制坐标系

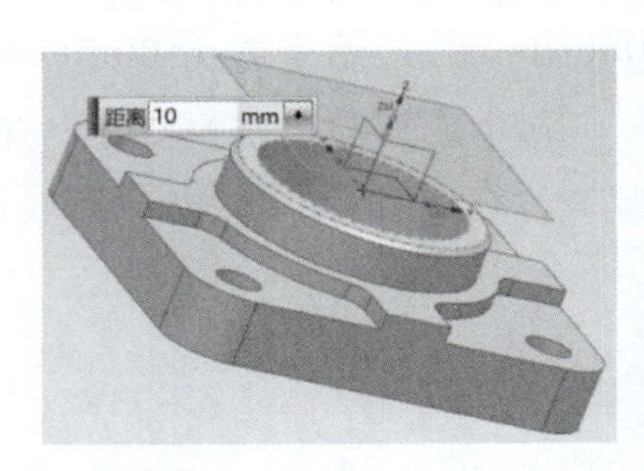

图 3.2.54　正面坐标系与安全平面

界”按钮，弹出“修剪边界”对话框，删除原列表中的内容，在“选择方法”下拉列表中选择“曲线”，“修剪侧”选“内侧”，“平面”选择“自动”，然后在绘图区单击中间圆台面倒角线，如图 3.2.55 所示。单击 确定 返回“型腔铣”对话框。

（2）设置切削层。单击“切削层”按钮，弹出“切削层”对话框。先删除列表中的所有内容，再单击“添加新集”按钮。单击“范围 1 的顶部”区域的“选择对象”，然后在图形区单击轴承座正面圆台的顶面；单击“范围定义”区域的“选择对象”，在图形区单击轴承座十字台的底面；“每刀切削深度”文本框中输入“5”，如图 3.2.56 所示。单击 确定 返回“型腔铣”对话框。

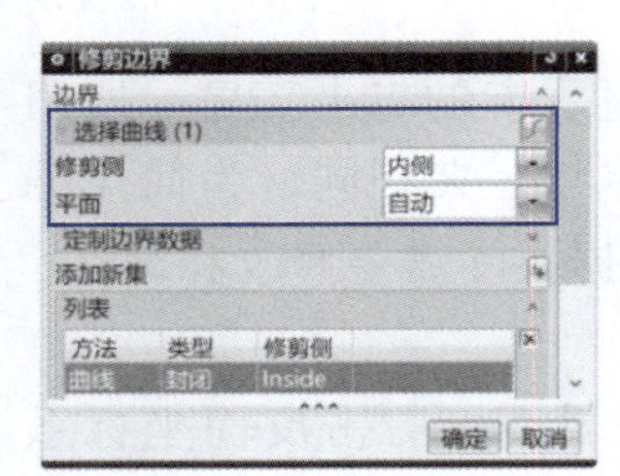

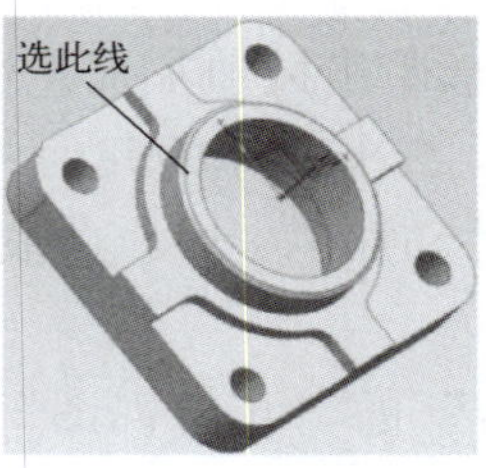

图 3.2.55　修剪边界选择

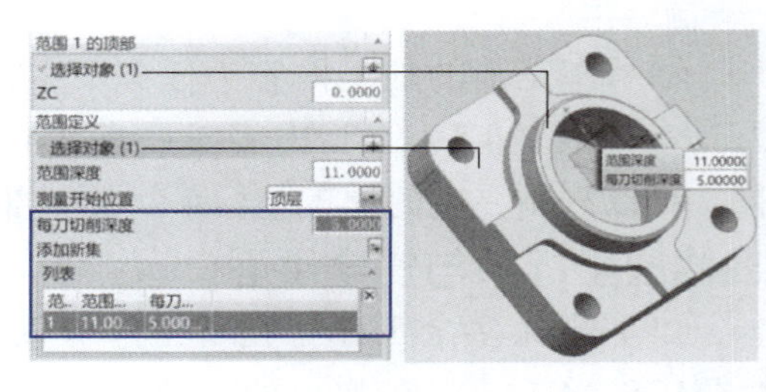

图 3.2.56　切削层设置

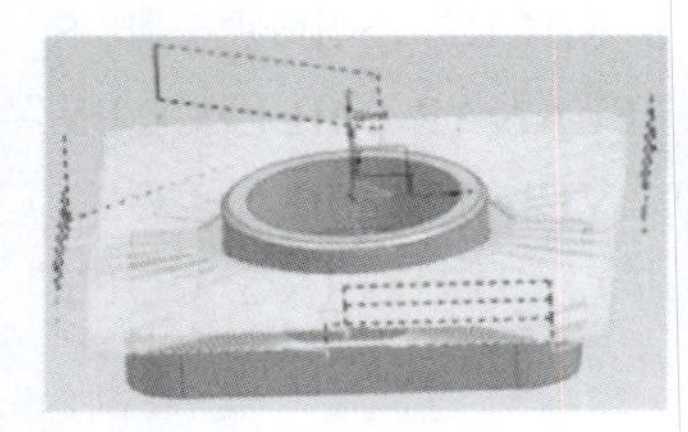

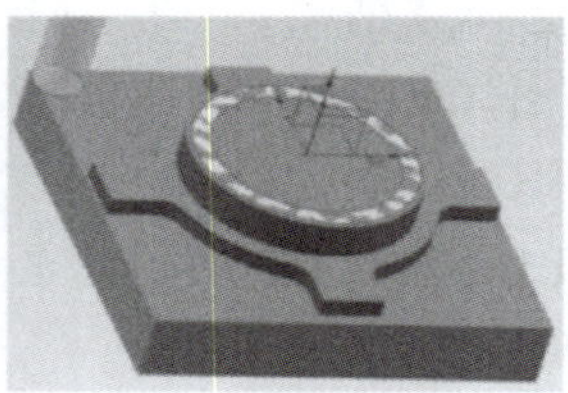

图 3.2.57　正面粗铣刀轨与仿真

（3）生成刀轨与仿真加工。单击“操作”区域的“生成”按钮，生成中间孔铣削刀路。单击“确认”按钮，弹出“刀轨可视化”对话框，单击“3D 动态”选项卡，调整好播放速度，单击“播放”按钮，加工结果如图 3.2.57 所示。

3. 精铣十字台和圆台平面

（1）创建底壁铣。单击“创建工序”按钮，在弹出的“创建工序”对话框的“类型”下拉列表中选择“mill_planar”，“工序子类型”中单击“底壁铣”按钮，“程序”下拉列表中选择“PROGRAM”，“刀具”下拉列表中选择“T1D12（铣刀）”，“几何体”下拉列表中选择“WORKPIECE”，“方法”下拉列表中选择“MILL_FINISH”，“名称”默认，如图 3.2.58 所示。单击 确定，弹出“底壁铣”对话框，如

图 3.2.59 所示。

（2）选择切削底面。单击“几何体”区域的“指定切削区底面”按钮，然后在图形区选择轴承座正面的圆台顶面、十字台顶面和底面，如图 3.2.60 所示。勾选“自动壁”复选框，使用指定壁几何体的按钮在图形区深色显示壁，检查需要避让的壁是否全部选中。

图 3.2.58　创建底壁铣

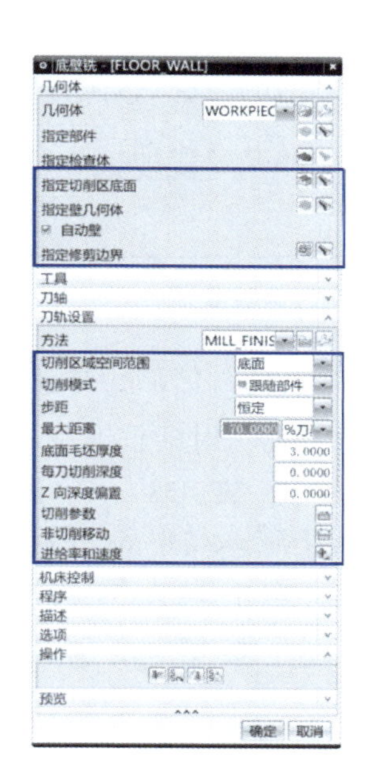

图 3.2.59　“底壁铣”对话框

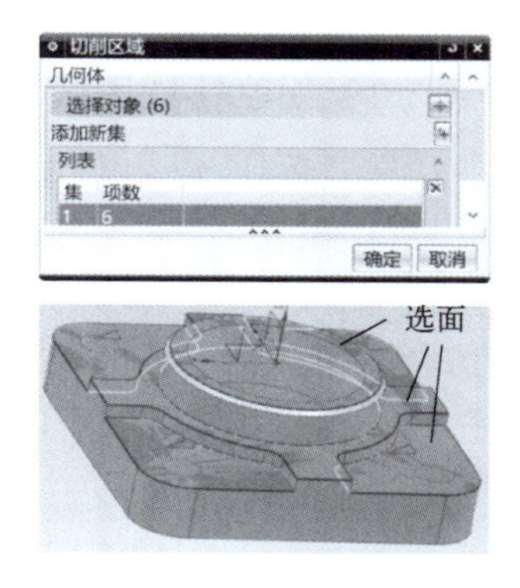

图 3.2.60　切削平面选择

（3）“切削模式”“步距”按图 3.2.59 所示设置。

（4）切削参数。单击“切削参数”按钮，单击“余量”选项卡，在“壁余量”文本框中输入“0.1”；单击“连接”选项卡，在“开放刀路”下拉列表中选择“变换切削方向”，“运动类型”选择“跟随”；单击“空间范围”选项卡，在“刀具延展量”文本框中输入“70”，在下拉列表中选择“% 刀具直径”，如图 3.2.61 所示，其他参数默认。单击 确定 返回“底壁铣”对话框。

（5）非切削参数使用默认设置。

（6）主轴速度和进给率。单击“进给率和速度”按钮，设定主轴转速为 5000r/min，进给率为 1500mm/min，其他参数默认。

（7）生成刀轨与仿真加工。单击“生成”按钮，生成底面精铣刀轨，如图 3.2.62 所示，单击“确认”按钮。单击 确定 完成精铣底面工序。

在“工序导航器”的“程序顺序”视图中，用鼠标左键将本工序拖至正面粗铣工序下方位置，如图 3.2.63 所示。

4. 精铣十字台和圆台侧壁

（1）设置切削区域。双击“工序导航器”中“ZLEVEL_PROFILE_COPY_1”（复制的台阶孔精铣工序），弹出“深度轮廓铣”对话框。单击“几何体”区域的“指定切削区域”按钮，在弹出的“切削区域”对话框中，删除列表内容，然后选择圆台外侧面和十字台阶的侧面，如图 3.2.64 所示。

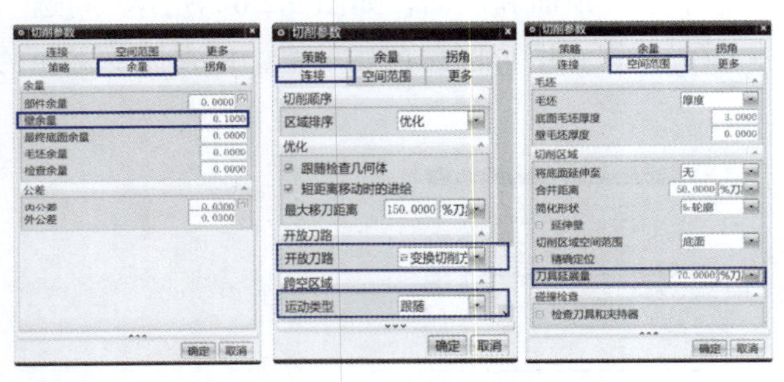

图 3.2.61　底面精铣参数设置

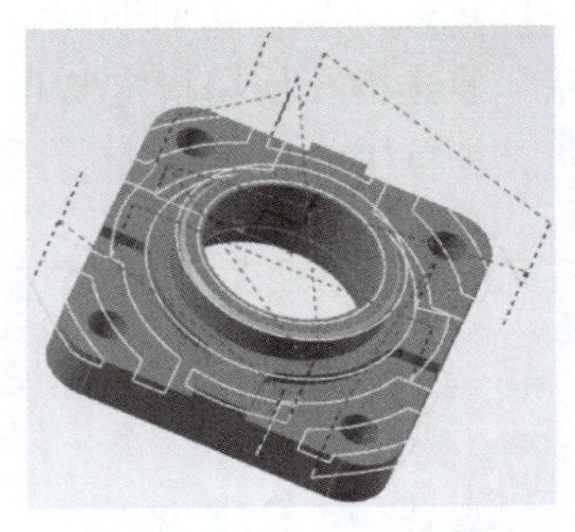

图 3.2.62　底面精铣刀轨

（2）创建精铣用铣刀。在“工具”区域，单击图 3.2.65 所示“刀具”右侧的“创建刀具”按钮，弹出“创建刀具”对话框，在“刀具子类型”区域单击“mill”按钮，在“名称”文本框中输入“T5D8”，单击确定，弹出“铣刀 -5 参数”对话框。在“(D) 直径”文本框中输入“8”，“刀具号”和“补偿寄存器”的文本框中均输入“5”。其他参数默认，单击确定完成刀具创建。如果刀具参数有误，单击“刀具”右侧的“编辑 / 显示”按钮，弹出“铣刀参数”对话框，修改刀具参数。

NC_PROGRAM
未用项
PROGRAM
PLANAR_MILL
CAVITY_MILL
CAVITY_MILL_1
ZLEVEL_PROFILE
ZLEVEL_PROFILE_COPY
SPOT_DRILLING
DRILLING
SOLID_PROFILE_3D
CAVITY_MILL_1_COPY
FLOOR_WALL
ZLEVEL_PROFILE_COPY_1
SOLID_PROFILE_3D_COPY

图 3.2.63　工序顺序

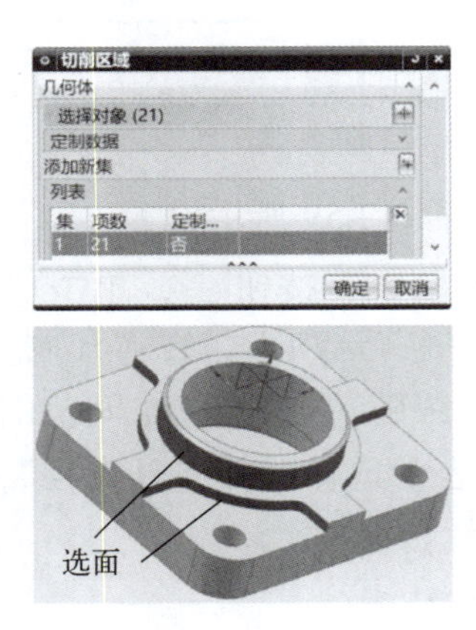

图 3.2.64　选择侧面精铣

图 3.2.65　新建与修改刀具

（3）修改切削层。在“刀轨设置”区域，单击“切削层”按钮，弹出“切削层”对话框，如图 3.2.66 所示。在“列表”区域，选中所有项，单击按钮将其删去。单击在“范围 1 的顶部”区域的“选择对象”，然后在图形区选择圆台顶面；单击“范围定义”区域的“选择对象”，然后在图形区选择十字台顶面，在“范围深度”文本框中输入“8”。单击“添加新集”按钮，然后单击“范围定义”区域的“选择对象”，在图形区选择十字台底平面，“每刀切削深度”文本框输入“0”。单击确定返回“深度轮廓铣”对话框。

（4）生成刀轨与仿真加工，见图 3.2.67。

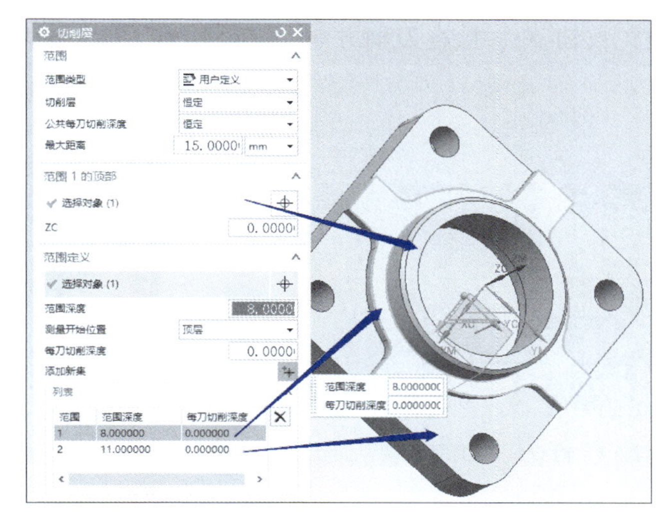

图 3.2.66　修改切削层

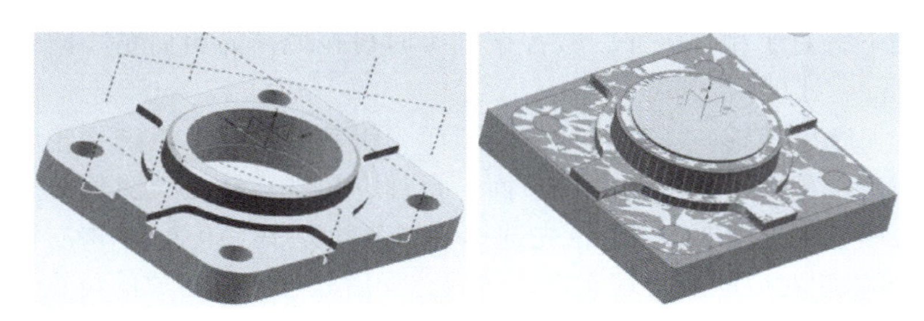

图 3.2.67　侧壁精铣刀轨与仿真

5. 倒角

（1）设置切削区域。双击“工序导航器”中“SOLID_PROFILE_3D_COPY”（复制的倒角工序），弹出“实体轮廓 3D”对话框。单击“几何体”区域的“指定壁”按钮，在弹出的“壁几何体”对话框中删除“列表”中的所有项，在图形区选择圆台倒角面，单击 确定 返回。

（2）生成刀轨并仿真，见图 3.2.68。

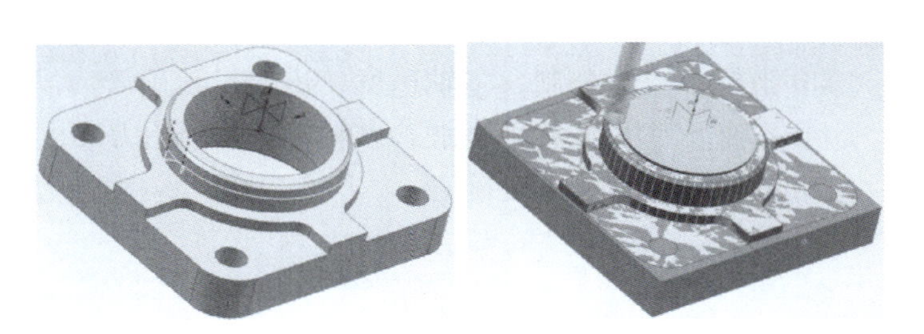

图 3.2.68　圆台倒角刀轨与仿真

三、轴承座工序检查与后处理

1. 工序检查

在“工序导航器”的“程序顺序视图”中，按住 Shift 键，用鼠标选择全部工序，如图 3.2.69 所示，单击鼠标右键，在弹出的快捷菜单中选择“刀轨”，在下一级菜单中选择“确认”，弹出“刀轨可视化”对话框，单击“3D 动态”选项卡，调整好播放速度，单击“播放”按钮▶，检查刀轴方向、安全平面、加工顺序和仿真结果（图 3.2.70）是否正确。

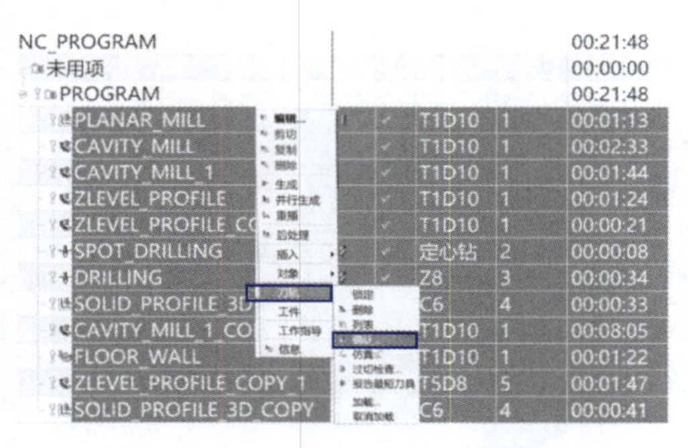

图 3.2.69　检查完整工序步骤

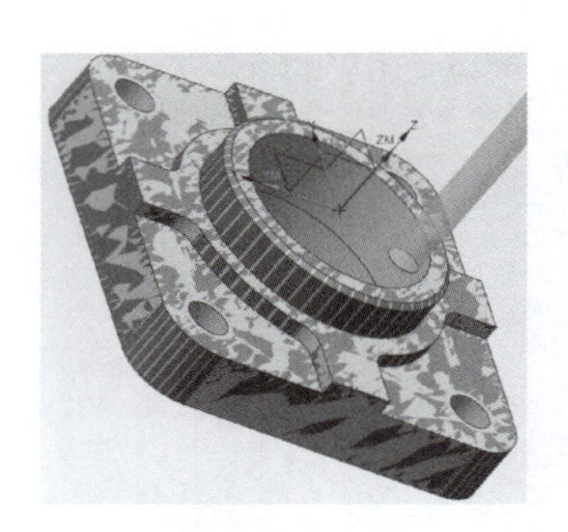
图 3.2.70　仿真结果

2. 后处理

按装夹要求分别对一夹工序、二夹工序进行后处理。为减少辅助时间，在保证加工质量的前提下，对于相邻工序，数控铣加工时可按照“先粗后精、同一把刀集中处理”的原则进行后处理。

（1）一夹工序后处理。一夹包括“铣顶面、粗铣台阶孔、粗铣外轮廓、精铣台阶孔、钻孔、倒角”程序，可分为“铣顶面、粗铣、精铣、钻孔、倒角”五个程序进行后处理。后处理过程见图 3.2.71，首先选择要加工的程序（组），单击右键选择“后处理”，选择与机床相对应的后处理文件，然后选择后处理文件所放的位置，最后对生成的程序检查 G 代码。

（2）二夹工序后处理。二夹包括“粗铣台阶面、精铣台阶壁、精铣台阶顶面与底面、倒角”程序，可分为“粗铣、精铣、倒角”三个程序进行后处理，方法同一夹。

（3）检查 G 代码程序。检查内容主要有：

① 程序名符合对应的数控系统要求。

② 首行有坐标系选择代码，如 G54、G55 等。

③ 坐标单位为公制，主轴速度、进给量正确。

④ *Z* 轴下刀深度正确，加工结束时的 *Z* 轴抬刀高度合适等。

⑤ 程序结束行指令正确。

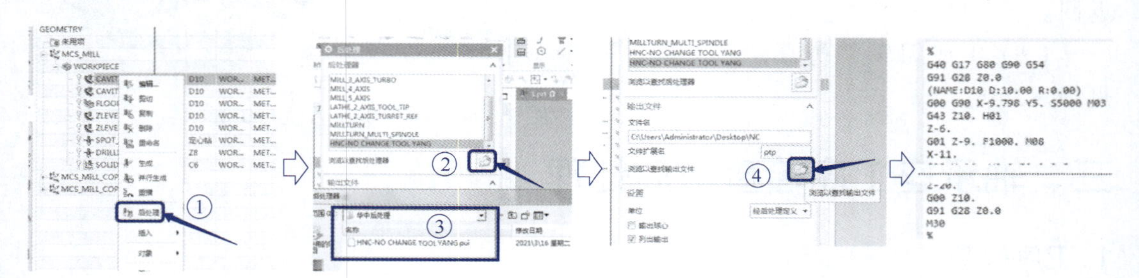

图 3.2.71　后处理过程

【实战演练】

依据图 2.4.4 所给轴承座 3 的零件图和程序卡，利用 UG NX12.0 软件编写轴承座 3 的铣削加工程序，并利用所给的后处理器文件生成 G 代码程序。

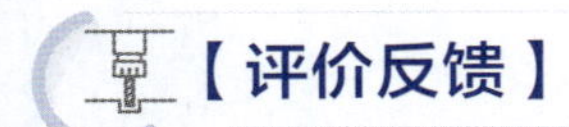

【评价反馈】

轴承座 3 数控铣削程序—评分表

班级：　　　　姓名：　　　　学号：

序号	评价项目	评价标准	配分	得分
1	几何体	坐标系和毛坯的设定是否正确	20	
2	工序类型	相对于加工部位，加工方法是否合理	20	
3	工步安排	是否层次分明、顺序合理，刀轨是否合理	20	
4	切削用量	背吃刀量、进给量、主轴转速设置是否合理	20	
5	工艺装备	各工步所用的刀具是否合理、恰当	10	
6	标准化	生成的 G 代码程序是否符合所用数控系统的标准	10	

轴承座的数控铣削加工

一、数控铣床基本操作

引导问题 1：华中数控铣床系统的控制面板有哪些功能？________________

____

相关技能点 

图 3.3.1 所示为华中 HNC-8A 系列 8.4 英寸（1in=25.4mm）彩色液晶显示器，由显示器、功能键、主菜单键和机床控制面板等组成。

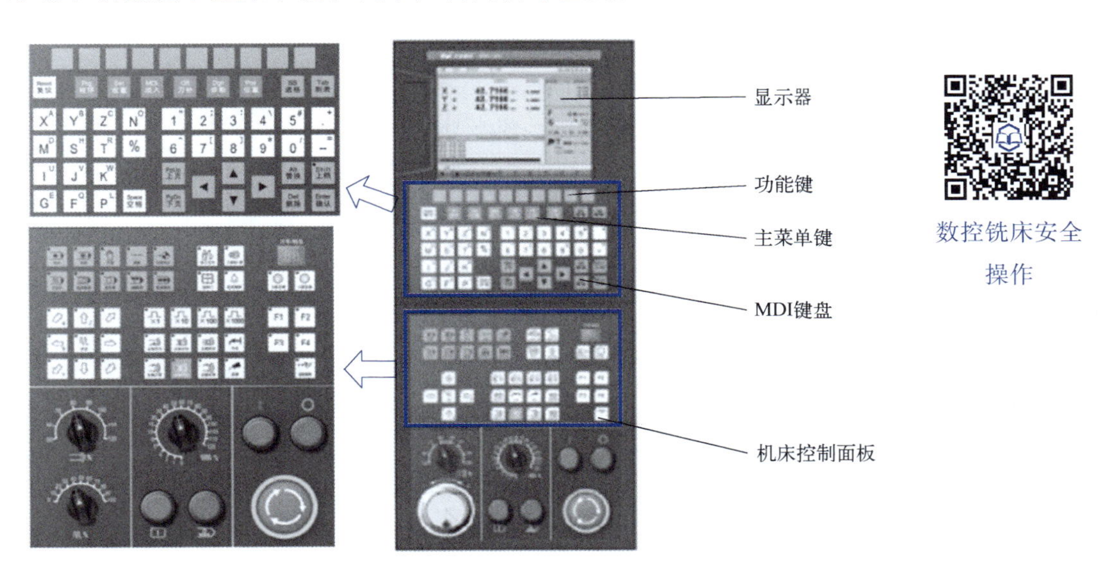

图 3.3.1　HNC-8A 车 / 铣通用控制面板

NC 键盘包括精简型 MDI 键盘、六个主菜单键（程序、设置、MDI、刀补、诊断、位置）和十个功能键，主要用于零件程序的编制、参数输入、MDI 及系统管理操作等。十个功能键与软件菜单的十个菜单按钮一一对应。

机床控制面板用于直接控制机床的动作或加工过程。

图 3.3.2 所示为 HNC-8A 数控铣床的手持单元——铣床手轮，由手摇脉冲发生器、坐标轴选择开关组成，用于手动方式设置坐标轴。

图 3.3.3 所示为 HNC-808/818 数控系统软件的操作界面，由 8 个区域组成。

控制面板（界面）上各键或各区域的功能详见机床操作说明书。本书仅列出部分主要功能。

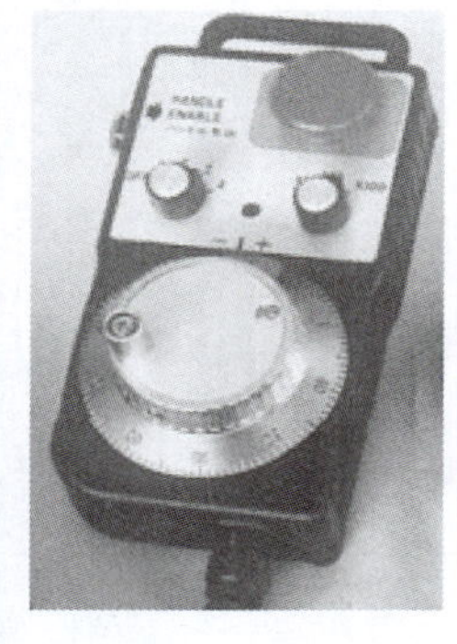

图 3.3.2　铣床手轮

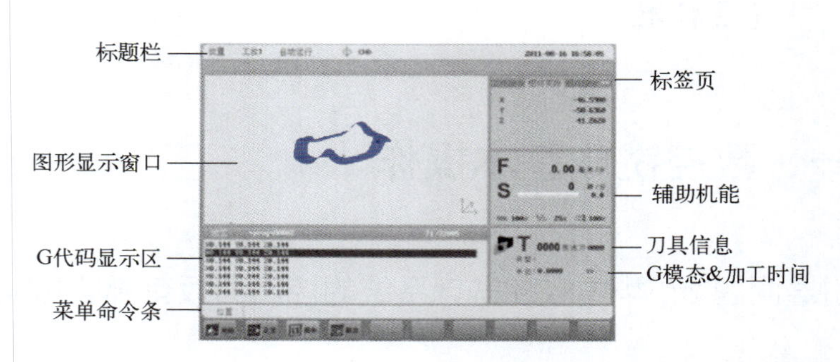

图 3.3.3　HNC-808/818 数控系统软件的操作界面

引导问题 2：数控铣床开机、关机有顺序要求吗？＿＿＿＿＿＿＿＿＿＿

＿＿＿＿＿＿＿＿＿＿＿＿＿＿＿＿＿＿＿＿＿＿＿＿＿＿＿＿＿＿

数控铣床手动操作 1

提示

参照数控车床的开机、关机顺序。

引导问题 3：数控铣床开机时需要回参考点吗？＿＿＿＿＿＿＿

＿＿＿＿＿＿＿＿＿＿＿＿＿＿＿＿＿＿＿＿＿＿＿＿＿＿＿

数控铣床手动操作 2

华中数控 8 型数控铣床开机后，所有轴应先回参考点，以建立机床坐标系。回参考点的方法与步骤参照数控车床。

装拆铣刀和钻头

引导问题 4：数控铣床如何手动移动刀架、手动输入程序？＿＿

＿＿＿＿＿＿＿＿＿＿＿＿＿＿＿＿＿＿＿＿＿＿＿＿＿＿＿

参照数控车床的基本操作。

二、数控铣床对刀操作

引导问题 5：工件在数控铣床上装夹后，通过什么方式来确定工件坐标系？

相关技能点 

通常，工件在铣床坐标系中的位置通过对刀确定，即确定工件坐标系和铣床坐标系之间的关系。

对刀点是工件在机床上定位装夹后，用于确定工件坐标系在机床坐标系中位置的基准点。一般来说，铣床对刀点应选择在工件坐标系的原点上，或至少与 X、Y 方向重合；Z 方向选在工件表面上方，以避免铣刀刃划伤工件表面。对刀点以刀位点为基准，常见立铣刀和端面铣刀的刀位点是刀具底面中心，钻头的刀位点是钻尖。

1. 对刀方法

数控铣床（加工中心）常用的对刀方法有试切法对刀、百分表或千分表对刀、寻边器对刀等，这几种对刀方法的原理一样。一般加工较高精度零件时，宜采用后两种方法。如果零件精度要求不高或无其他对刀用工具，常用试切法进行对刀。

数控铣床试切法对刀

2. 试切法对刀的操作步骤

试切法对刀时，铣刀需要分别对 X、Y、Z 轴对刀，确定对刀点的机床坐标值，并把值输入到相对应的零点偏置地址（G54 ～ G59）中；如果多把刀加工，其余的刀只需对 Z 轴对刀，测出长度补偿值并输入长度补偿地址中就可以了。

数控铣床对棒对刀

本书以华中数控系统 HNC-8 为例，以长方体工件上表面中心建立工件坐标系原点，三轴数控铣（加工中心）采用试切法对刀的步骤如下：

（1）X 轴原点设置。

① 按下软件的“设置”，光标移动到所要的零点偏置地址（本例中选择 G54），进入 G54 界面，按下“工件测量”后，再按下“中心测量”。

② 试切工件左侧面，按下“读测量值”，Z 向抬刀，移刀至工件的右侧试切，按下“读测量值”，再按下坐标设定，得出 X 轴中心。

（2）Y 轴原点设置与 X 轴原点设置方法相同。

（3）Z 轴原点设置。

① 试切工件表面。

② 按下“设置”键，光标移到 G54 界面的 Z 轴处，按下“当前位置”。

【任务实施】

数控铣床运行控制

一、加工准备

1. 开机

（1）启动铣床前检查机床的外观，润滑油箱的油位，清除机床上的灰尘和切屑。

（2）启动铣床后，在手动模式下检查各进给轴的运动是否顺畅，是否有异响情况。

（3）回铣床参考点。

直线进刀 - 动画

2. 安装工件与刀具

（1）工件装夹及找正。以方料毛坯两侧面在机用虎钳中定位并夹牢，毛坯伸出钳口高度不小于 16mm。

（2）刀具装夹。将 ϕ12mm 立铣刀在刀夹中装好，再将刀柄安装到铣床主轴后，用手转动 1 ～ 2 圈，检查刀具装夹是否牢固可靠。

3. 对刀

采用试切法对刀，注意所选用的坐标系必须与程序中一致。

螺旋下刀 - 动画

4. 程序输入与校验

建议用 U 盘或在线传输方式输入程序，首件加工时需通过刀路轨迹校验或空运行对程序进行校验。

沿形状斜下刀 - 动画

二、铣削加工

1. 数铣一夹工序

（1）铣削反面平面、粗铣台阶孔、外轮廓。ϕ12mm 立铣刀试切法对刀后，调用程序加工。

（2）精铣台阶孔、外轮廓。检测轮廓和台阶孔尺寸，若精铣余量有变化，需要在软件中重设余量生成新的加工程序；调用程序加工。

（3）定心钻。换 ϕ3mm 定心钻，使用钻夹头安装钻头，采用滚刀法对刀，设置钻头 Z 轴原点；调用程序加工。

（4）钻 4×ϕ8mm 孔。换 ϕ8mm 麻花钻，采用滚刀法对刀，设置钻头 Z 轴原点；调用程序加工。

（5）倒角。换 ϕ6mm 的 45°倒角刀，采用铣刀刀具装刀，采用滚刀法对刀，设置 Z 轴原点；调用程序加工。

2. 数铣二夹工序

（1）在机用虎钳中以轴承座已加工的反面平面、侧面找正并夹牢，工件伸出钳口高度不小于 12mm。装夹时必须保证轴承座的方位与一夹工序一致。

（2）粗铣正面外轮廓和平面。使用 ϕ12mm 立铣刀，试切法对刀，分别设置 X、Y、Z 轴原点；调用程序加工。

（3）精铣各平面。检测工件高度方向尺寸，通过设置 Z 轴原点或设置 Z 向磨损量调整高度方向精铣余量；调用程序加工。

（4）精铣十字凸台侧壁。换 ϕ8mm 立铣刀，采用滚刀法对刀，设置 Z 轴原点；检测侧壁尺寸，若精铣余量有变化，需要在软件中重设余量生成新的加工程序；调用程序加工。

（5）倒角。换 ϕ6mm 的 45°倒角刀，采用铣刀刀具装刀，采用滚刀法对刀，设置 Z 轴原点；调用程序加工。

【实战演练】

依据图 2.4.4 所示轴承座 3 的零件图和数控铣削程序，操控数控铣床加工出轴承座 3 零件。轴承座数控铣削加工——零件自检表如表 3.3.1 所示。

表 3.3.1　轴承座数控铣削加工——零件自检表

班级：		姓名：				学号：		
零件名称		传动轴					允许读数误差	± 0.007mm
序号	项目	尺寸要求 /mm	使用的量具	测量结果				项目判定
				No.1	No.2	No.3	平均值	
1	外径	$\phi 37^{+0.04}_{0}$	游标卡尺					合　否
2	外径	$78^{0}_{-0.03}$	游标卡尺					合　否
3	长度	$23^{+0.05}_{0}$	游标卡尺					合　否
结论（对上述三个测量尺寸进行评价）				合格品　　次品　　废品				
处理意见								

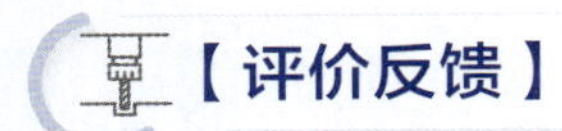

【评价反馈】

轴承座自检记录评分表

工件名称	轴承座 3				
班级：	姓名：	学号：			
序号	测量项目	配分	评分标准	自检与检测对比	得分
1	尺寸测量	3	每错一处扣 0.5 分，扣完为止	□正确 错误__处	
2	项目判定	0.6	全部正确得分	□正确 □错误	
3	结论判定	0.6	判断正确得分	□正确 □错误	
4	处理意见	0.8	处理正确得分	□正确 □错误	
总配分数		5	合计得分		

轴承座 3 数控铣削加工——零件完整度评分表

班级： 姓名： 学号：

工件名称	轴承座 3			工件编号		
评价项目	考核内容	配分	评分标准	检测结果	得分	备注
轴承座 3 加工特征完整度	4×ϕ8mm 通孔	2	每完成一处得 0.5 分	□完成 □未完成		
	4×ϕ12mm 沉孔	2	每完成一处得 0.5 分	□完成 □未完成		
	*C*1mm 倒角	2	未完成不得分	□完成 □未完成		
	12mm 凸台宽两处	2	每完成一处得 1.0 分	□完成 □未完成		
	凸台	2	未完成不得分	□完成 □未完成		
	小计	10				
总配分		10	总得分			

轴承座 3 数控铣削加工——零件评分表

班级：			姓名：			学号：				
工件名称		轴承座 3				工件编号				
检测评分记录（由检测员填写）										
序号	配分	尺寸类型	公称尺寸 /mm	上极限偏差 /mm	下极限偏差 /mm	上极限尺寸 /mm	下极限尺寸 /mm	实际尺寸 /mm	得分	评分标准
A—主要尺寸　共 46 分										
1	4	ϕ	42	0.39	0	42.39	42			超差全扣
2	5	ϕ	37	0.04	0	37.04	37			超差全扣
3	4	*L*	78	0	−0.03	78	77.97			超差全扣
4	4	*L*	74	0	−0.03	74	73.97			超差全扣
5	4	*L*	23	0.05	0	23.05	23			超差全扣
6	5	*L*	12	0.1	−0.1	12.1	11.9			超差全扣
7	2	*L*	60	0	−0.1	60	59.9			超差全扣
8	2	*L*	15	0.1	−0.1	15.1	14.9			超差全扣
9	2	*L*	12	0.1	−0.1	12.1	11.9			超差全扣
10	3	ϕ	80	0.1	−0.1	80.1	79.9			超差全扣
11	2	ϕ	12	0.1	−0.1	12.1	11.9			超差全扣
12	2	ϕ	8	0.1	−0.1	8.1	7.9			超差全扣
13	4	*L*	9	0.1	0	9.1	9			超差全扣
14	1	*C*	1	0.1	−0.1	1.1	0.9			超差全扣
15	1	*R*	4	0.2	−0.2	4.2	3.8			合格 / 不合格
16	1	*R*	10	0.5	−0.5	10.5	9.5			
B—形位公差　共 6 分										
17	6	垂直度	0.02	0	0.00	0.02	0.00			超差全扣
C—表面粗糙度　共 8 分										
18	3	表面质量	*Ra*1.6	0	0	1.6	0			超差全扣
19	3	表面质量	*Ra*1.6	0	0	1.6	0			超差全扣
20	2	表面质量	*Ra*3.2	0	0	3.2	0			超差全扣
总配分数			60	合计得分						
检查员签字：					教师签字：					

轴承座 3 数控铣削加工——素质评分表

<table>
<tr><td colspan="2">工件名称</td><td colspan="4">轴承座 3</td></tr>
<tr><td>序号</td><td>配分</td><td>考核内容与要求</td><td>完成情况</td><td>得分</td><td>评分标准</td></tr>
<tr><td colspan="6">职业素养与操作规范</td></tr>
<tr><td>1</td><td rowspan="3">2</td><td>按正确的顺序开关机床并做检查，关机时车床刀架停放正确的位置；1.0 分</td><td>□ 正确　□ 错误</td><td></td><td>完成并正确</td></tr>
<tr><td>2</td><td>检查与保养机床润滑系统；0.5 分</td><td>□ 完成　□ 未完成</td><td></td><td>完成并正确</td></tr>
<tr><td>3</td><td>正确操作机床及排除机床软故障（机床超程、程序传输、正确启动主轴等）；0.5 分</td><td>□ 正确　□ 错误</td><td></td><td>完成并正确</td></tr>
<tr><td>4</td><td rowspan="4">3</td><td>正确使用虎钳扳手、加力杆安装铣床工件；0.5 分</td><td>□ 正确　□ 错误</td><td></td><td>完成并正确</td></tr>
<tr><td>5</td><td>正确安装和校准平口钳等夹具；0.5 分</td><td>□ 正确　□ 错误</td><td></td><td>完成并正确</td></tr>
<tr><td>6</td><td>正确安装铣床刀具，刀具伸出长度合理，清洁刀具与主轴的接触面；1 分</td><td>□ 正确　□ 错误</td><td></td><td>完成并正确</td></tr>
<tr><td>7</td><td>正确使用量具、检具进行零件精度测量；1 分</td><td>□ 正确　□ 错误</td><td></td><td>完成并正确</td></tr>
<tr><td>8</td><td rowspan="4">5</td><td>按要求穿戴安全防护用品（工作服、防砸鞋、护目镜等）；1.0 分</td><td>□ 符合　□ 不符合</td><td></td><td>完成并正确</td></tr>
<tr><td>9</td><td>完成加工之后，及时清扫数控铣床及周边；1.5 分</td><td>□ 完成　□ 未完成</td><td></td><td>完成并正确</td></tr>
<tr><td>10</td><td>工具、量具、刀具按规定位置正确摆放；1.5 分</td><td>□ 完成　□ 未完成</td><td></td><td>完成并正确</td></tr>
<tr><td>11</td><td>完成加工之后，及时清除数控机床和计算机中自编程序及数据；1.0 分</td><td>□ 完成　□ 未完成</td><td></td><td>完成并正确</td></tr>
<tr><td colspan="2">配分数</td><td>10</td><td>小计得分</td><td></td><td></td></tr>
<tr><td colspan="6">安全生产与文明生产（此项为扣分，扣完 10 分为止）</td></tr>
<tr><td>1</td><td>扣分</td><td>机床加工过程中工件掉落；2.0 分</td><td>工件掉落__次</td><td></td><td>扣完 10 分为止</td></tr>
<tr><td>2</td><td>扣分</td><td>加工中不关闭安全门；1.0 分</td><td>未关安全门__次</td><td></td><td>扣完 10 分为止</td></tr>
<tr><td>3</td><td>扣分</td><td>刀具非正常损坏；每次 1.0 分</td><td>刀具损坏__把</td><td></td><td>扣完 10 分为止</td></tr>
<tr><td>4</td><td>扣分</td><td>发生轻微机床碰撞事故；6.0 分</td><td>碰撞事故__次</td><td></td><td>扣完 10 分为止</td></tr>
<tr><td>5</td><td>扣分</td><td>发生重大事故（人身和设备安全事故等）、严重违反工艺原则和情节严重的野蛮操作、违反车间规定等行为</td><td></td><td></td><td>立即退出加工，取消全部成绩</td></tr>
<tr><td colspan="4">小计扣分</td><td></td><td></td></tr>
<tr><td colspan="2">总配分数</td><td>10</td><td>合计得分</td><td></td><td>得分 - 扣分</td></tr>
</table>

传动轴三维建模

一、UG NX12.0 的旋转特征

引导问题 1：传动轴为回转类零件，其如何快速建模？________________

____

相关技能点

UG NX12.0 使用旋转特征可实现回转类零件的快速建模。旋转特征是将截面绕着一条中心轴线旋转，如图 3.4.1 所示。在“主页”窗口，单击“菜单”→“插入（S）”→“设计特征（E）”→“旋转（R）...”，如图 3.4.2 所示；或在“主页”窗口的功能选项卡中，单击“拉伸”→“旋转”  按钮，如图 3.4.3 所示。随后系统弹出“旋转”对话框，其主要按钮的功能如图 3.4.4 所示。单击“选择截面”按钮，在绘图区选择用于旋转的截面草图曲线或几何体边缘；或单击按钮进入草图界面创建新的截面草图，完成后退出草图界面。再通过“矢量”及“点设置”对话框设置好旋转轴方向、旋转角度及布尔运算方式，单击 确定 完成旋转特征的创建。

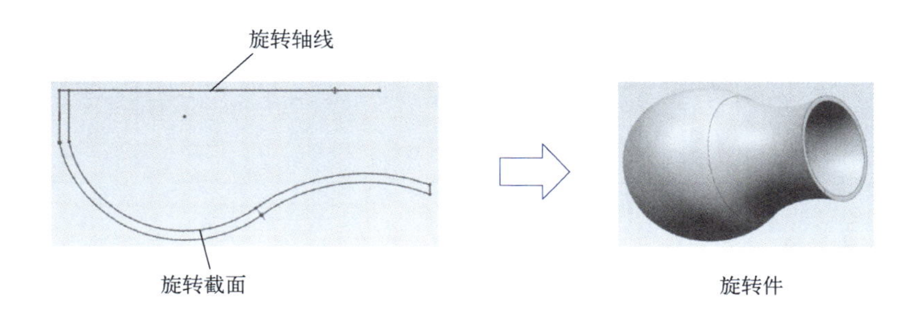

图 3.4.1　旋转件示意图

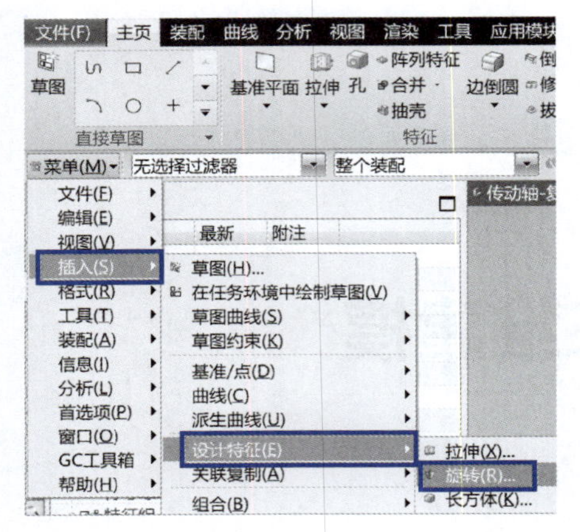

图 3.4.2 菜单方式“旋转”特征

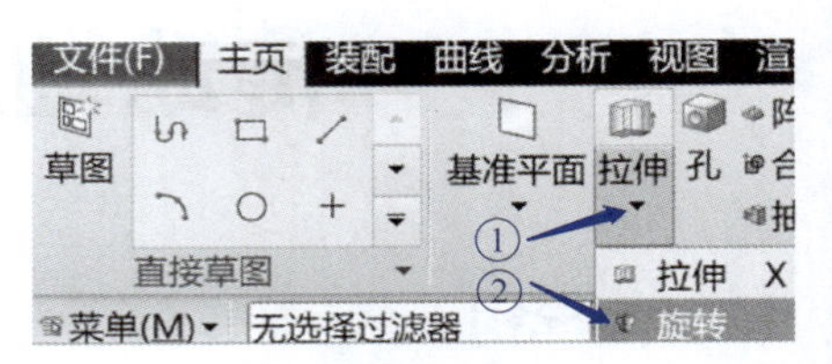

图 3.4.3 快捷按钮“旋转”特征

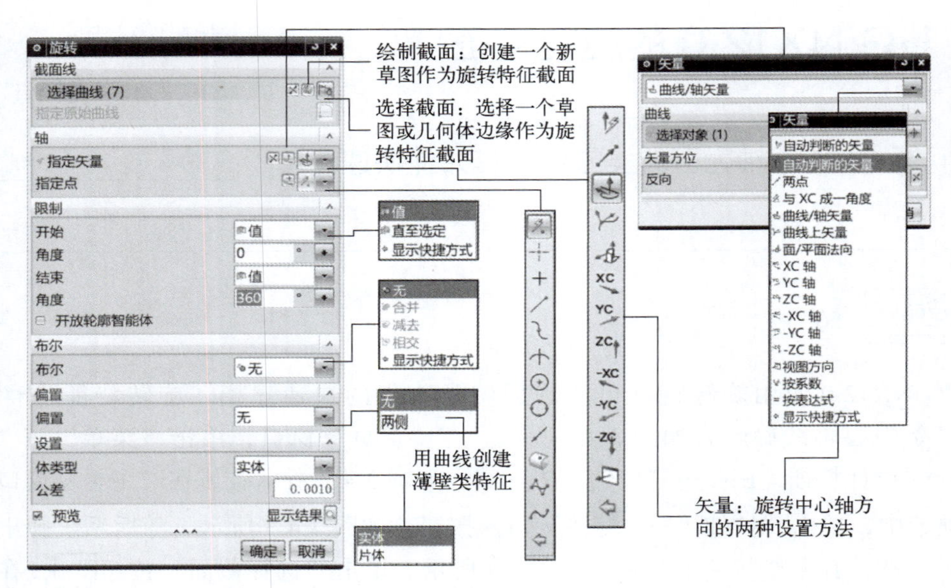

图 3.4.4 “旋转”对话框及主要按钮功能示意图

二、UG NX12.0 的螺纹特征

引导问题 2：传动轴零件一端有螺纹，UG NX12.0 中如何创建螺纹？_____

_____

UG NX12.0 中创建螺纹特征，一般需要先创建好螺纹坯体，如图 3.4.5 所示，然后在“主页”窗口，单击“菜单”→“插入（S）”→“设计特征（E）”→“螺

纹（T）..."，系统弹出“螺纹切削”对话框，如图 3.4.6 所示，选择一种螺纹类型，然后选择欲创建螺纹的表面、螺纹起始面，设置好螺纹参数，单击 确定 自动生成螺纹。

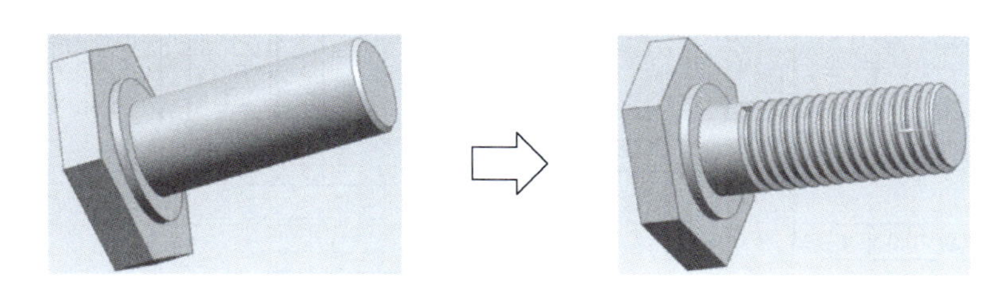

图 3.4.5　螺纹创建示意图

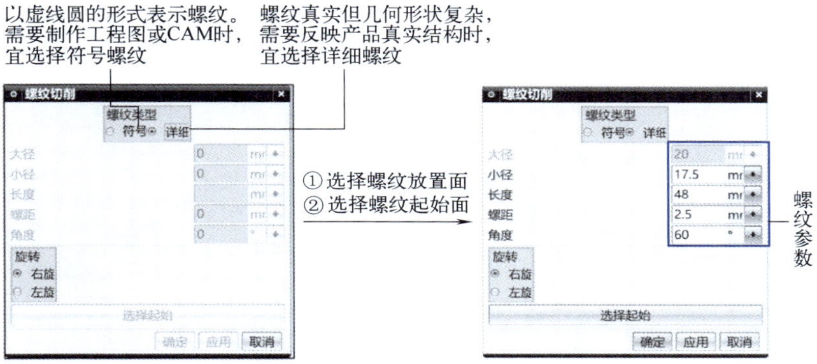

图 3.4.6　“螺纹”对话框

【任务实施】

一、绘制传动轴截面草图

传动轴是典型的回转体零件，外轮廓的实体模型可以由轴向截面绕轴线旋转而成。新建模型文件“传动轴”，在“主页”窗口的“功能”选项卡中，单击 按钮，系统弹出“旋转”对话框，单击 按钮，选择 *XOZ* 平面为草图平面，依据传动轴零件图绘制轴向外轮廓截面草图和旋转轴线，如图 3.4.7 所示。传动轴结构中的螺纹结构由孔和螺纹特征创建，无须绘制。

二、创建传动轴外轮廓旋转特征

在“旋转”对话框中，选择好旋转曲线和旋转轴，单击“确定”按钮，完成传动轴外轮廓建模，如图 3.4.8 所示。

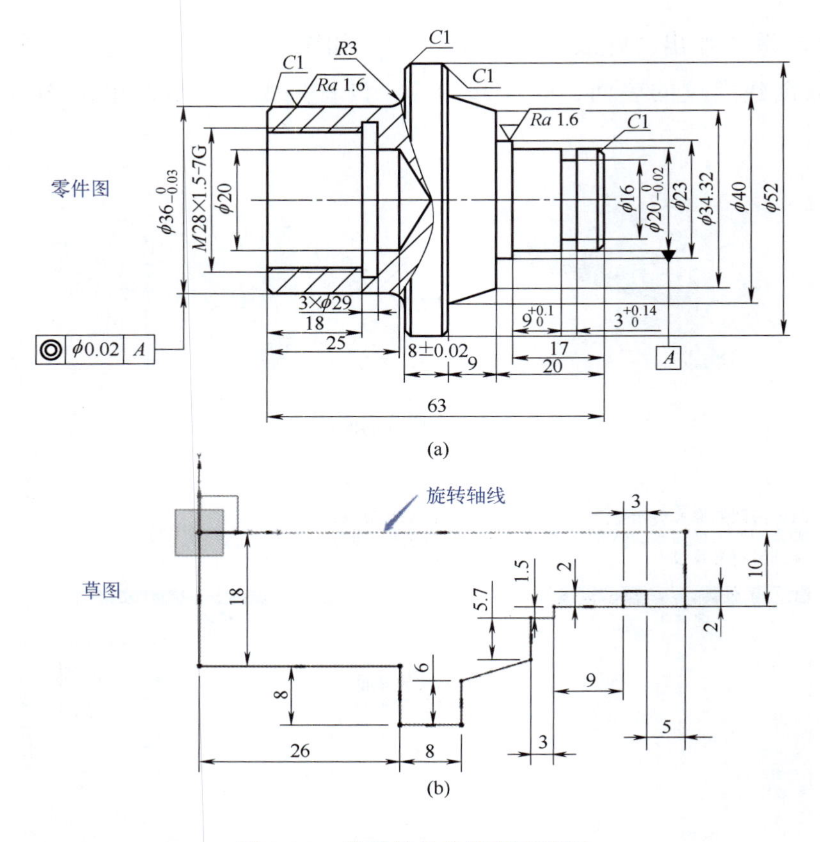

图 3.4.7　传动轴外轮廓截面草图

（a）传动轴 3 零件图；（b）草图

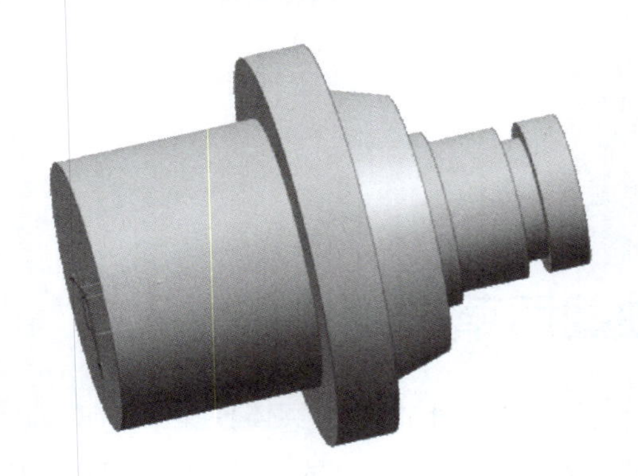

图 3.4.8　传动轴外轮廓

三、创建倒角特征

在“主页”窗口的“功能”选项卡中，单击“倒斜角”按钮，系统弹出“倒斜角”对话框，设置好倒角参数，依据传动轴零件图，对 4 处 $C1$mm 部位倒角，如图 3.4.9 所示。单击“边倒圆”按钮，按图 3.4.10 所示操作。

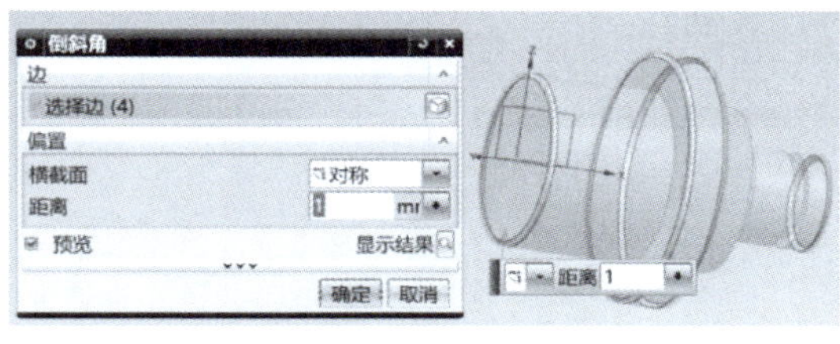

图 3.4.9　倒斜角操作

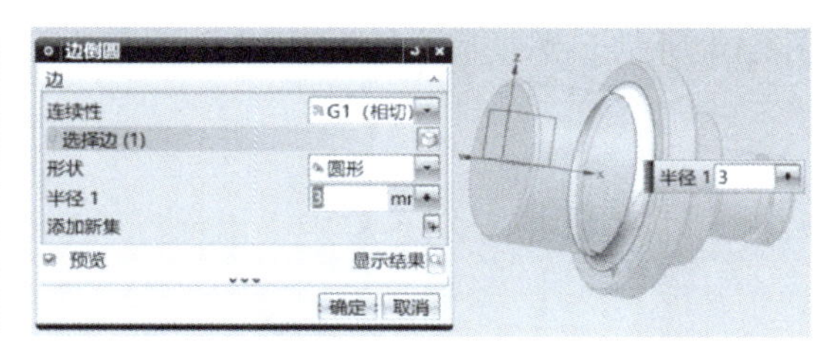

图 3.4.10　边倒圆操作

四、创建螺纹孔特征

1. 创建钻孔特征

在“主页”窗口的“功能”选项卡中，单击“孔”按钮，系统弹出“孔”对话框，如图 3.4.11 所示。

（1）选取孔类型。在“类型”下拉列表中选择“常规孔”。

（2）定义孔位。在“指定点”中单击，选择图 3.4.12 所示传动轴左侧端面圆心。

（3）参数及布尔运算设置。按图 3.4.11 所示设置。

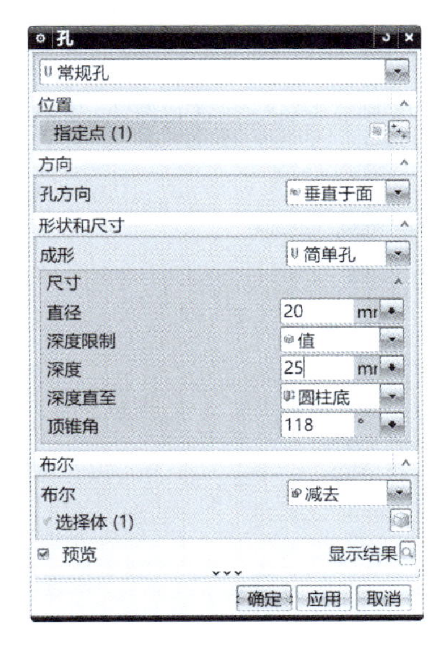

图 3.4.11　钻孔参数设置

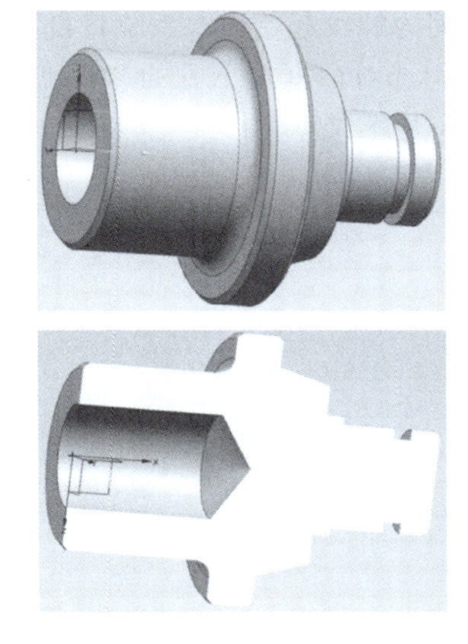

图 3.4.12　钻孔

2. 创建螺纹退刀槽及螺纹底孔

使用旋转功能创建。计算内螺纹小径尺寸 $D_{内}$：

$$D_{内}=28-1.5=26.5\ (\mathrm{mm})$$

单击“旋转”按钮，系统弹出“旋转”对话框，单击按钮，选择 XOZ 平面为草图平面，依据传动轴零件图计算绘制螺纹底孔与退刀槽尺寸，绘制截面草图和旋转轴线，完成草图创建，如图 3.4.13 所示。返回“旋转”对话框选择好旋转曲线和旋转轴，“布尔”选择“减去”，单击 确定 ，完成内螺纹底孔和螺纹退刀槽建模，如图

3.4.14 所示。螺纹底孔也可以采用钻沉头孔的方式创建。

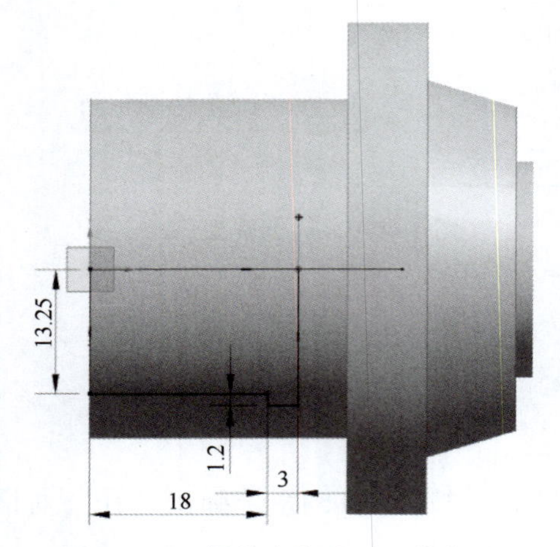

图 3.4.13　螺纹底孔及退刀槽草图

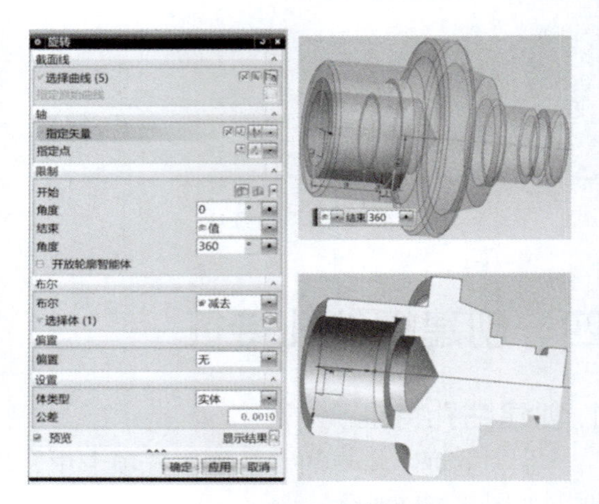

图 3.4.14　螺纹底孔旋转特征

3. 创建螺纹

单击“菜单”→“插入（S）”→“设计特征（E）”→“螺纹（T）...”，系统弹出“螺纹切削”对话框，螺纹类型选择“符号”，鼠标左键单选螺纹底孔圆柱面为螺纹放置面，左端面为螺纹起始面，系统将自动给出螺纹参数（图 3.4.15），若所给的参数不符合要求，勾选对话框左下方的“手工输入”，手工输入螺纹参数，最后单击“确定”，自动生成符号螺纹。

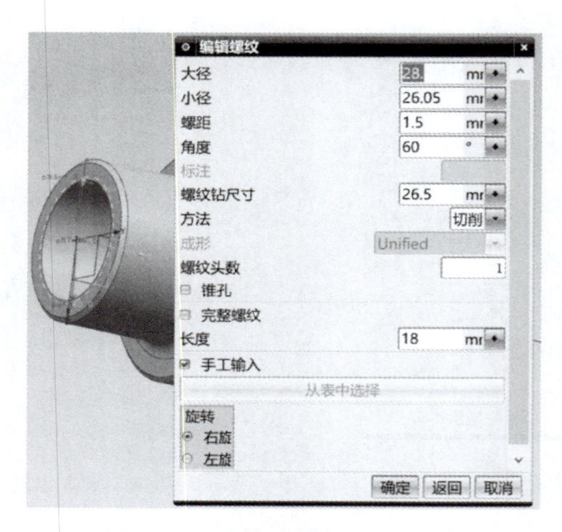

图 3.4.15　传动轴螺纹孔创建

【实战演练】

依据传动轴 3 的零件图（图 3.4.16），使用 UG NX12.0 创建传动轴 3 的数模。

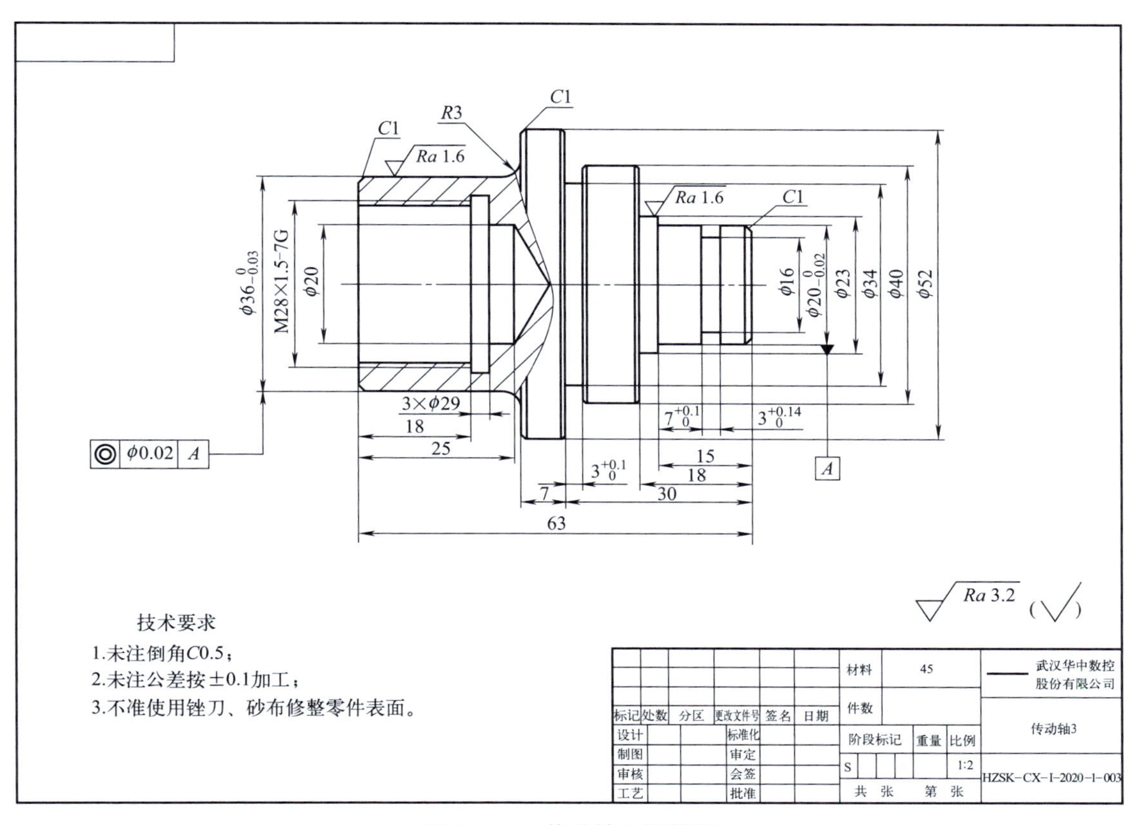

图 3.4.16　传动轴 3 零件图

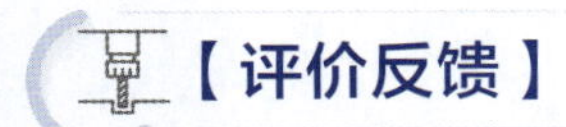

【评价反馈】

传动轴 3 建模评分表

班级：　　　　姓名：　　　　学号：

序号	评价项目	评价标准	配分	得分
1	结构完整性	能完整表达传动轴 3 零件的结构	60	
2	尺寸准确性	传动轴 3 零件各部分尺寸与零件图一致	20	
3	建模命令合理性	可行且高效的特征创建方法与步骤	20	

传动轴数控车削自动编程

一、UG NX12.0 车削模块

引导问题 1：如何在 UG NX 加工模块中进入车削加工模块？______________

____

相关技能点 

（1）进入加工环境。单击“应用模块”，在“加工”快捷键区域单击“加工”按钮，系统弹出“加工环境”对话框，如图 3.5.1 所示。

（2）选择车削模块。在“加工环境”对话框的“CAM 会话配置”中选择“cam_general”，在“要创建的 CAM 组装”中选择“turning”，单击 确定，进入车削环境。

引导问题 2：NX12.0 车削模块包含哪些车削加工子类型？______________

____

相关知识点 

选择“菜单”→“插入（S）”→“工序（E）”，如图 3.5.2 所示；或在加工模块“主页”窗口的“刀片”快捷键区域单击“创建工序”按钮，如图 3.5.3 所示。系统弹出“创建工序”对话框，有 21 种车削加工子类型供选择，图 3.5.4 中列出了主要车削子类型的功能说明。

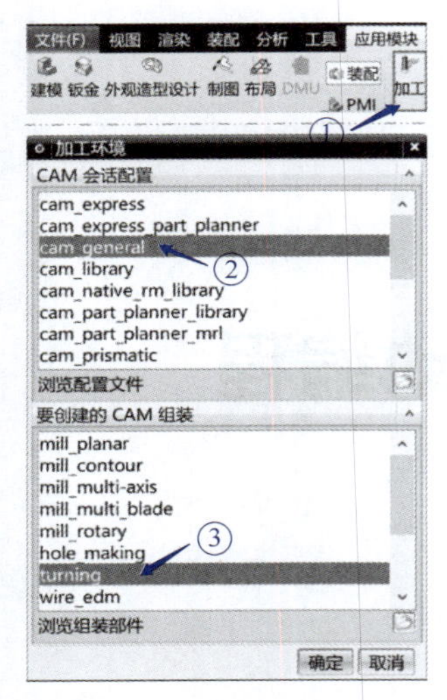

图 3.5.1 车削加工环境

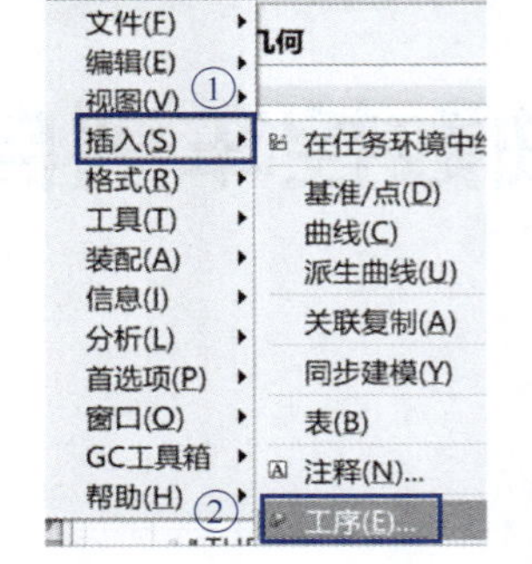

图 3.5.2 创建工序方法 1

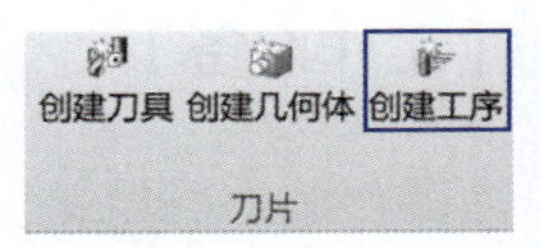

图 3.5.3 创建工序方法 2

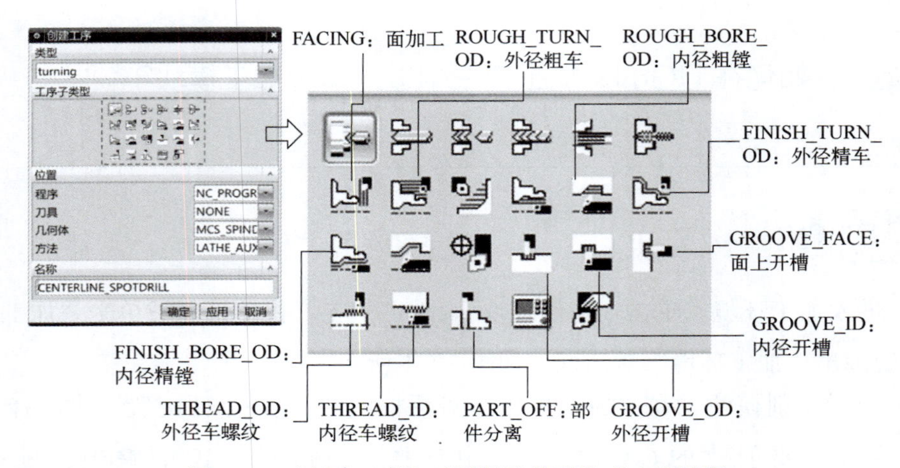

图 3.5.4 “创建工序”对话框及其子类型功能说明

二、车刀类型

引导问题 3：UG NX12.0 车削模块中，如何选用刀具？________________

____

相关知识点

选择“菜单”→“插入（S）”→“刀具（T）...”，或在“刀片”快捷键区域单击“创建刀具”按钮，系统弹出“创建刀具”对话框，有 20 种刀具子类型供选择，图 3.5.5 中列出了主要车刀类型的名称和刀片型号。

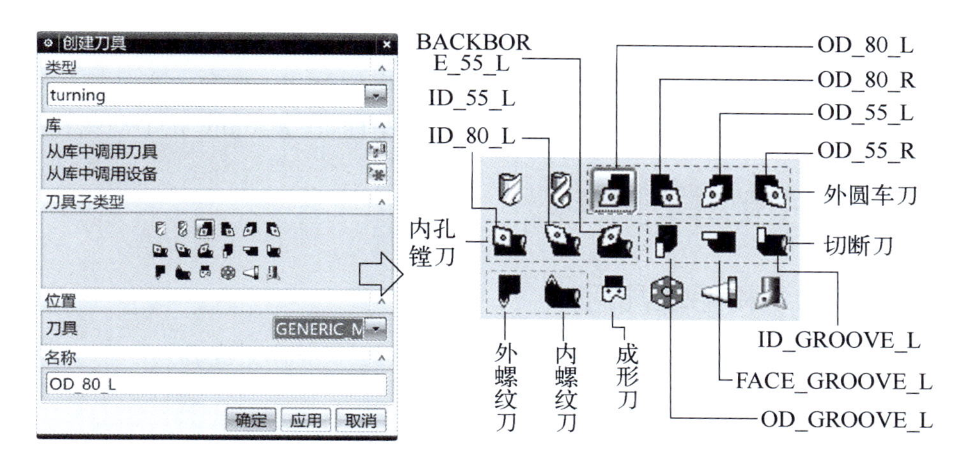

图 3.5.5 “创建刀具”对话框及车刀类型

三、UG NX12.0 车削加工流程

引导问题 4：UG NX12.0 车削自动编程一般有哪几个步骤？________________

____

自动编程前需要先打开或创建零件模型，进入车削加工环境，然后按以下步骤编程。

（1）创建几何体。包括创建机床坐标系、部件几何体、毛坯几何体。

（2）创建刀具。根据车削工艺需要，创建适合的刀具。

（3）指定车加工横截面。通过定义截面，从实体模型创建 2D 横截面曲线。这些截面可以在所有车削类型中创建边界。

（4）创建车削工序。根据加工需要创建一个或多个车削工序。通过设置切削区域、切削参数、非切削参数，生成合适的刀路轨迹，进行仿真加工。

（5）后处理。生成数控加工程序。

【任务实施】

依据传动轴机械加工工艺过程卡，以及模块二有关传动轴数控车削工艺分析，先粗车、精车传动轴左侧及 ϕ52mm 孔的内、外轮廓，再粗车、精车右侧端面、轮廓、沟槽。数控车削的工艺路线为：

传动轴左侧：车左端面→粗车左侧外圆→精车左侧外圆、倒角→车左侧螺纹底孔→车内槽→车内螺纹。

传动轴右侧：车右端面→粗车右侧外圆→精车右侧外圆、倒角→车外槽。

其中，左侧端面车削加工为手动操作车削，见平即可；ϕ20mm 孔手动钻孔完成。

一、传动轴左侧车削编程

（一）创建坐标系和毛坯几何体

打开传动轴模型文件，进入车削加工环境，按以下步骤完成其左半部分的车削工序设计。

1. 创建坐标系

（1）打开“MCS 主轴”对话框。单击“工序导航器”中“几何视图”选项按钮，在选项窗中双击“MCS_SPINDLE”（图 3.5.6），系统弹出“MCS 主轴”对话框，同时自动加载机床坐标系 XM-YM-ZM，如图 3.5.7 所示。

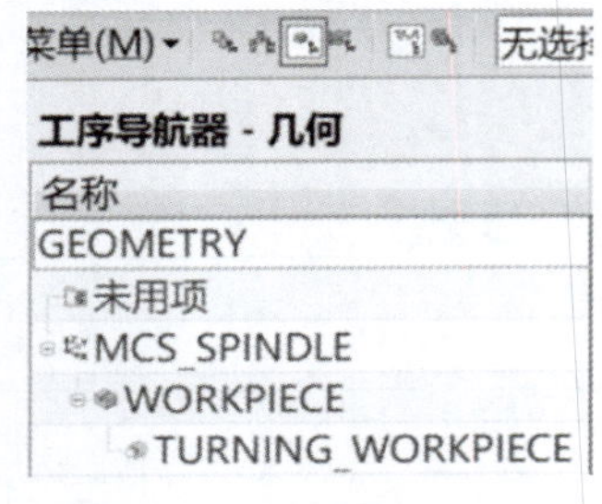

图 3.5.6 “几何视图”选项

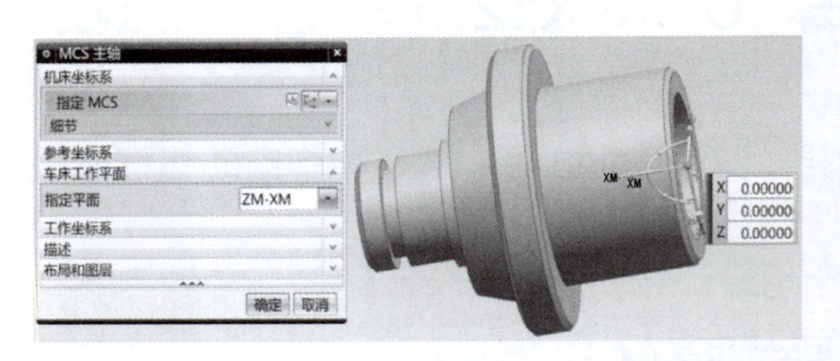

图 3.5.7 “MCS 主轴”及系统自动加载坐标系

（2）调整坐标系原点和方位。观察坐标系方位和原点，若无须调整，在“MCS 主轴”对话框中单击 确定 ，即完成坐标系设定。若坐标系不符合要求，则需要手动调整。

如图 3.5.7 所示，虽然坐标系原点符合要求，但 X 轴、Z 轴方位错误。可以通过旋转活动坐标系中间的手柄调整，也可以通过“MCS 主轴”对话框中“机床坐标系”选项中的或两个按钮设定，与的具体选项内容见图 3.5.8。采用对话框方式调整传动轴机床坐标系的过程如下：

① 选择坐标构建方式。单击“MCS 主轴”对话框中“机床坐标系”选项中按钮，在弹出的“坐标系”对话框中，单击“坐标系”选项右侧黑三角，选择“Z 轴，X 轴，原点”。

② 指定原点。单击“原点”选项“指定点”右侧打开“点”对话框，选择“圆弧中心 / 椭圆中心 / 球心”（或单击右侧黑三角，选择），如图 3.5.9 所示选择端面圆心为坐标原点。

③ 指定 Z 轴。在“Z 轴”选项单击打开“点”对话框，单击“选择对象”，然后用鼠标拾取螺纹孔外圆柱面（或内圆柱面），系统自动将其轴心线设置为 Z 轴，若方向错误，单击“反向”按钮修正，如图 3.5.10 所示。

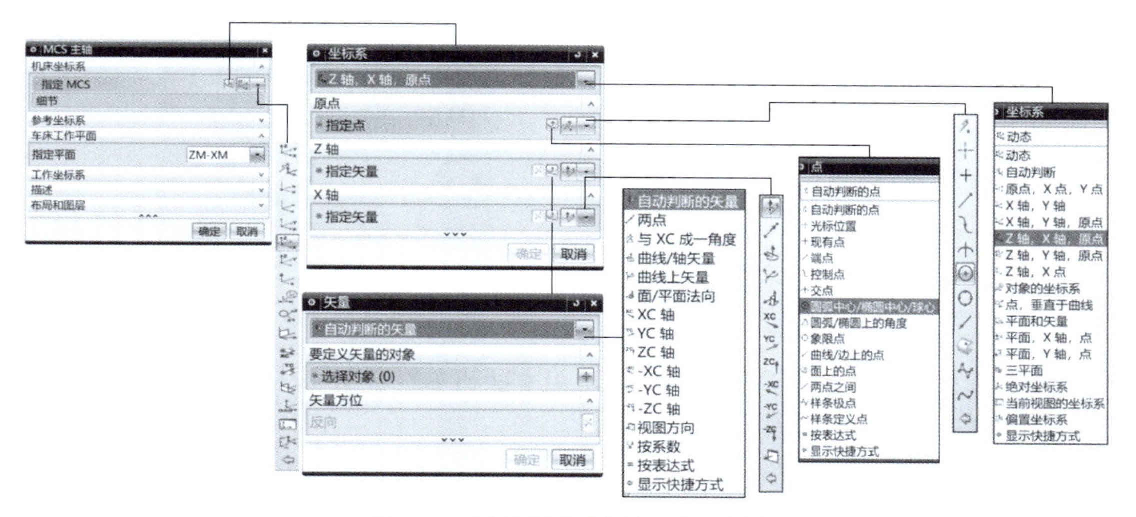

图 3.5.8　机床坐标系设置功能示意图

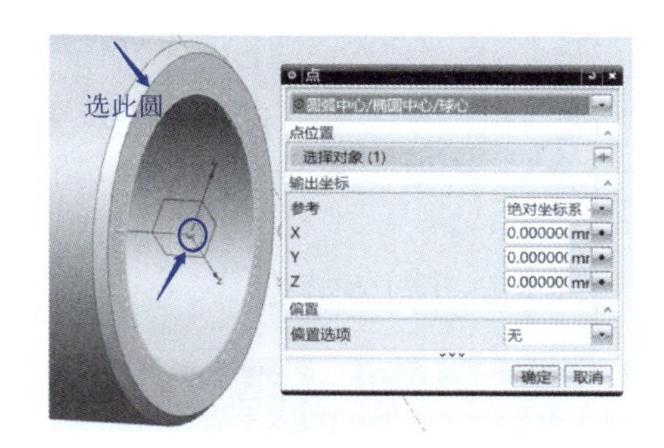

图 3.5.9　机床坐标系原点设置

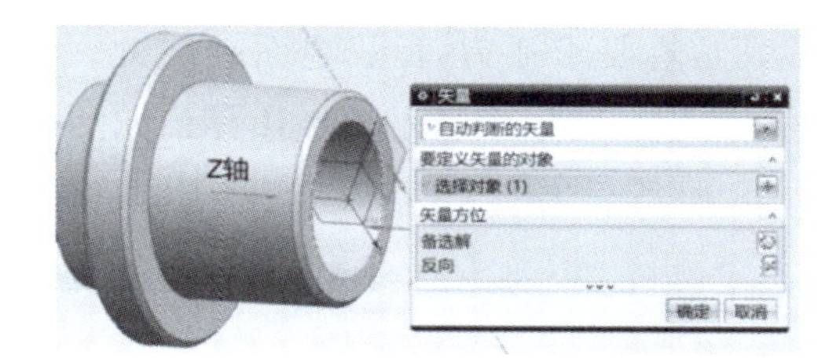

图 3.5.10　机床坐标系 Z 轴设置

④ 指定 X 轴。在“X 轴”选项单击[+]打开“点”对话框，选择“两点”，如图 3.5.11 所示。用鼠标拾取螺纹孔圆心点为出发点，拾取圆周一个象限点为目标点，构建 X 轴。

以上坐标系的设置，也可以通过各选项的下拉快捷按钮选项，根据系统提示设置。

图 3.5.11　X 轴设置

2. 创建部件几何体

（1）打开“工件”对话框。在“工序导航器”的“几何视图”中，双击选项窗中“WORKPIECE”，系统弹出“工件”对话框（图 3.5.12）。

（2）设置部件几何体。单击“指定部件”按钮，系统弹出“部件几何体”对话框（图 3.5.13），选取整个零件为部件几何体。依次单击“部件几何体”和“工件”对话框中的 确定 按钮，完成部件几何体的创建。

3. 创建毛坯几何体

（1）打开“车削工件”对话框。单击“WORKPIECE”左侧“+”展开下一级菜单，双击“TURNING WORKPIECE”，系统弹出“车削工件”对话框，如图 3.5.14 所示。

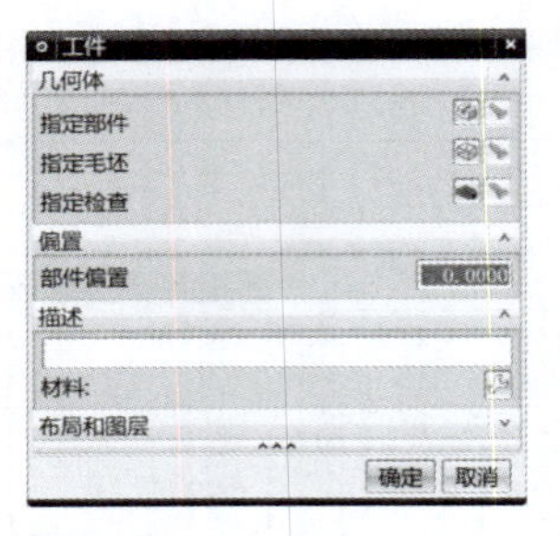

图 3.5.12　“工件”对话框

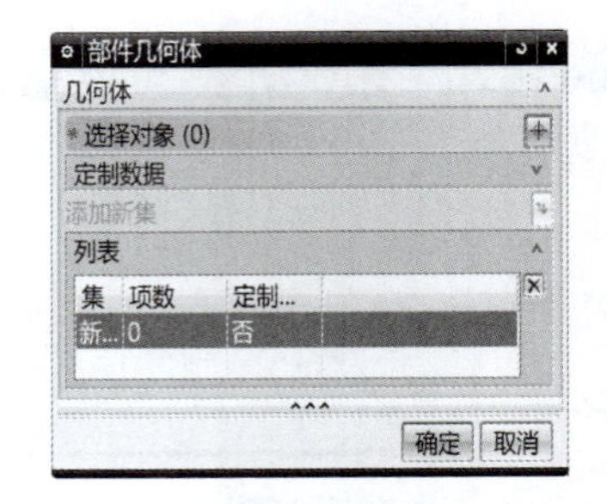

图 3.5.13　“部件几何体”对话框

（2）创建车削毛坯几何体。单击“指定毛坯边界”按钮，系统弹出“毛坯边界”对话框。按以下步骤创建毛坯。

① 在“类型”选项中选择“棒材”。

② 根据传动轴机械加工工序卡所给毛坯值“ϕ55mm × 65mm”，输入毛坯长度 65，直径 55。

③“安装位置”选择“远离主轴箱”。

④ 单击“指定点”右侧按钮，弹出“点”对话框，参考坐标选择“绝对坐标系”。工艺要求手动车平端面，因此，“X”输入“0”。其他参数见图 3.5.14。单击 确定 按钮，图形中显示毛坯边界，如图 3.5.15 所示。

⑤ 单击“车削工件”对话框中的 确定 按钮，完成毛坯几何体定义。

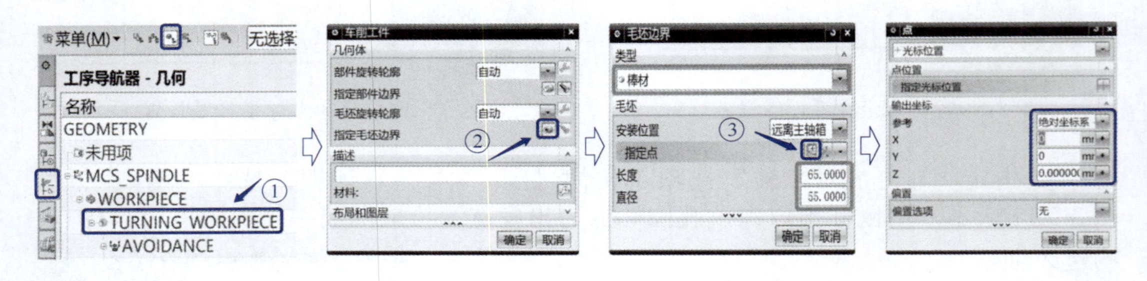

图 3.5.14　车削件毛坯边界及坐标系设置步骤

4. 创建避让几何体

（1）选择“避让”子类型。单击“刀片”功能区的“创建几何体”按钮，系统弹出“创建几何体”对话框，单击“AVOIDANCE”按钮，在“位置”选项中，选择“TURNING_WORKPIECE”几何体类型，“名称”默认，如图 3.5.16 所示。单击 确定 弹出“避让”对话框，如图 3.5.17 所示。

（2）设置车削起点。在“避让”对话框“运动到起点”区域，“运动类型”选择“直接”，单击“指定点”右侧按钮，打开“点”对话框，按图 3.5.17 设置参数。单击 确定 ，返回“避让”对话框。

（3）设置逼近点。在“避让”对话框“逼近（AP）”区域，“刀轨选项”选择“点”，“运动到逼近点”选择“径向→轴向”，单击“指定点”右侧按钮弹出“点”对话框，按图 3.5.17 设置参数，单击 确定 返回“避让”对话框。

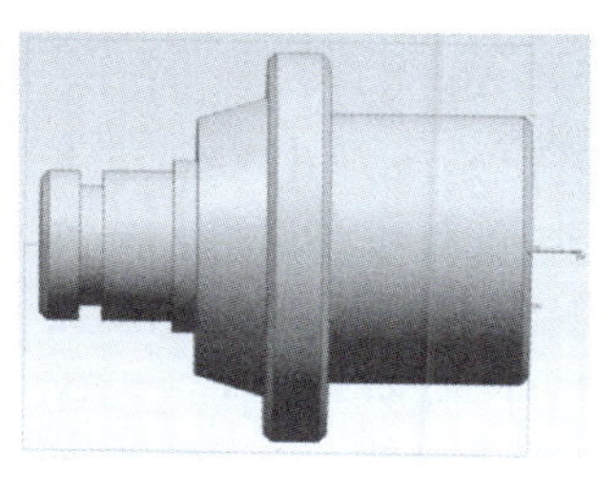
图 3.5.15　毛坯边界示意图

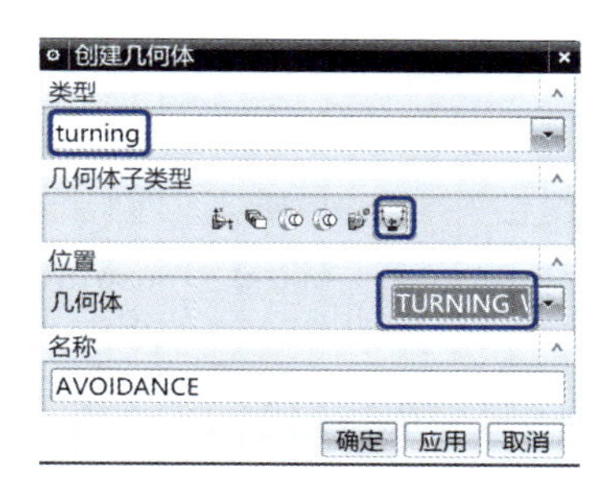

图 3.5.16　创建避让几何体

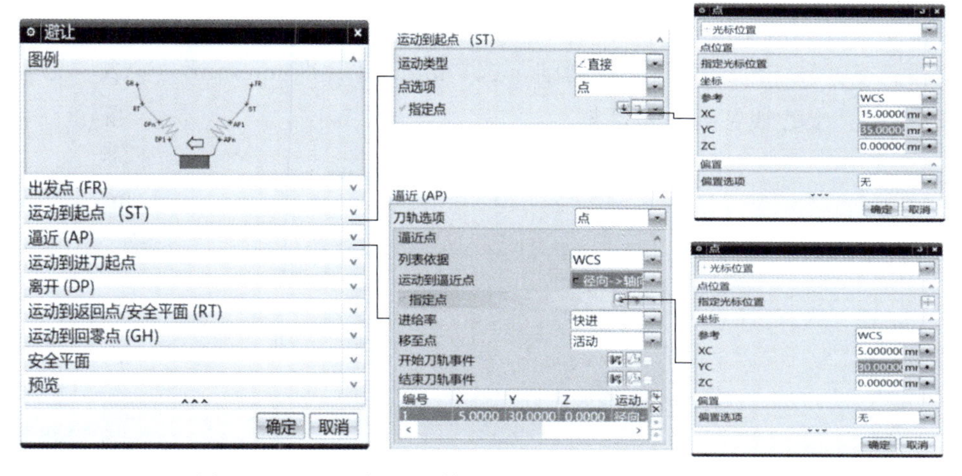

图 3.5.17　“避让”对话框及运动到起点、逼近点设置

（4）设置离开参数。在“避让”对话框“离开（DP）”区域，“刀轨选项”选择“无”。“运动到返回点 / 安全平面（RT）”区域，“运动类型”选择“径向→轴向”，“点选项”选择“与起点相同”，如图 3.5.18 所示。

（5）设置安全平面。在“避让”对话框“安全平面”区域，“径向限制选项”与“轴向限制选项”设置见图 3.5.19。

其他各区域参数默认，单击 确定 ，退出“创建几何体”对话框。

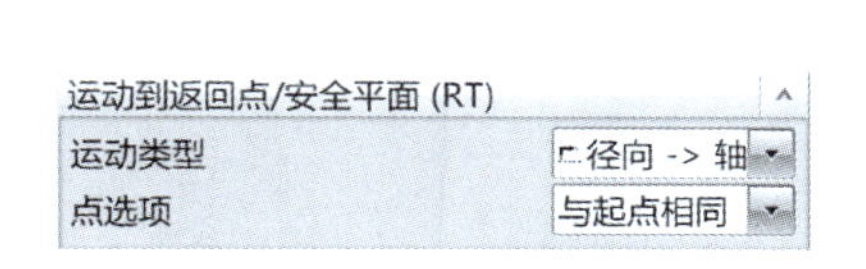

图 3.5.18　离开点设置

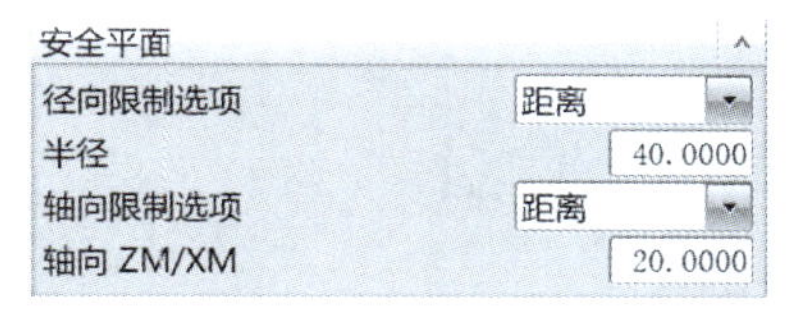

图 3.5.19　安全平面设置

（二）传动轴左侧钻孔

1. 创建麻花钻刀

单击“创建刀具”按钮，系统弹出“创建刀具”对话框，在“刀具子类型”中选择“麻花钻”。单击 确定 或 应用 按钮，弹出“钻刀”对话框。在“尺寸”区域

设置直径“20”。其他参数默认。单击 确定 完成钻头设置。

2. 创建钻孔工步

（1）设置钻孔参数。单击“创建工序”按钮，系统弹出“创建工序”对话框。在“类型”下拉列表中选择“turning”，“工序子类型”中单击（CENTERLINE_DRILLING，中心线钻孔），“程序”下拉列表中选择“PROGRAM”，“刀具”下拉列表中选择“DRILLING_TOOL”，“几何体”下拉列表中选择“TURNING_WORKPIECE”，“方法”下拉列表中选择“NONE”，“名称”默认。单击 确定 或 应用 ，弹出“中心线钻孔”对话框，依据图 3.5.20 所示，分别单击“循环类型”“起点和深度”“刀轨设置”右侧的按钮，设置钻孔参数。单击“进给率和速度”按钮，“主轴速度”的“输出模式”选“RPM”，即 r/min，勾选“进刀进轴速度”，输入“300”；“进给率”的“切削”选“mmpm”，即 mm/min，输入“15”。单击 确定 ，返回“中心线钻孔”对话框。

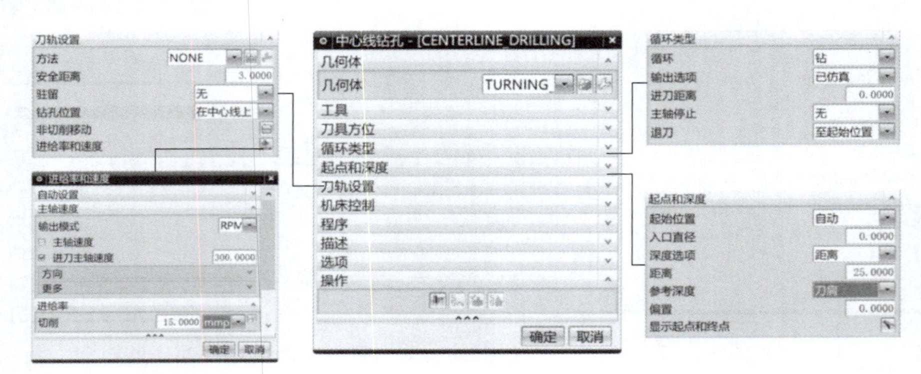

图 3.5.20　钻孔工步设置

（2）生成刀轨与仿真。在“操作”区域，单击“生成”按钮，生成刀路轨迹；单击“确认”按钮，弹出“刀轨可视化”对话框。单击“3D 动态”选项卡，调整好播放速度，单击“播放”按钮，显示 3D 仿真加工，如图 3.5.21 所示。

单击 确定 ，返回“中心线钻孔”对话框，再单击 确定 ，完成钻底孔工步。

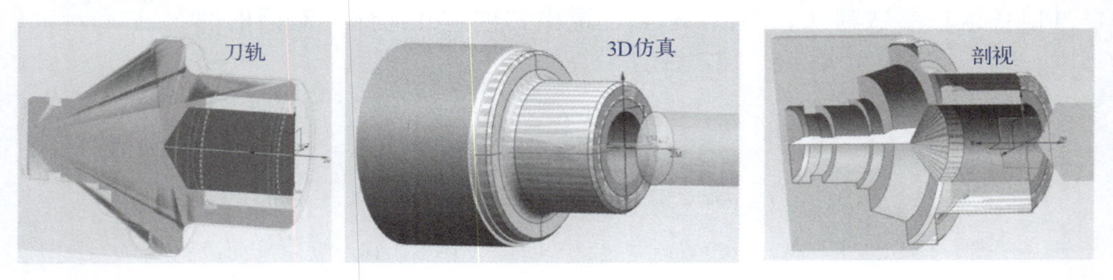

图 3.5.21　钻底孔刀轨及 3D 仿真示意图

（三）传动轴左侧外径粗车

1. 创建粗车外圆车刀

（1）创建刀具。单击“刀片”快捷按钮区域的按钮，系统弹出“创建刀具”对话框，在刀具子类型中选择“外圆车刀（OD_80_L）”。单击 确定 ，弹出“车刀 - 标准”对话框。在“工具”选项卡中，根据所用刀具实际情况修改刀尖半径、刀片长度等参数，“刀具号”文本框输入“1”，见图 3.5.22。

（2）设置刀具用夹持器。在“夹持器”选项卡中，勾选“使用车刀夹持器”复选框，其他参数默认，单击 确定 ，设置好车刀刀柄，如图 3.5.23 所示。

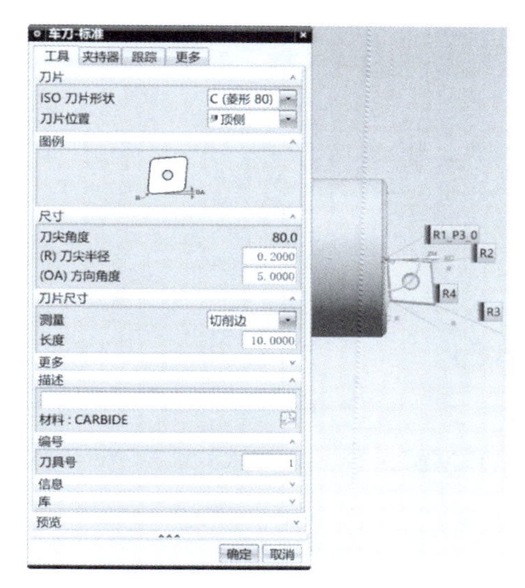

图 3.5.22　刀具参数设置

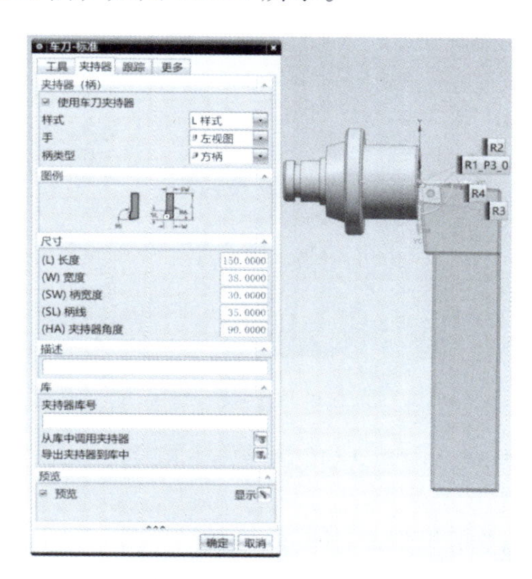

图 3.5.23　夹持器设置

2. 创建外径粗车工序

（1）设置工序基本参数。单击按钮，系统弹出“创建工序”对话框，在“类型”下拉列表中选择“turning”，“工序子类型”中单击（外径粗车），“程序”下拉列表中选择“PROGRAM”，“刀具”下拉列表中选择“OD_80_L”，“几何体”下拉列表中选择“AVOIDANCE”，“方法”下拉列表中选择“LATH_ROUGH”，“名称”默认，如图 3.5.24 所示。单击 确定 ，弹出“外径粗车”对话框，如图 3.5.25 所示。图中给出“外径粗车”对话框主要参数 下拉区域内容。

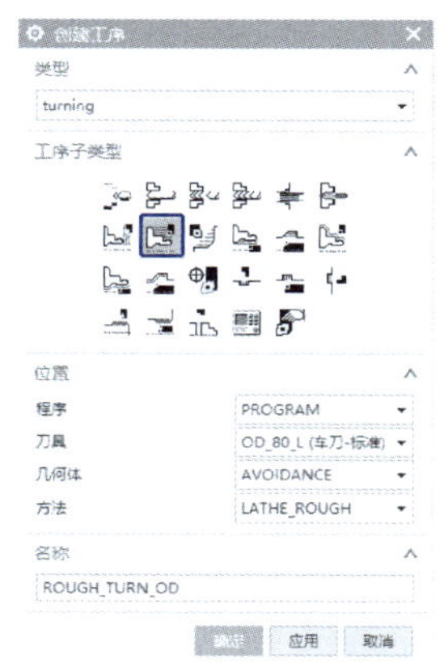

图 3.5.24　外径粗车工序

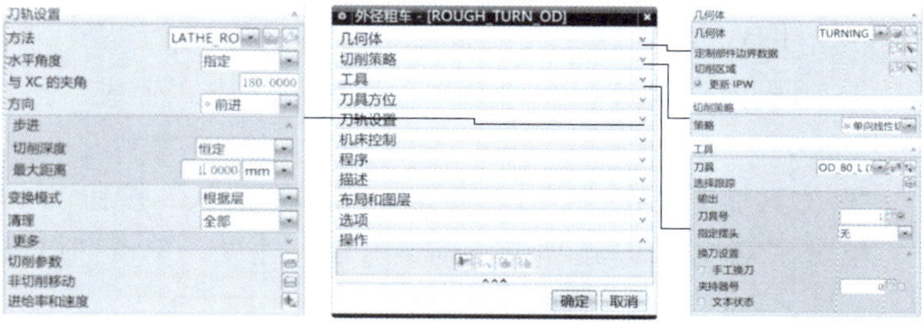

图 3.5.25　“外径粗车”对话框

（2）设置切削区域。

① 观察切削区域。单击“几何体”区域的“切削区域”右侧“显示”按钮，在图形区域显示出切削区域，如图 3.5.26 所示。

② 编辑切削区域。单击“几何体”区域的“切削区域”右侧“编辑”按钮，弹出“切削区域”对话框。修改“轴向修剪平面 1”区域的参数，如图 3.5.27 所示。

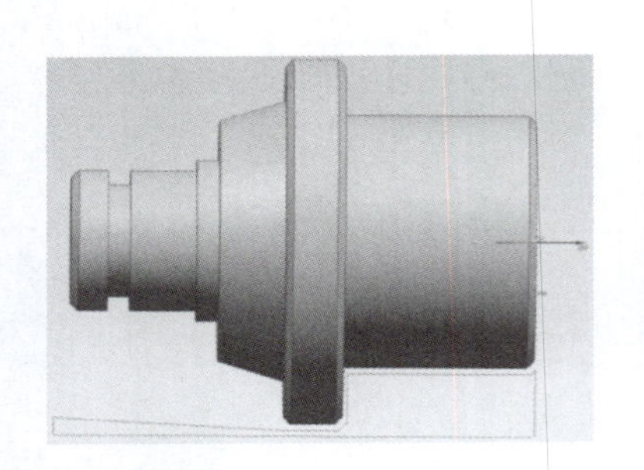

图 3.5.26　默认切削区域

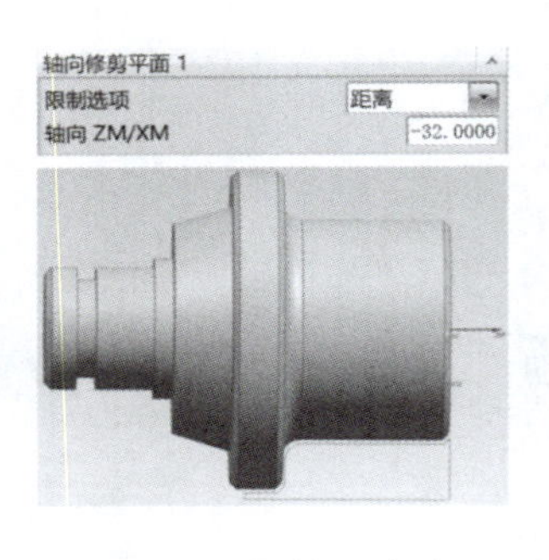

图 3.5.27　切削区域设置

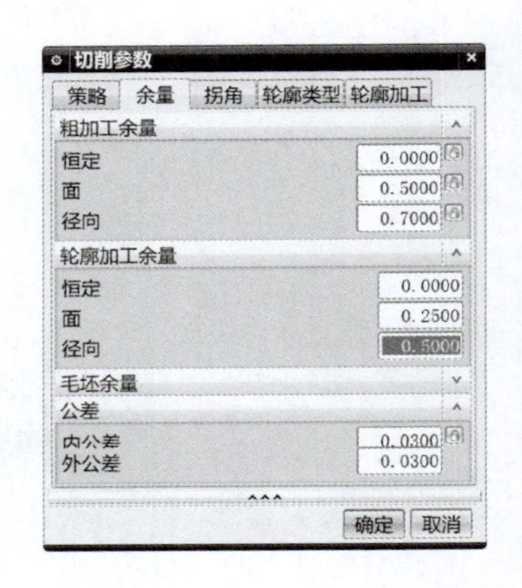

图 3.5.28　余量设置

（3）设置车削工艺参数。

① 设置背吃刀量。在“刀轨设置”的“步进”区域，“切削深度”选择“恒定”，“最大距离”文本框中输入“1.0”，其他参数由系统默认。

② 设置切削参数。在“刀轨设置”的“更多”区域，单击“切削参数”按钮，弹出“切削参数”对话框，单击“余量”选项卡，按图 3.5.28 所示设置有关余量参数。单击“轮廓加工”选项卡，勾选“附加轮廓加工”复选框，单击确定，返回“外径粗车”对话框。

③ 设置非切削参数。在“刀轨设置”的“更多”区域，单击“非切削移动”按钮，弹出“非切削移动”对话框。单击“进刀”选项卡，按图 3.5.29 所示设置有关参数，其他参数默认。

④ 设置进给率和速度。在“刀轨设置”的“更多”区域，单击“进给率和速度”按钮，弹出“进给率和速度”对话框。“主轴速度”区域的“输出模式”选择“RPM”，勾选“主轴速度”复选框，文本框中输入“1000”；“进给率”区域的“切削”下拉列表中选择“mmpm”，文本框中输入“120”，如图 3.5.30 所示，其他参数默认。

（4）生成刀路轨迹与仿真加工。

① 生成刀路轨迹。在“操作”区域，单击“生成”按钮，生成刀路轨迹如图 3.5.31 所示。

② 仿真加工。在“操作”区域，单击“确认”按钮，弹出“刀轨可视化”对话框。单击“3D 动态”选项卡，调整好播放速度，单击“播放”按钮，显示 3D 仿真加工，图 3.5.32 为仿真加工过程截图。

单击确定，返回“外径粗车”对话框，再单击确定，完成外径粗车工序。

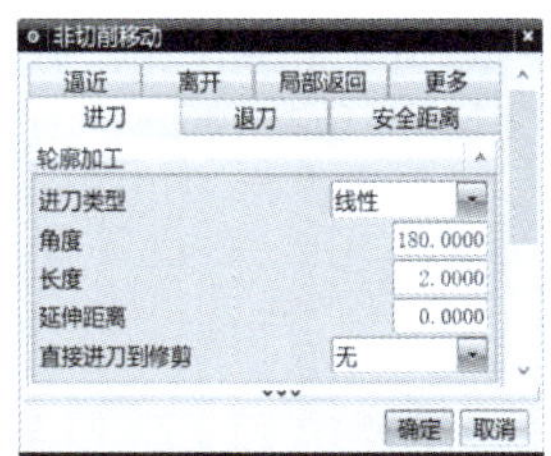

图 3.5.29 进刀参数

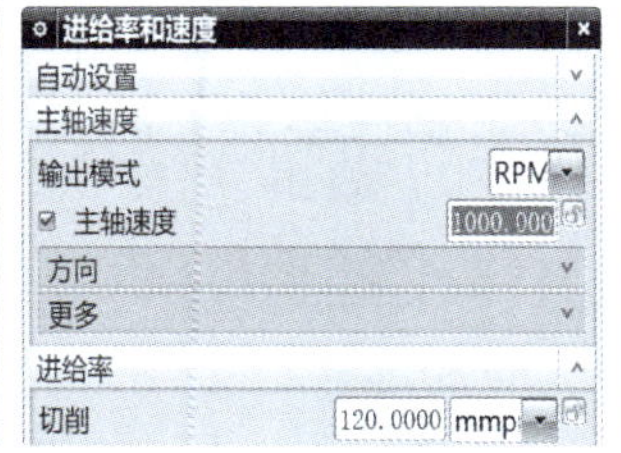

图 3.5.30 进给率和速度

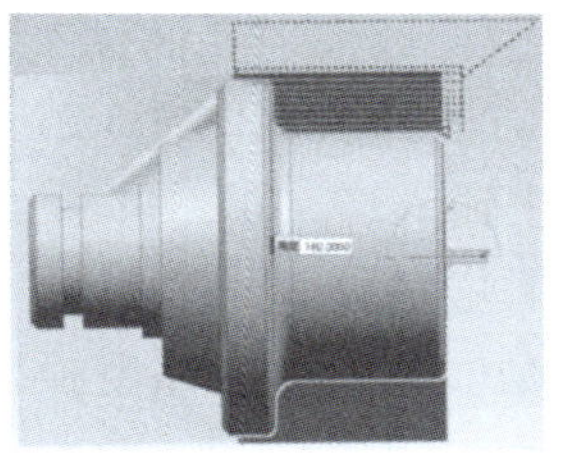
图 3.5.31 刀路轨迹

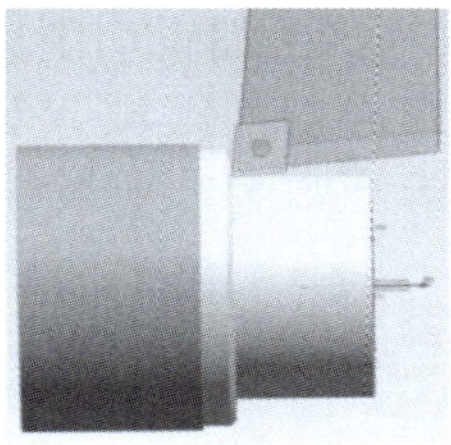
图 3.5.32 仿真加工

（四）传动轴左侧外径精车

1. 创建刀具

（1）创建精车外圆车刀。单击按钮，系统弹出“创建刀具”对话框，在“刀具子类型”中选择“外圆车刀（OD_55_L）”。单击 确定 ，弹出“车刀 - 标准”对话框。在“工具”选项卡中，根据所用刀具实际情况修改刀尖半径、刀片长度等参数，见图 3.5.33，“刀具号”文本框中输入“2”。

（2）设置刀具用夹持器。在“夹持器”选项卡中，勾选“使用车刀夹持器”复选框，其他参数默认，单击 确定 。

如果粗车和精车使用同一把刀，则无须创建。

2. 创建外径精车工序

（1）创建工序。单击“创建工序”按钮，系统弹出“创建工序”对话框。在“类型”下拉列表中选择“turning”，“工序子类型”中单击（外径精车），“程序”下拉列表中选择“PROGRAM”，“刀具”下拉列表中选择“OD_55_L”，“几何体”下拉列表中选择“AVOIDANCE”，“方法”下拉列表中选择“LATH_FINISH”，“名称”默认，如图 3.5.34 所示。单击 确定 ，弹出“外径精车”对话框。

（2）设置切削区域。

① 观察切削区域。单击“几何体”区域的“切削区域”右侧“显示”按钮，在图形区域显示出切削区域（图 3.5.35）。

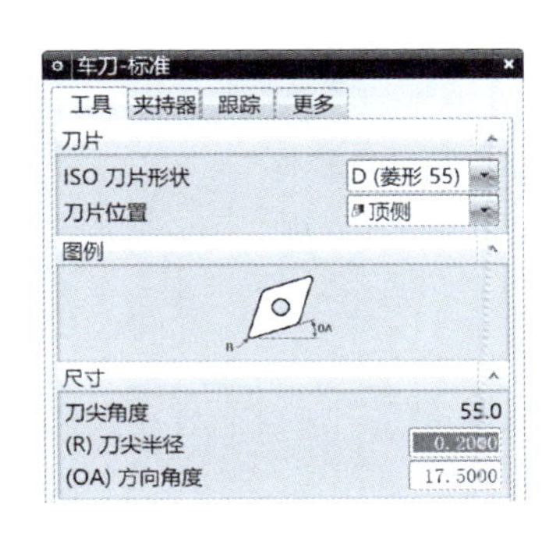

图 3.5.33 精车外圆车刀参数

图 3.5.34 外径精车工序

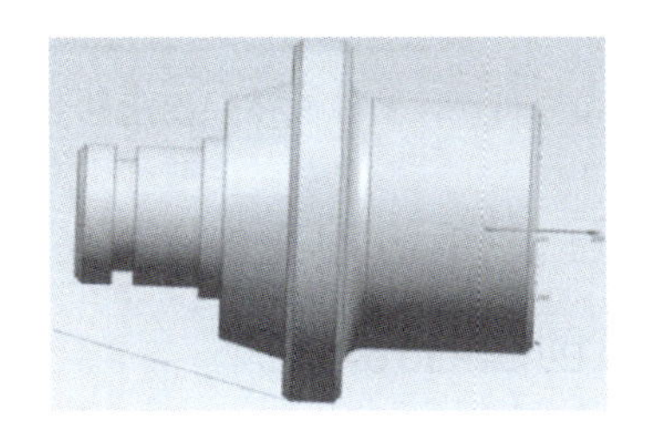
图 3.5.35 精车切削区域

② 编辑切削区域。单击“几何体”区域的“切削区域”右侧“编辑”按钮，弹出“切削区域”对话框。参照图 3.5.27 修改“轴向修剪平面 1”区域的参数设置，其中“距离”文本框中输入“-30”。

（3）设置车削工艺参数

① 设置刀轨参数。勾选“省略变换区”的复选框。

② 设置切削参数。单击在“刀轨设置”区域的“切削参数”按钮，弹出“切削参数”对话框，单击“策略”选项卡，取消“勾选允许底切”复选框，其他参数默认。单击“拐角”选项卡，按图 3.5.36 所示设置有关参数。单击 确定，返回“外径精车”对话框。

③ 设置非切削参数。单击“刀轨设置”区域的“非切削移动”按钮，弹出“非切削移动”对话框。单击“进刀”选项卡，“进刀类型”选择“线性”，“角度”输入“180”，“长度”输入“2”，其他参数默认。

④ 设置进给率和速度。单击“刀轨设置”的“进给率和速度”按钮，弹出“进给率和速度”对话框。“主轴速度”区域的“输出模式”选择“RPM”，勾选“主轴速度”复选框，文本框中输入“1400”；“进给率”区域的“切削”下拉列表中选择“mmpm”，文本框中输入“100”，其他参数默认。单击 确定 返回“外径精车”对话框。

（4）生成刀路轨迹与仿真加工。

① 生成刀路轨迹。在“操作”区域，单击“生成”按钮，生成刀路轨迹如图 3.5.37 所示。

② 仿真加工。在“操作”区域，单击“确认”按钮，弹出“刀轨可视化”对话框。单击“3D 动态”选项卡，调整好播放速度，单击“播放”按钮，显示 3D 仿真加工。

单击 确定，返回“外径精车”对话框，再单击 确定，完成外径精车工序。

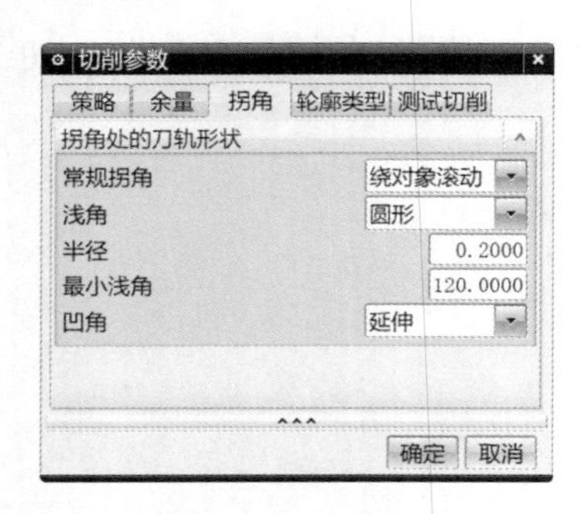

图 3.5.36　拐角参数设置

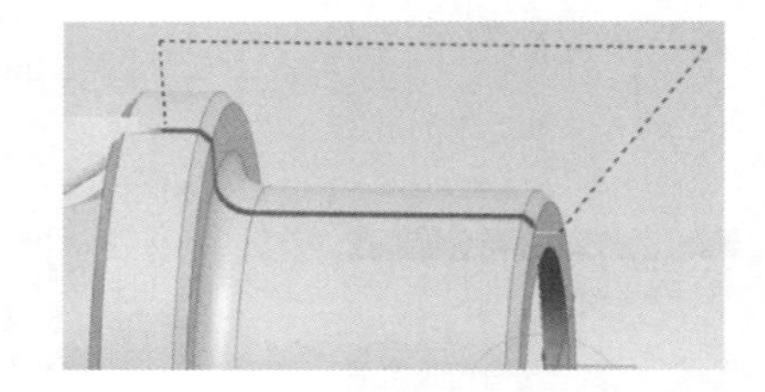

图 3.5.37　外径精车刀轨

（五）传动轴左侧镗孔

1. 创建内孔车刀

（1）打开“创建刀具”对话框。单击“创建刀具”按钮，系统弹出“创建刀具”对话框，在“刀具子类型”中选择（内孔镗刀 ID_55_L）。单击 确定，弹出

“车刀 - 标准”对话框。

（2）设置刀具参数。在“工具”选项卡中，根据所用刀具实际情况修改刀尖半径、刀片长度等参数，见图 3.5.38，“刀具号”文本框输入“3”。

（3）设置刀具用夹持器。在“夹持器”选项卡中，勾选“使用车刀夹持器”复选框，其他参数见图 3.5.39，单击 确定 ，完成内孔镗刀设置。

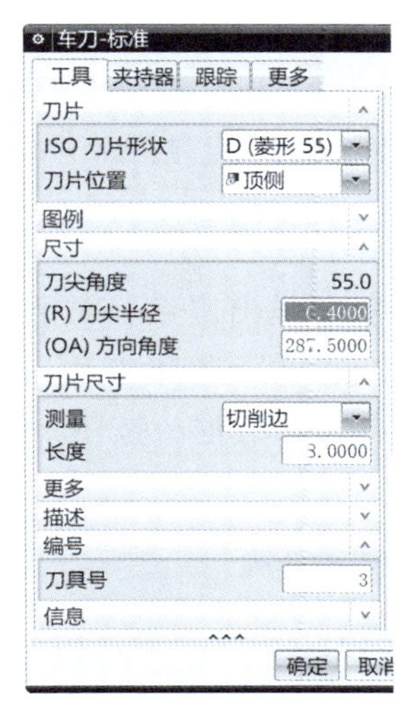

图 3.5.38　镗刀参数

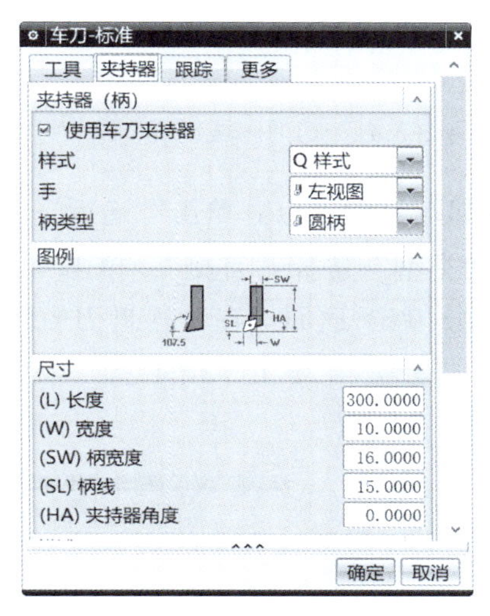

图 3.5.39　内孔镗刀刀柄设置

2. 创建镗孔工步

（1）创建工序。单击“创建工序”按钮，系统弹出“创建工序”对话框。在“类型”下拉列表中选择“turning”，“工序子类型”中单击（内径粗镗），“程序”下拉列表中选择“PROGRAM”，“刀具”下拉列表中选择“ID_55_L”，“几何体”下拉列表中选择“TURNING_WORKPIECE”，“方法”下拉列表中选择“NONE”，“名称”默认，如图 3.5.40 所示。单击 确定 或 应用 ，弹出“内径粗镗”对话框。

（2）设置切削区域。单击“几何体”区域的“切削区域”右侧“编辑”按钮，弹出“切削区域”对话框。修改“径向修剪平面 1”和“轴向修剪平面 1”区域的参数，如图 3.5.41 所示。

（3）设置车削工艺参数。

① 设置背吃刀量。在“刀轨设置”的“步进”区域，“切削深度”选“变量平均值”；“最大值”文本框输入“1”，其他默认。

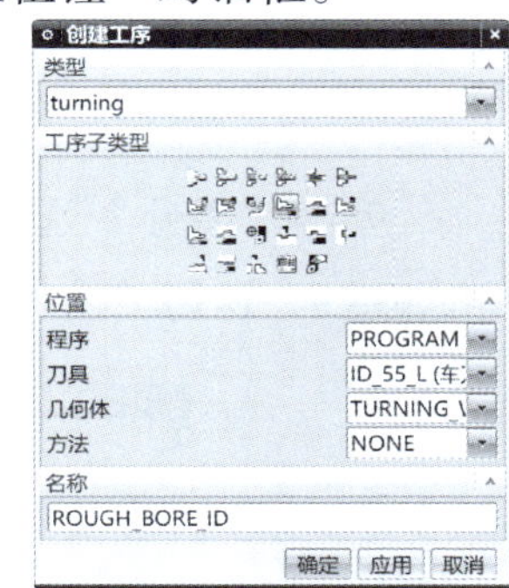

图 3.5.40　镗孔工序

② 设置切削参数。单击“切削参数”按钮，弹出“切削参数”对话框，单击“余量”选项卡，全部余量为“0”，其他默认。单击“轮廓加工”选项卡，勾选“附加轮廓加工”复选框，单击 确定 ，返回“内径粗镗”对话框。

③ 设置非切削参数。单击“非切削参数”按钮，弹出“非切削移动”对话框。

a. 设置进刀参数。单击“进刀”选项卡，按图 3.5.42 所示设置有关参数。

切削区域
径向修剪平面 1
限制选项　距离
半径　13.2500
径向修剪平面 2
限制选项　无
轴向修剪平面 1
限制选项　距离
轴向 ZM/XM　-21.0000

图 3.5.41　切削区域设置

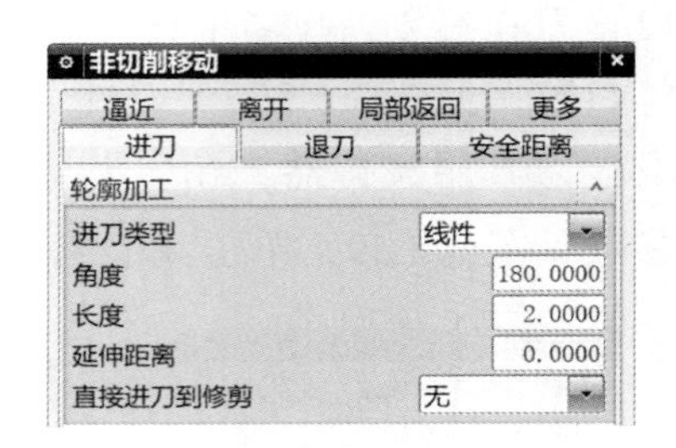

图 3.5.42　进刀参数

b. 设置起点与逼近点。单击“逼近”选项卡，如图 3.5.43 所示。在“运动到起点”区域，“运动类型”选择“直接”，单击“指定点”按钮弹出“点”对话框，按图设置参数，单击 确定 返回。在“逼近刀轨”区域，“刀轨选项”选择“点”，“运动到逼近点”选择“直接”，单击“指定点”按钮弹出“点”对话框，按图设置参数，单击 确定 返回。

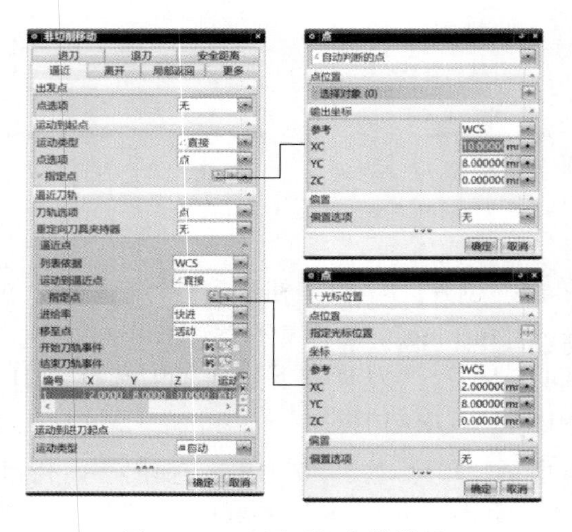

图 3.5.43　“逼近”参数设置

c. 单击“离开”选项卡，按图 3.5.44 所示设置有关参数，其他选项的参数默认。单击 确定 ，返回“内径粗镗”对话框。

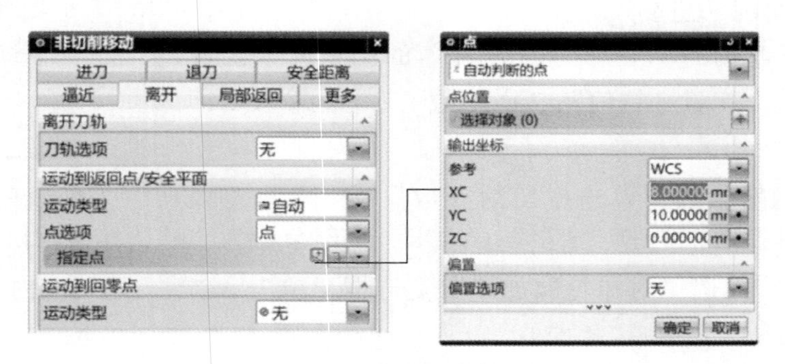

图 3.5.44　“离开”参数设置

（4）设置进给率和速度。单击“进给率和速度”按钮，“主轴速度”的“输出模式”选“RPM”，即r/min，勾选“进刀主轴速度”复选框，输入“800”；“进给率”的“切削”选“mmpm”，即mm/min，输入“100”。单击确定，返回“内径粗镗”对话框。

（5）刀轨生成与仿真加工。在“操作”区域，单击“生成”按钮，生成刀路轨迹。单击“确认”按钮，弹出“刀轨可视化”对话框，单击“3D动态”选项卡，调整好播放速度，单击“播放”按钮，显示3D仿真加工，如图3.5.45所示。

单击确定，返回“内径粗镗”对话框，再单击确定，完成内径粗镗工序。

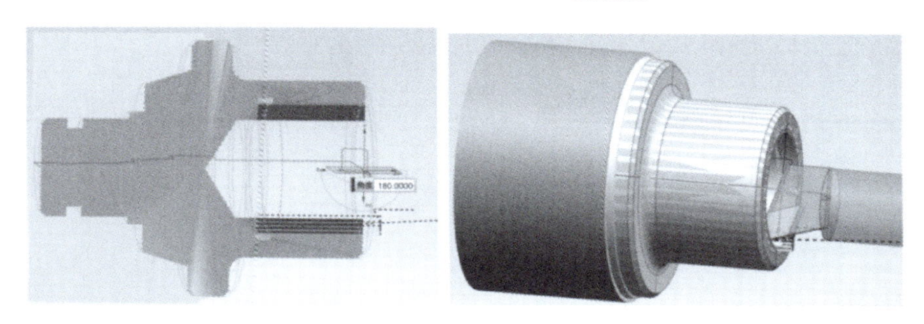

图3.5.45　镗孔刀轨与仿真加工

（六）传动轴左侧车内槽

1. 创建车内孔槽刀

单击“创建刀具”按钮，系统弹出“创建刀具”对话框，在“刀具子类型”中选择（内槽刀ID_GROOVE_L），“名称”默认。单击确定，弹出“槽刀-标准”对话框。

（1）设置刀具参数。在“工具”选项卡中，根据所用刀具实际情况修改刀尖半径、刀片长度等参数，见图3.5.46，“刀具号”文本框输入“4”。

（2）设置刀具用夹持器。在“夹持器”选项卡中，勾选“使用车刀夹持器”复选框，其他参数见图3.5.47，单击确定，完成内槽刀设置。

2. 创建车内槽工步

（1）创建工序。单击“创建工序”按钮，系统弹出“创建工序”对话框。在“类型”下拉列表中选择“turning”，“工序子类型”中单击（内径开槽），“程序”下拉列表中选择“PROGRAM”，“刀具”下拉列表中选择“ID_GROOVE_L”，“几何体”下拉列表中选择“TURNING_WORKPIECE”，“方法”下拉列表中选择“LATHE_GROOVE”，“名称”默认，如图3.5.48所示。单击确定，弹出“内径开槽”对话框。

（2）指定切削区域。单击“切削区域”右侧“编辑”按钮，弹出“切削区域”对话框。在“径向修剪平面1”区域“限制选项”右侧下拉列表中选择“点”，弹出“点”对话框，在图形区域选取图3.5.49所示内槽边线的端点，单击确定返回“切削区域”对话框，再单击确定，完成切削区域的设置。

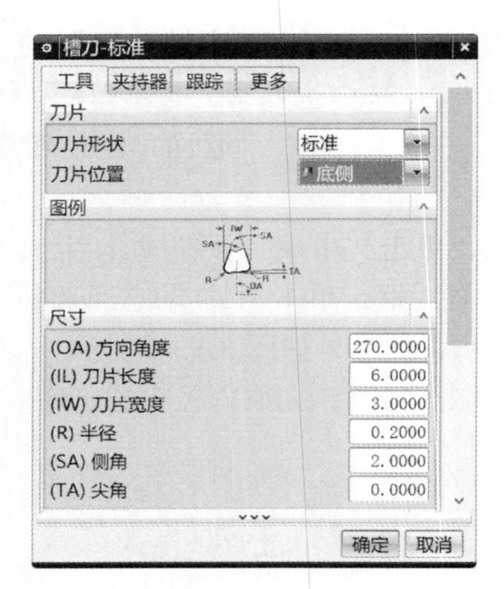

图 3.5.46　内槽刀参数

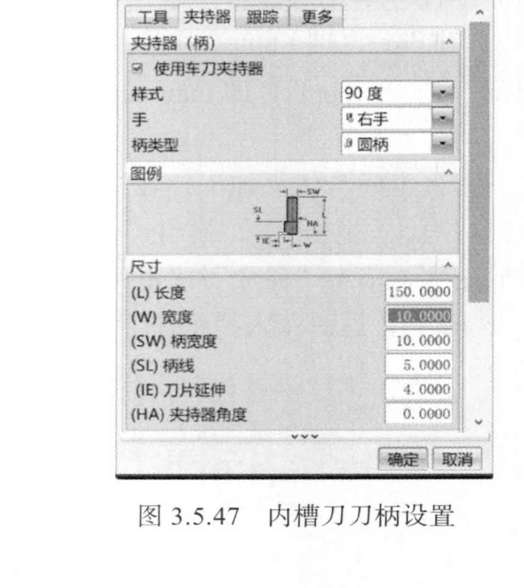

图 3.5.47　内槽刀刀柄设置

图 3.5.48　内径开槽

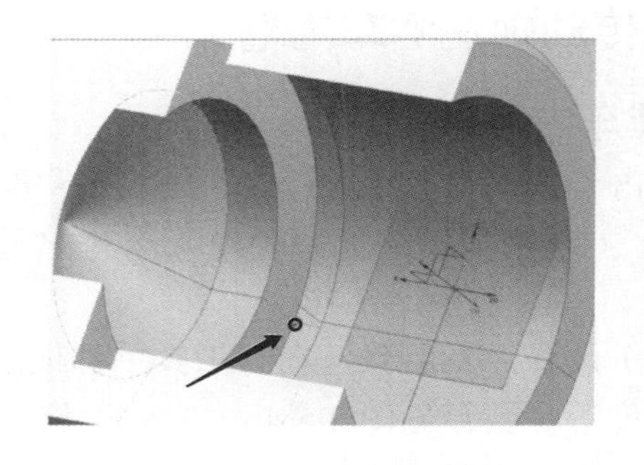

图 3.5.49　切削区域参照点

（3）设置切削参数。单击“切削参数”按钮，弹出“切削参数”对话框，单击“策略”选项卡，在“转”文本中输入“2”；单击“切屑控制”选项卡，在“切屑控制”下拉列表中选择“恒定安全设置”，在“恒定增量”文本框中输入“1”，“安全距离”文本框中输入“0.5”，如图 3.5.50 所示。其他参数默认，单击 确定 ，返回“内径开槽”对话框。

（4）设置非切削参数。单击“非切削移动”按钮，弹出“非切削移动”对话框，参照图 3.5.42、图 3.5.43 设置进刀、逼近参数。单击“离开”选项卡，在“离开刀轨”区域的“刀轨选项”下拉列表中选择“点”，在“离开点”区域的“运动到离开点”下拉列表中选择“径向→轴向”选择；单击“指定点”右侧，打开“点”对话框，按图 3.5.51 所示设置点参数，单击 确定 ，返回“离开”对话框，再单击 确定 ，返回“内径开槽”对话框。

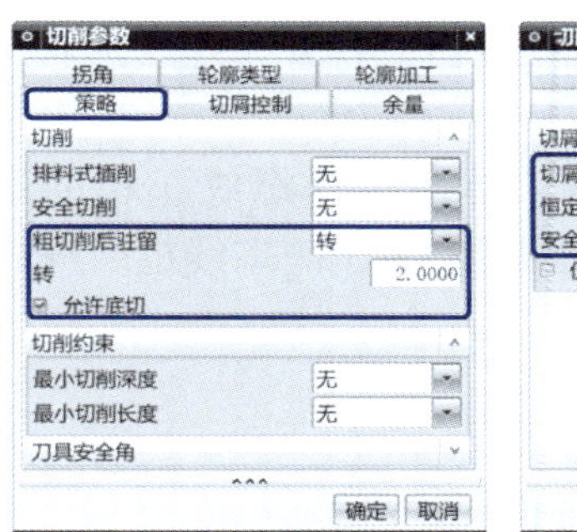

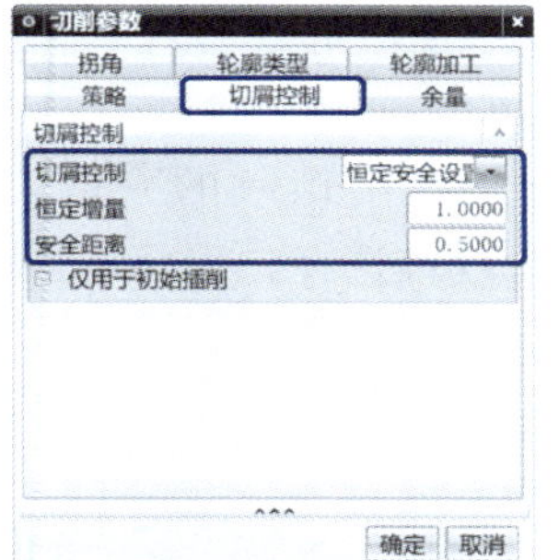

图 3.5.50　切削参数设置

图 3.5.51“离开点”设置

（5）设置进给率和速度。单击“进给率和速度”按钮，“主轴速度”的“输出模式”选“RPM”，即 r/min，勾选“进刀主轴速度”复选框，输入“400”；“进给率”的“切削”选“mmpm”，即 mm/min，输入“20”。单击确定，返回“内径开槽”对话框。

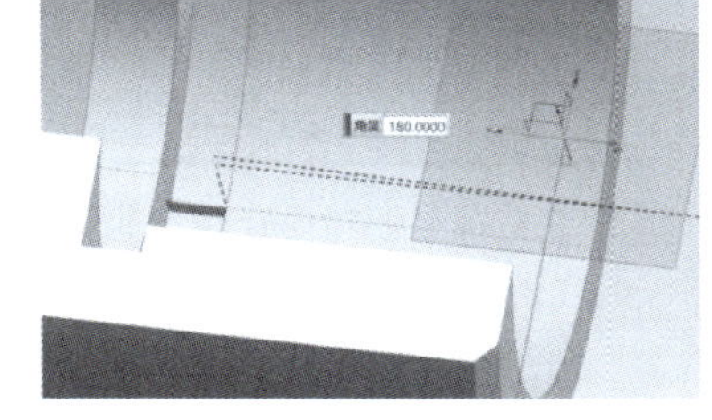

图 3.5.52　车内槽刀轨

（6）刀轨生成与仿真加工。在“操作”区域，单击“生成”按钮，生成刀路轨迹，如图 3.5.52 所示。单击“确认”按钮，弹出“刀轨可视化”对话框，单击“3D 动态”选项卡，调整好播放速度，单击“播放”按钮，显示 3D 仿真加工。

单击确定，返回“内径开槽”对话框。再单击确定，完成内径开槽工步。

（七）传动轴左侧车内螺纹

1. 创建内螺纹车刀

打开“创建刀具”对话框。单击“创建刀具”按钮，系统弹出“创建刀具”对话框，在“刀具子类型”中选择（内螺纹刀 ID_THREAD_L）。单击确定，弹出“螺纹刀 - 标准”对话框。在“工具”选项卡中，按图 3.5.53 所示设置刀片宽度、刀尖偏置等参数，“刀具号”文本框输入“5”。其他参数默认，单击确定，完成内螺纹刀设置。

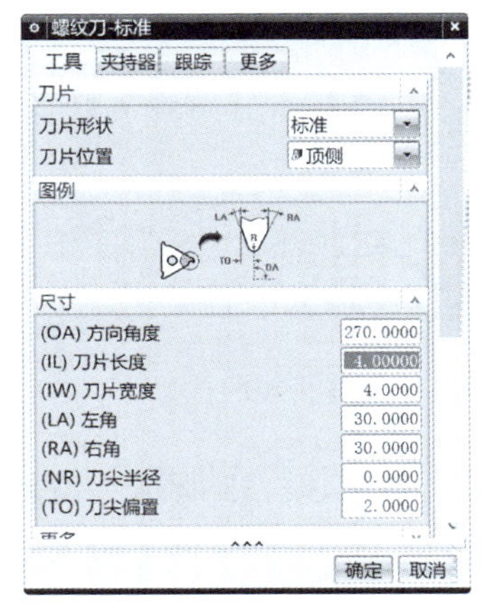

图 3.5.53　内螺纹刀参数设置

2. 创建内螺纹车削工步

（1）创建工序。单击“创建工序”按钮，系统弹出“创建工序”对话框。在“类型”下拉列表中选择“turning”，“工序子类型”中单击（内径螺纹铣），“程序”下拉列表中选择“PROGRAM”，“刀具”下拉列表中选择“ID_THREAD_L”，“几何体”下拉列表中选择“TURNING_WORKPIECE”，“方法”下拉列表中选择“LATHE_THREAD”，“名称”默认，如图 3.5.54 所示。单击确定或应用，弹出“内径螺纹铣”对话框。

（2）螺纹形状与刀轨设置。单击“螺纹形状”右侧 按钮，打开“螺纹形状”设置区域，如图 3.5.55 所示。具体设置如下：

“选择顶线”：在视图中靠近开始车削螺纹的一端，单击选择螺纹小径的边界（图 3.5.56 中黑箭头处）。若在实体中较难选择，可将视图调整为“静态线框”样式进行选择。

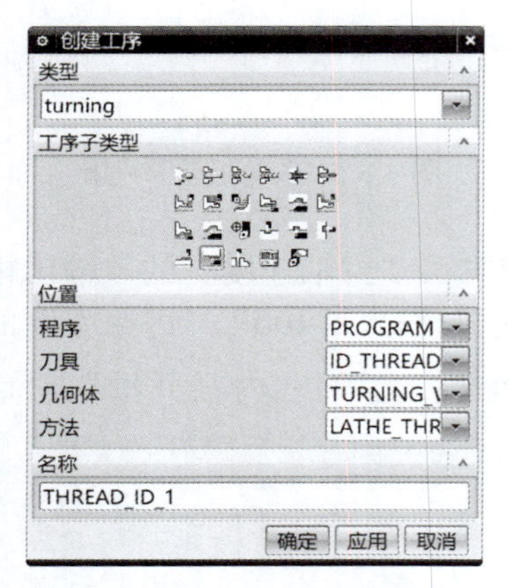

图 3.5.54　创建内径螺纹铣

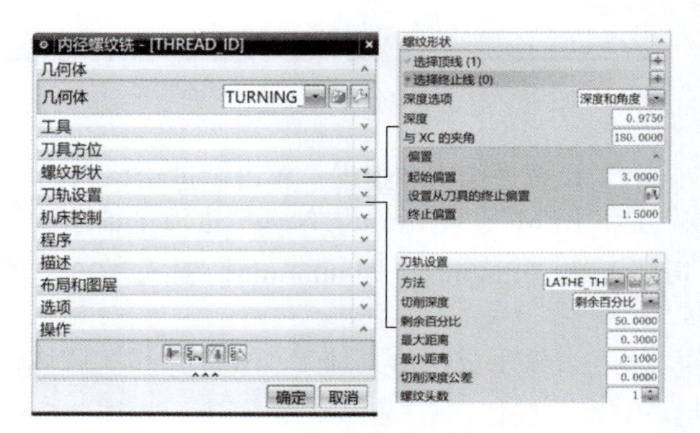

图 3.5.55　螺纹形状及刀轨设置

“选择终止线”：在视图中选择与顶线垂直的螺纹终止线，如图 3.5.57 所示。

“深度选项”：选择“深度和角度”。“深度”文本框中输入螺纹牙高数值“0.975”，“与 XC 的夹角”文本框中输入“180”。

“偏置”：“起始偏置”即螺纹车削的起点位置，输入“3”，“终止偏置”即螺纹车削的终点位置，输入“1.5”。

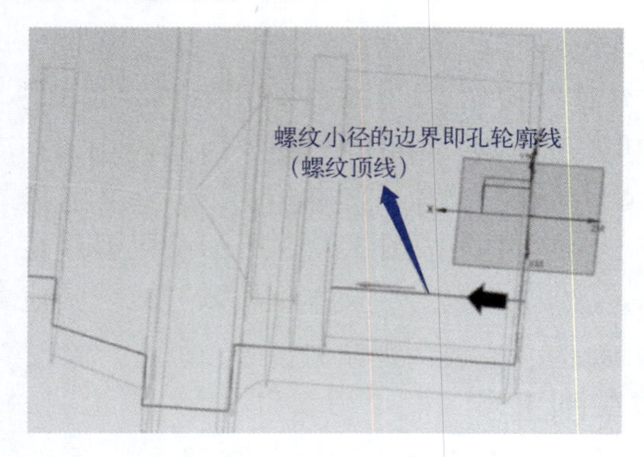

图 3.5.56　螺纹顶线的选择

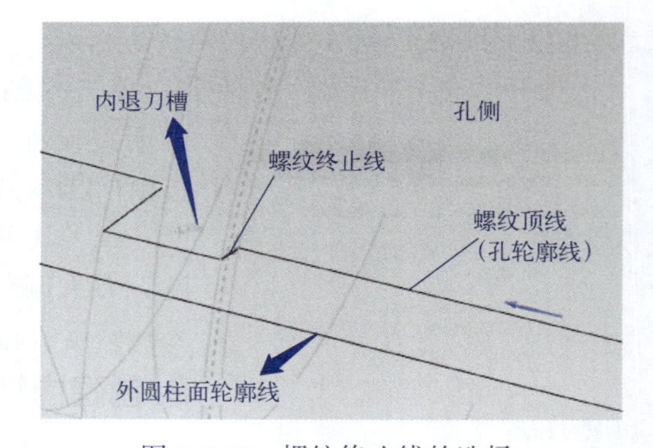

图 3.5.57　螺纹终止线的选择

单击“刀轨设置”右侧 按钮，打开“刀轨设置”区域，如图 3.5.55 所示。设置“剩余百分比”为“50”，“最大距离”为“0.3”，“最小距离”为“0.1”，即每个切削层厚度以 50% 递减，最大切削厚度不大于 0.3mm，最小切削厚度不小于 0.1mm。

（3）设置切削参数。单击“切削参数”按钮，弹出“切削参数”对话框，单击“螺距”选项卡，“螺距选项”文本框选择“螺距”，“螺距变化”文本框选择“恒定”，“距离”文本框中输入“1.5”。单击确定，返回“内径螺纹铣”对话框。

（4）设置非切削参数。单击“非切削移动”按钮，弹出“非切削移动”对话框。

① 设置起点。单击“逼近”选项卡。在“运动到起点”区域，“运动类型”选择“直接”，单击“指定点”右侧按钮，弹出“点”对话框，“参考”选择“WCS”，“XC”“YC”“ZC”分别输入“10”“8”“0”，单击确定返回。

② 设置离开点。单击“离开”选项卡，按图 3.5.44 所示设置有关参数，其他选项的参数默认。单击确定，返回“内径螺纹铣”对话框。

（5）设置进给率和速度。单击“进给率和速度”按钮，设置主轴转速为 300r/min、进给率为 1.5mm/r，单击确定，返回“内径螺纹铣”对话框。

（6）刀轨生成与 3D 仿真加工。在“操作”区域，单击“生成”按钮，生成刀路轨迹，如图 3.5.58 所示。单击“确认”按钮，弹出“刀轨可视化”对话框，单击“3D 动态”选项卡，调整好播放速度，单击“播放”按钮，显示 3D 仿真加工。

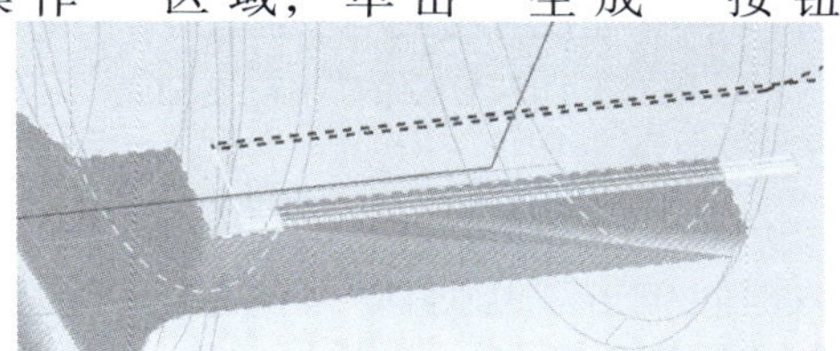
图 3.5.58　内螺纹车削刀轨

单击确定，返回“内径螺纹铣”对话框，再单击确定，完成内螺纹车削。

二、传动轴右侧车削编程

传动轴右侧的加工内容为任务书中传动轴机械加工工艺过程卡的二夹工序，涉及端面、外圆、外槽的加工，需使用外圆车刀和切断刀。二夹工序的几何体与一夹相同，为简化编程，可以复制一夹的坐标系、加工部件和加工工序，再根据实际加工进行修改、删除和增补。

在“工序导航器”的“几何视图”界面，右击左侧坐标系“MCS_SPINDLE”，弹出的快捷菜单如图 3.5.59 所示，选择“复制”，再右击“+MCS_MILL”，在快捷菜单（图 3.5.60）

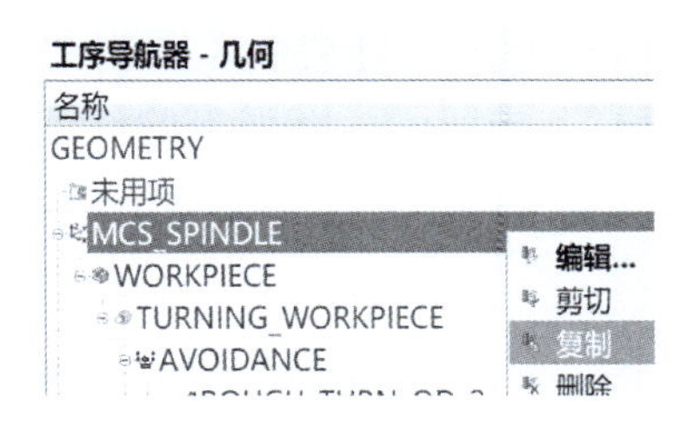

图 3.5.59　复制坐标系

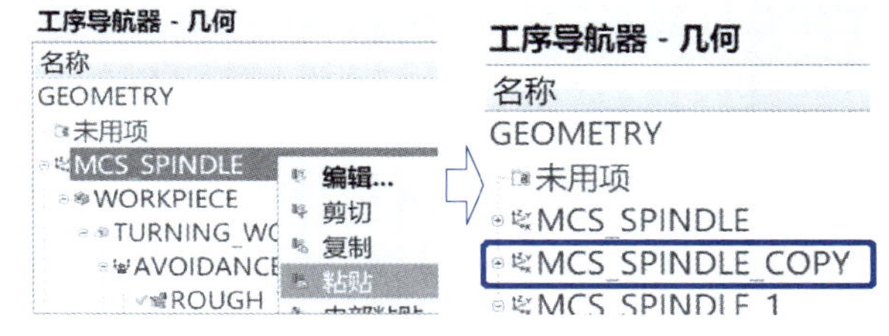

图 3.5.60　粘贴坐标系

中选择“粘贴”，在其下出现“+MCS_SPINDLE_COPY”。按住 Ctrl 键，逐一选择钻孔、镗孔、车内螺纹、车内槽工序，再用右键快捷菜单中的“删除”选项，将其删除（图 3.5.61）。

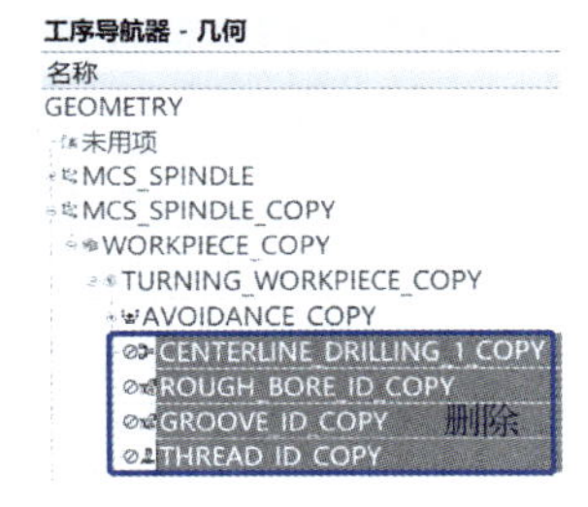

图 3.5.61　删除多余工序

1. 修改坐标系与毛坯

（1）修改工件坐标系。双击“MCS_SPINDLE_COPY”，弹出“MCS 主轴”对话框。在“坐标系”区域中，单击

“指定 MCS”右侧按钮，弹出“点”对话框，选择右侧端面圆心，如图 3.5.62 所示。单击确定，返回坐标系对话框。如图 3.5.63 所示单击“Z 轴”区域“指定矢量”右侧的按钮，使 Z 轴反向。双击确定，完成坐标系设定。

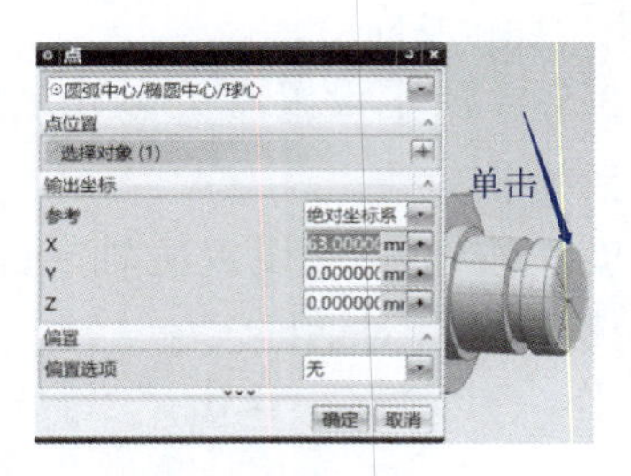

图 3.5.62 坐标系原点

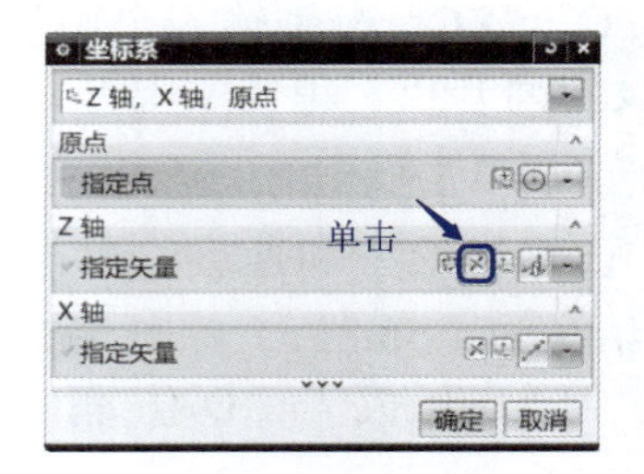

图 3.5.63 坐标轴方位

（2）修改毛坯体。双击“TURNING_WORKPIECE_COPY”，弹出“车削工件”对话框。单击“几何体”区域中“毛坯边界”右侧按钮，弹出“毛坯边界”对话框。在“毛坯”区域“安装位置”文本框中选择“在主轴箱处”，如图 3.5.64 所示。其他参数默认，完成毛坯设置。

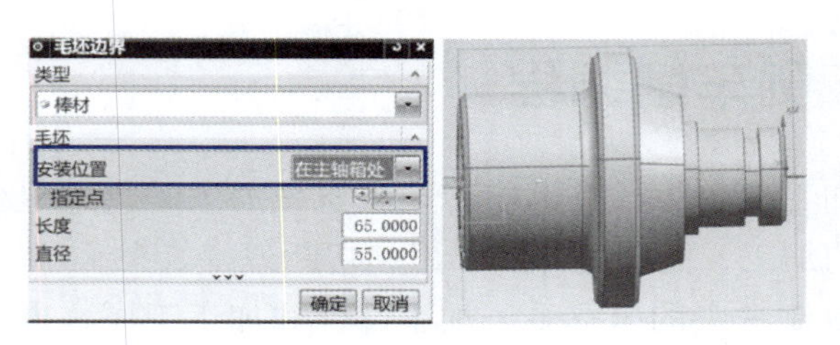

图 3.5.64 修改毛坯

（3）修改避让几何体。双击“AVOIDANCE_COPY”，弹出“避让”对话框。单击“运动到起点”区域的“指定点”按钮，在弹出的“点”对话框中，将坐标“XC”文本框中数值改为“15”（图 3.5.65）。单击确定返回“避让”对话框。单击“逼近（AP）”右侧的按钮，单击“逼近点”区域的“指定点”按钮，在弹出的“点”对话框中，将坐标“XC”文本框中数值改为“10”，如图 3.5.66 所示。其他参数默认，单击确定完成避让几何体设置。

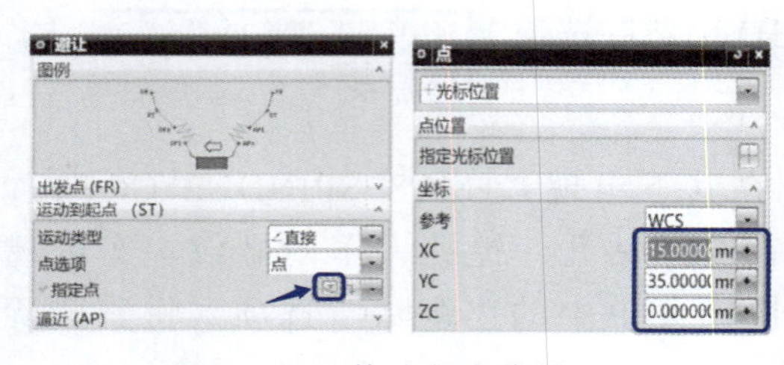

图 3.5.65 修改起点位置

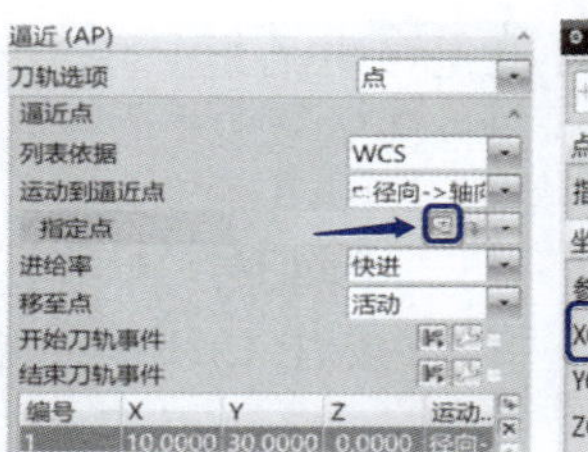

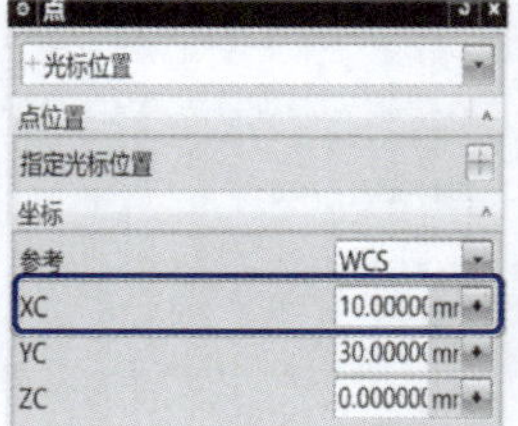

图 3.5.66 修改逼近点

2. 修改外径粗车工序

双击“ROUGH_TURN_OD_2_COPY”，弹出“外径粗车”对话框。如图 3.5.67 所

示，在“刀具方位”区域，勾选“绕夹持器翻转刀具”复选框。单击“几何体”区域的“切削区域”右侧按钮，弹出“切削区域”对话框，在“轴向修剪平面 1”区域的“轴向 ZM/XM”文本框中输入“-33”，生成图 3.5.68 所示的切削区域，单击确定返回“外径粗车”对话框。

图 3.5.67　修改刀具方位

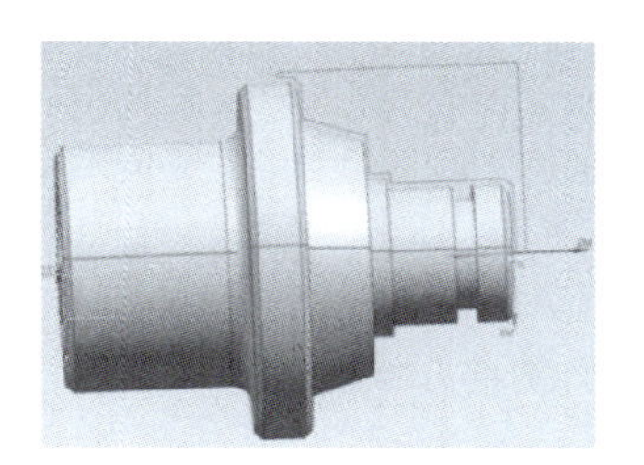
图 3.5.68　切削区域

在“操作”区域，单击“生成”按钮，生成刀路轨迹，如图 3.5.69 所示。单击“确认”按钮，弹出“刀轨可视化”对话框。单击“3D 动态”选项卡，调整好播放速度，单击“播放”按钮，显示 3D 仿真加工，图 3.5.70 为仿真加工过程截图。

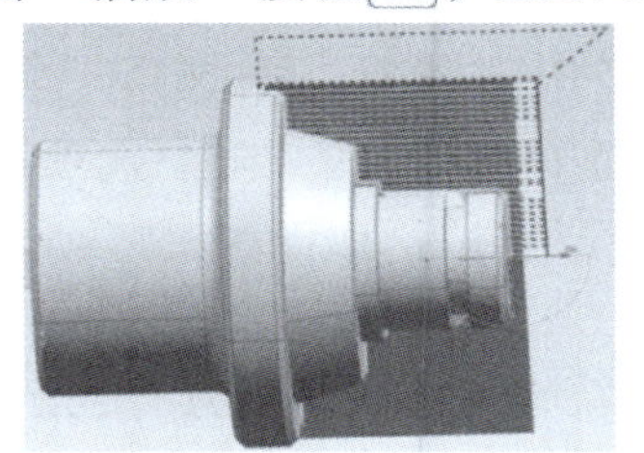
图 3.5.69　外径粗车刀轨

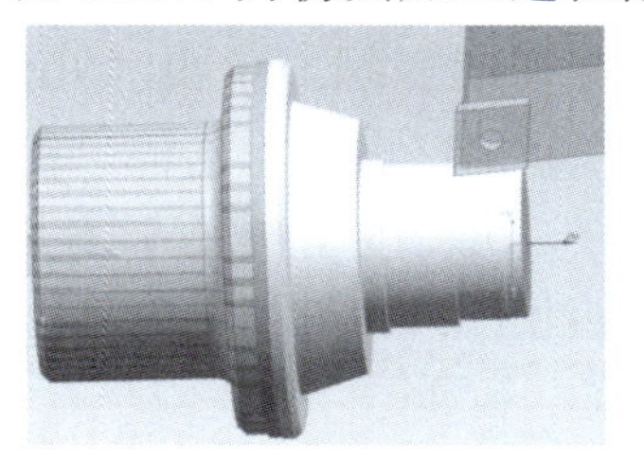
图 3.5.70　外径粗车仿真

3. 修改外径精车工序

双击“FINISH_TURN_OD_COPY”，弹出“外径精车”对话框。在“刀具方位”区域，勾选“绕夹持器翻转刀具”复选框。单击“几何体”区域的“切削区域”右侧按钮，弹出“切削区域”对话框，在“轴向修剪平面 1”区域的“轴向 ZM/XM”文本框中输入“-37”；在“自动检测”区域的“最小尺寸”文本框选择“轴向”，在“轴向”文本框中输入“4”，如图 3.5.71 所示。单击确定返回“外径精车”对话框。单击“操作”区域的“生成”按钮，生成刀路轨迹如图 3.5.72 所示。再单击“确认”按钮，弹出“刀轨可视化”对话框。单击“3D 动态”选项卡，单击“播放”按钮，显示 3D 仿真加工，结果见图 3.5.73。

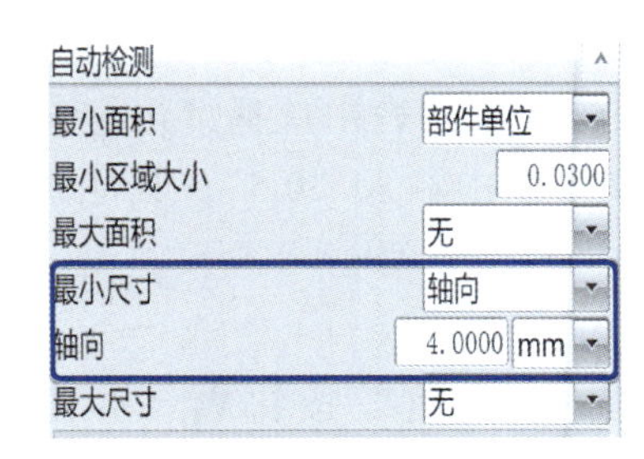

图 3.5.71　右侧精车区域

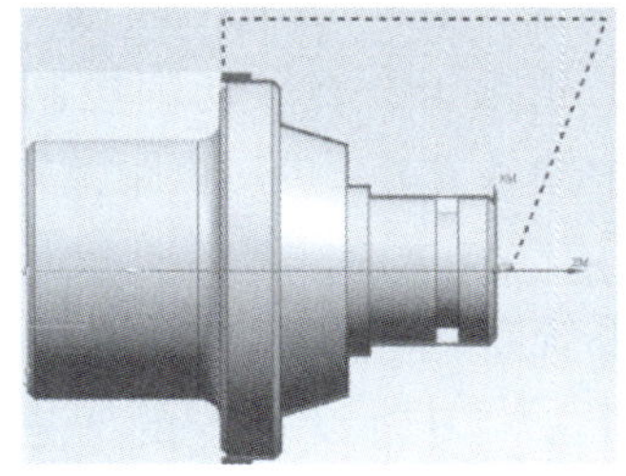
图 3.5.72　右侧精车刀轨

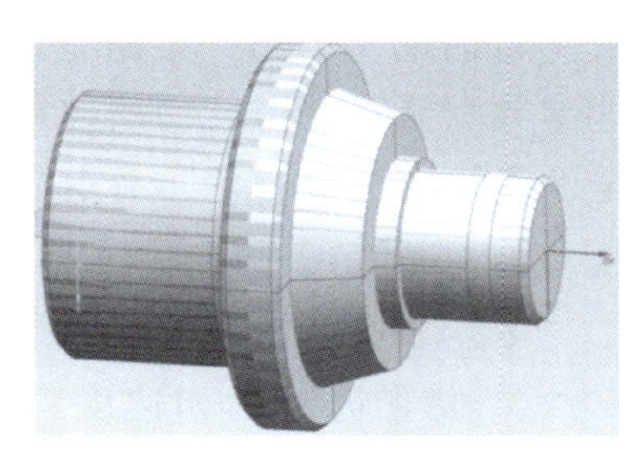
图 3.5.73　外径精车 3D 仿真

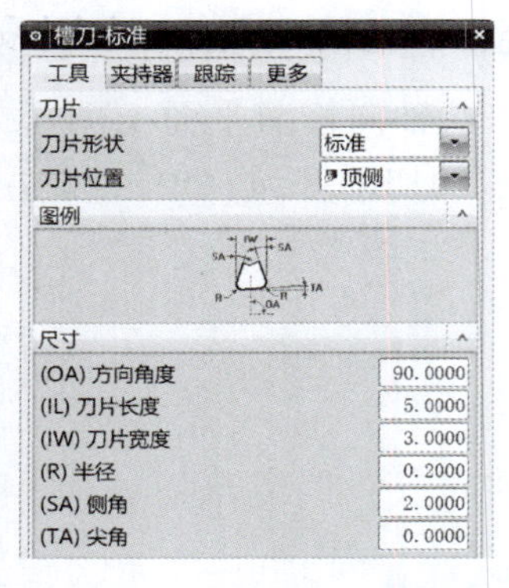

图 3.5.74 外圆槽刀参数设置

4. 传动轴右侧沟槽车削

（1）创建刀具。单击“创建刀具”按钮，系统弹出“创建刀具”对话框，在“刀具子类型”中选择（槽刀 OD_GROOVE_L），其他默认。单击 确定 按钮，弹出“槽刀 - 标准”对话框。在“工具”选项卡中，根据所用刀具实际情况修改刀尖半径、刀片长度等参数，见图 3.5.74，“刀具号”文本框中输入“6”。在“夹持器”选项卡中，勾选“使用车刀夹持器”复选框，其他参数默认，单击 确定，设置好车刀刀柄。

（2）创建外槽车削工序。单击创建工序按钮，系统弹出“创建工序”对话框。在“类型”下拉列表中选择“turning”，“工序子类型”中单击（外径开槽），“程序”下拉列表中选择“PROGRAM”，“刀具”下拉列表中选择“OD_GROOVE_L”，“几何体”下拉列表中选择“AVOIDANCE_COPY”，“方法”下拉列表中选择“LATHE_GROOVE”，“名称”默认。单击 确定 或 应用，弹出“外径开槽”对话框。按以下步骤设置切削区域和区域参数。

① 设置切削区域。单击“几何体”区域的“切削区域”右侧的“编辑”按钮，弹出“切削区域”对话框。在“轴向修剪平面 1”区域的“限制选项”下拉列表中选择“点”，单击“指定点”右侧按钮，在图形区域拾取图 3.5.75 所示的点，单击 确定，返回“外侧开槽”对话框。

② 设置刀具方位。在“刀具方位”区域勾选“绕夹持器翻转刀具”复选框。

③ 设置刀轨参数。按图 3.5.76 所示设置。

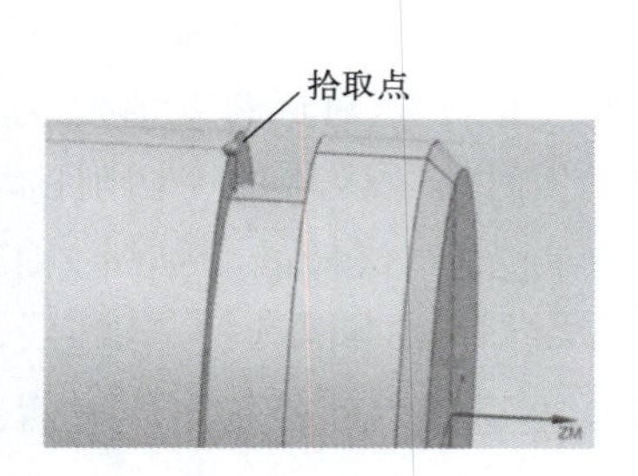

图 3.5.75 外槽轴向修剪点

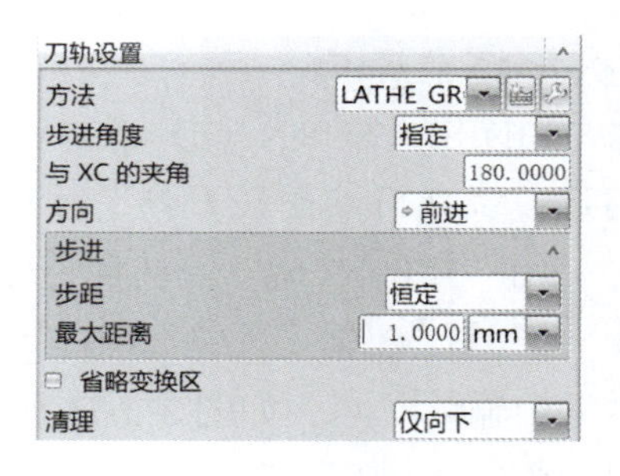

图 3.5.76 外槽车削刀轨参数

④ 设置切削参数。单击“刀轨设置”区域的“切削参数”按钮，弹出“切削参数”对话框，单击“策略”选项卡，在“切削”区域“转”文本框中输入“2.0”，其他参数默认。单击“切屑控制”选项卡，在“切削控制”的下拉列表中选择“恒定安全设置”，“恒定增量”文本框中输入“1”，“安全距离”文本框中输入“0.5”，其他默认。单击 确定，返回“外径开槽”对话框。

⑤ 设置非切削参数。接受系统默认。

⑥ 设置进给率和速度。单击“刀轨设置”的“进给率和速度”按钮，弹出“进给率和速度”对话框。“主轴速度”区域的“输出模式”选择 RPM，勾选“主

轴速度”复选框，文本框中输入“500”;“进给率”区域的“切削”下拉列表中选择“mmpm”文本框中输入“200”，其他参数默认。单击 确定 返回“外径精车”对话框。

⑦ 生成刀路轨迹与 3D 仿真。在“操作”区域，单击“生成”按钮，生成刀路轨迹，如图 3.5.77 所示。单击“确认”按钮，弹出“刀轨可视化”对话框。单击“3D 动态”选项卡，调整好播放速度，单击“播放”按钮，显示 3D 仿真加工。

三、程序后处理

工序创建后，需要使用特定机床的后处理器对工序进行后置处理，将刀具路径生成为对应机床的数控代码。传动轴左侧粗车工序的后处理如下：

（1）在“工序导航器”中，用鼠标右键单击“ROUGH_TURN_OD”，在弹出的快捷菜单中单击“后处理”；或在“工序导航器”中，用鼠标左键单击“ROUGH_TURN_OD”，然后单击“工序”模块中的“后处理”，打开图 3.5.78 所示的“后处理”对话框。

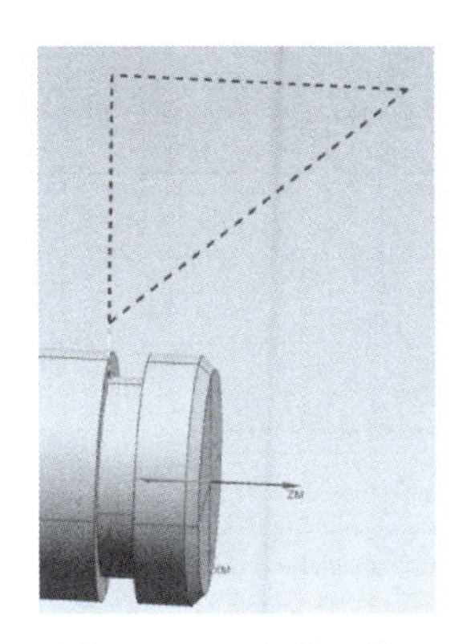

图 3.5.77　车槽刀轨

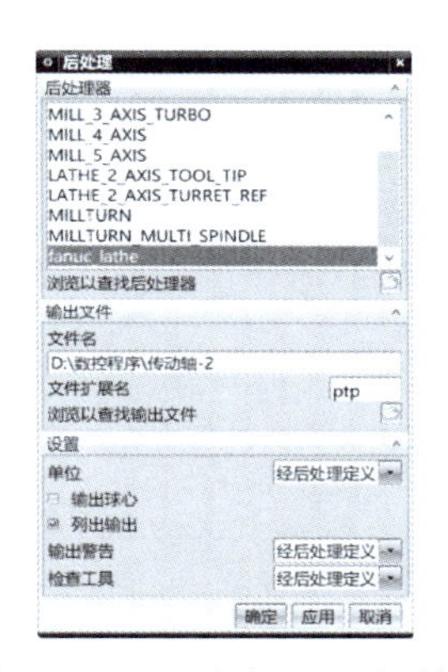

图 3.5.78　“后处理”对话框

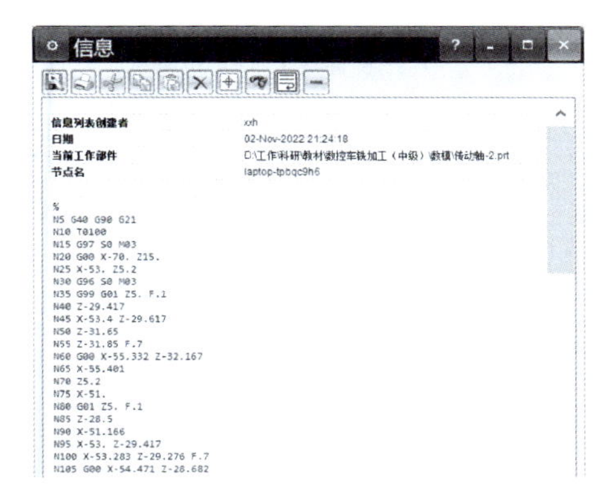

图 3.5.79　“信息”窗口

（2）在“后处理器”区域中选择对应机床的后处理器文件，如图 3.5.78 所示的“fanuc_lathe”。若无所需的后处理器，单击“浏览以查找后处理器”右侧，从其他位置将后处理器文件导入“后处理器”位置。

（3）单击“浏览以查找输出文件”右侧，设置好数控程序文件名和所在位置，其他参数默认。

（4）单击 确定，系统弹出“信息”窗口，如图 5.3.79 所示，显示生成的 NC 数控程序。

【实战演练】

依据传动轴 3 零件图（图 2.1.6）及表 2.1.6 所示的机械加工工艺过程卡，使用 UG NX12.0 软件创建传动轴 3 的车削工序，并利用所给的后处理器文件生成 G 代码程序。

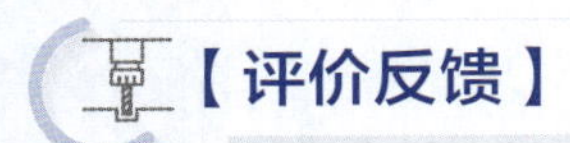

【评价反馈】

传动轴3数控车削程序评分表

班级：　　　　　　姓名：　　　　　　学号：

序号	评价项目	评价标准	配分	得分
1	几何体	坐标系和毛坯的设定是否正确	20	
2	工序类型	相对于加工部位，加工方法是否合理	20	
3	工步安排	是否层次分明、顺序合理，刀轨是否合理	20	
4	切削用量	背吃刀量、进给量、主轴转速设置是否合理	20	
5	工艺装备	各工步所用的刀具合理、恰当	10	
6	标准化	生成的G代码程序是否符合所用数控系统的标准	10	

模块四
车铣配合件自动编程（Mastercam）

【任务描述】

根据所给传动轴、轴承座零件图纸和机械加工工艺过程卡，以及模块二所编制的机械加工工序卡、数控加工刀具卡、数控加工程序卡，使用 Mastercam2022 软件编写传动轴、轴承座的数控加工程序。

【学习目标】

1. 能根据传动轴、轴承座的机械加工工艺过程卡，使用 Mastercam2022 软件编程。
2. 会检查并分析刀路优劣，优化工艺参数。
3. 会对程序进行后处理，检查并优化生成的 G 代码数控程序。
4. 培养严谨的工作态度和专业、专注精神。

【任务书】

按照 1+X 数控车铣加工职业技能等级（中级）考核要求，本次任务需要利用 Mastercam2022 软件的自动编程功能。首先根据传动轴、轴承座零件图创建传动轴、轴承座零件的数控车削、数控铣削程序。接受任务后，请查询或学习有关资料，获取数控车床及数控铣床的加工工艺、Mastercam2022 软件的自动编程方法，完成以下任务：

1. 使用 Mastercam2022 软件，完成传动轴一夹工序、二夹工序的编程及后处理，检查并优化生成的 NC 程序。

2. 使用 Mastercam2022 软件，完成轴承座一夹工序、二夹工序的编程及后处理，检查并优化生成的 NC 程序。

传动轴的数控车削自动编程

一、Mastercam 的应用

引导问题 1：Mastercam 在数控加工中有什么作用？________________

____

相关知识点 

Mastercam 是美国 CNC Software 公司开发的基于 PC 平台的 CAD/CAM 软件，具有二维几何图形设计、三维曲面设计、刀具路径模拟、加工实体模拟等功能，可以辅助使用者完成产品的“设计—工艺规划—制造”全过程，广泛应用于机械加工、模具制造、汽车生产等领域。

二、轴类零件使用 Mastercam 自动编程的方法

引导问题 2：使用 Mastercam 创建传动轴零件数控车削程序需要先三维建模吗？________________________________

____

相关知识点 

1. Mastercam 编制车削程序的方法

轴类零件的主要加工方法是车削，包括车外圆、锥面、成形面、螺纹、端面、槽、孔及切断等内容，加工时的刀具轨迹是由直线、圆弧、聚合线等串联而成的二维曲线。使用 Mastercam 编程时，利用其 CAD 功能绘制零件的二维草图，利用 CAM 功能设计

刀具路径，通过后处理程序生成 NC 程序，由计算机自动计算刀位点轨迹，从而实现轴类零件的数控车自动编程。

2. Mastercam 常用绘图指令

Mastercam 数控车常用的绘图指令如图 4.1.1 所示，各指令的主要功能及应用示例见表 4.1.1。

图 4.1.1　Mastercam 数控车常用绘图指令

表 4.1.1　Mastercam 数控车常用绘图指令含义及应用示例

指令图标	指令含义	应用示例
线端点	依据选择的两点绘制直线	
平行线	依据现有的直线绘制一条与其平行的线	
修剪到图素	将两个图素修剪到它们的交点。 操作时，先单击第一个图素，然后双击第二个图素。选择图素时，单击要保留的部分	
分割	将所选直线、圆弧或样条曲线在交点处打断，还可以使用“分割”删除不相交的图素	
图素倒圆角	应用于两线段间的倒圆角	
倒角	应用于两线段间的倒角	

引导问题 3：Mastercam 数控车有哪些加工方法？________________

____

Mastercam 数控车有粗车、精车等多种方法，图 4.1.2 所示为数控车常用的加工方法。表 4.1.2 列出了主要加工方法的作用与含义。

图 4.1.2 Mastercam 数控车常用加工方法

表 4.1.2 Mastercam 数控车常用加工方法的作用与含义

加工方法	作用与含义
粗车	快速切除大量毛坯，为精车做准备
精车	依照串联的图形精车
钻孔	在零件端面沿中心线创建一钻孔刀路。Mastercam 根据输入的参数创建一完整的刀路
车端面	选择两点或使用毛坯边界，快速车零件端面
切断	选择零件切断点，垂直切断零件，如棒料截面毛坯
沟槽	加工锯齿形状或凹槽区域。不可用于粗车刀路或刀具
动态粗车	快速切除大量毛坯，而剩余未加工材料使用更有效的、更小的刀具切削
车螺纹	在零件上创建螺旋形状车螺纹、螺栓或螺母，程序可在端面零件直线上或锥度、内径、外径上车螺纹

【任务实施】

一、传动轴二维草图绘制

1. 审阅图纸标题栏以及公差尺寸等要求

仔细分析传动轴 3 零件图样，弄清结构、尺寸及其他技术要求。

2. 绘制传动轴二维草图

步骤 1：进入 Mastercam2022，使用快捷键 ALT+1 切换视角为俯视图，在主页面下方“绘图平面”对话框中单击选择“俯视图”为绘图平面（图 4.1.3）。

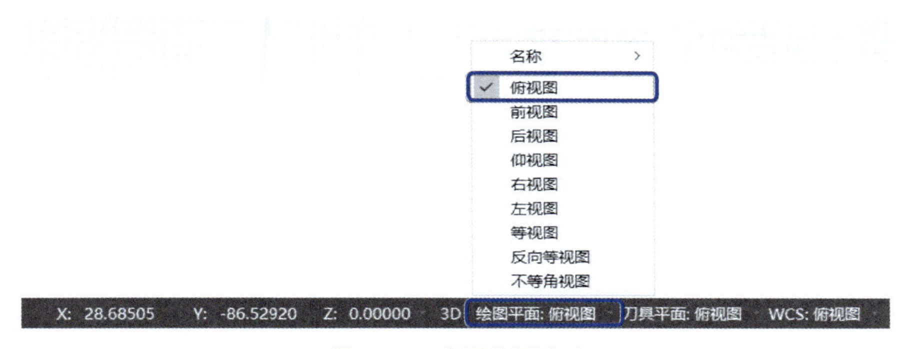

图 4.1.3　草图绘制平面

步骤 2：使用“线端点”指令在坐标原点绘制一条长 30mm 的 90°垂直线。通过“平行线”指令绘制内孔和外圆各端面的投影线，如图 4.1.4 所示。

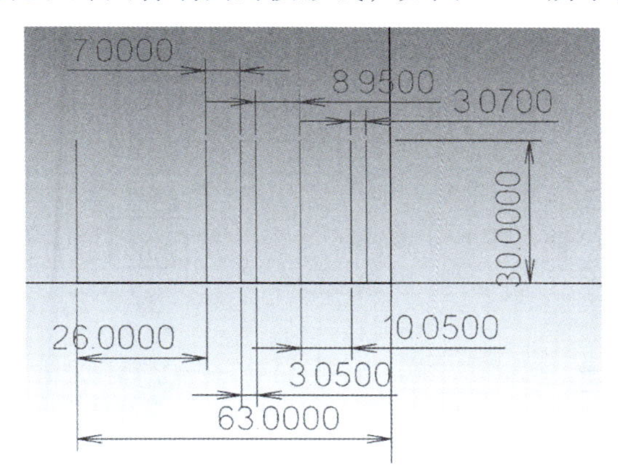

图 4.1.4　传动轴 3 各端面投影线

步骤 3：先使用“线端点”指令绘制轴线，再按照各段外圆的半径值，通过“平行线”指令作与轴线平行的各段平行线，最后使用“修剪到图素指令”绘制出传动轴 3 一侧母线的投影线，如图 4.1.5 所示。

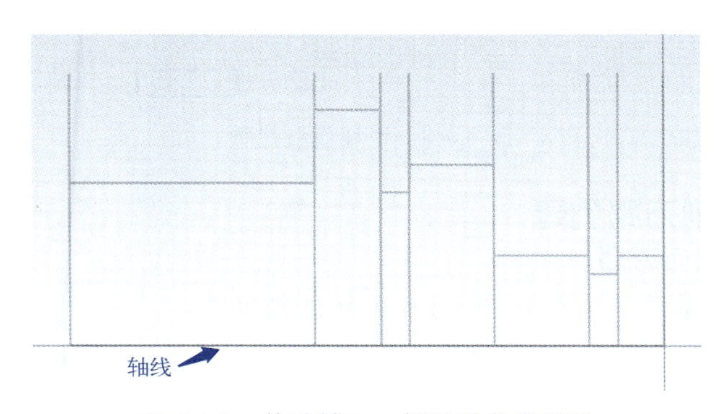

图 4.1.5　传动轴 3 一侧母线的投影线

步骤 4：参照传动轴 3 零件图结构，通过“修剪”“倒圆”和“倒角”指令绘出传动轴 3 的二维草图，如图 4.1.6 所示。

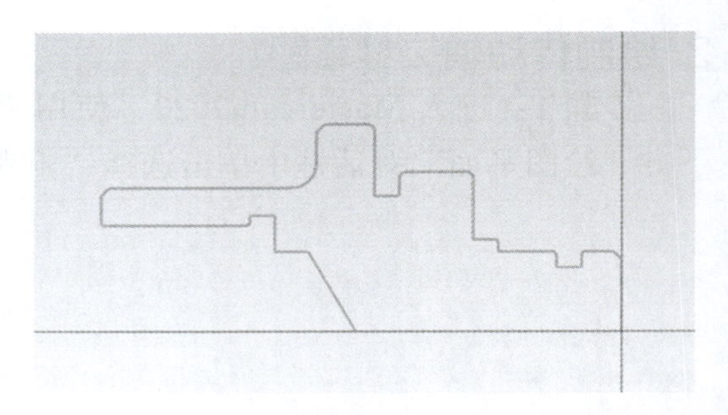

图 4.1.6　传动轴 3 的二维草图

二、传动轴左侧自动编程

1. 传动轴毛坯、坐标系设置

步骤 1：打开 Mastercam2022，在工具栏中单击“机床”选项卡，选择“车床”，新建一个“默认”的机床，如图 4.1.7 所示。

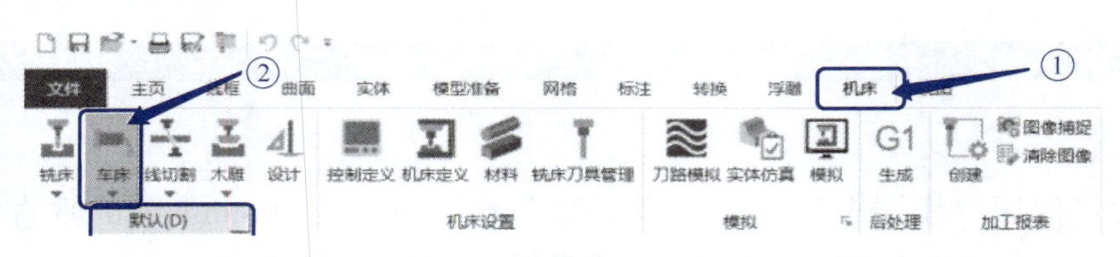

图 4.1.7　新建一个默认机床

步骤 2：在创建的车床界面打开“毛坯设置”选项卡，在“毛坯”区域单击“参数”进行设置，输入毛坯外径、长度，单击 ✓ 确认，如图 4.1.8 所示。

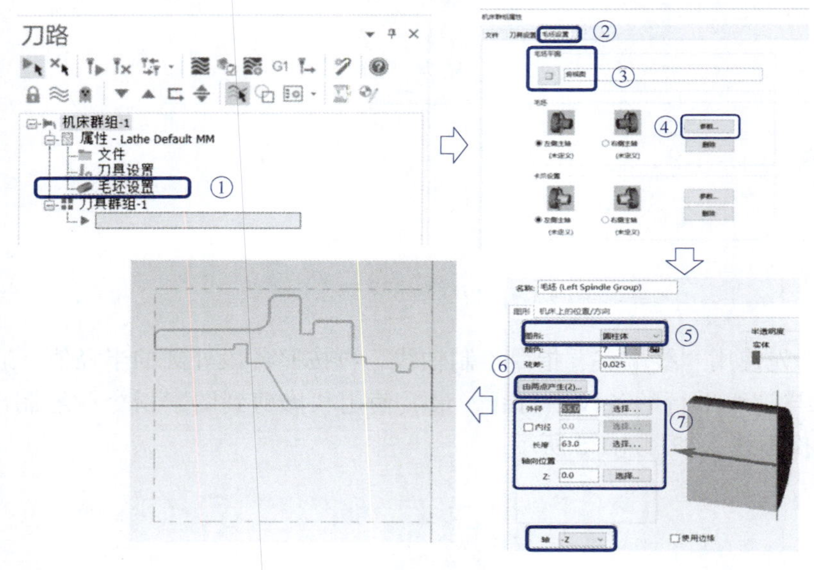

图 4.1.8　毛坯设置过程

2. 传动轴左侧车削刀路创建

（1）创建车削端面刀路。

步骤 1：在传动轴草图中绘制图 4.1.9 所示的辅助线。

步骤 2：单击“标准”工具栏区域的“精车”指令 精车；在图形区选择要加工的图素，方向要跟刀路的切削方向一致，如图 4.1.10 所示。

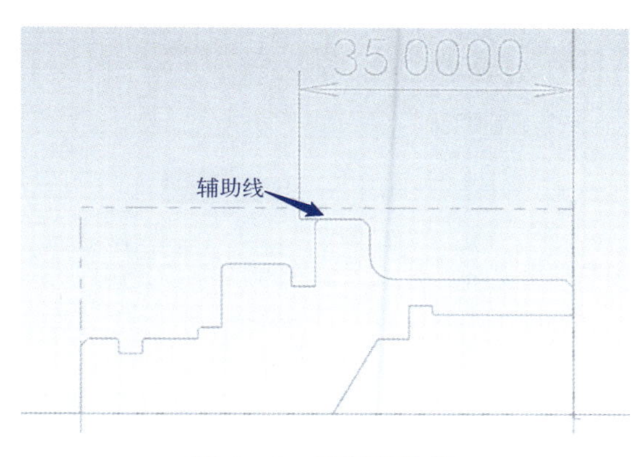

图 4.1.9　绘制辅助线

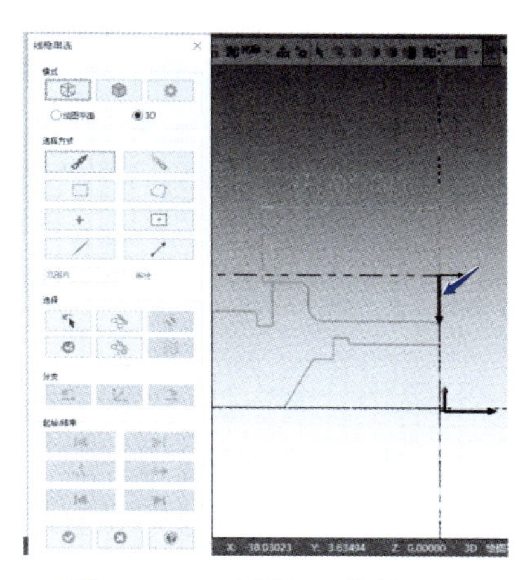

图 4.1.10　选择加工的端面

步骤 3：设置外圆车刀。如图 4.1.11 所示，按照“①→⑧”的步骤设置刀号、主轴转速、进给速率等参数。在“刀具参数”选项卡（图 4.1.12）中单击参考点，按图设置参考点数值。参考点指的是刀路的进退刀点，单击 ✓ 确认，即可创建车端面刀路，如图 4.1.13 所示。

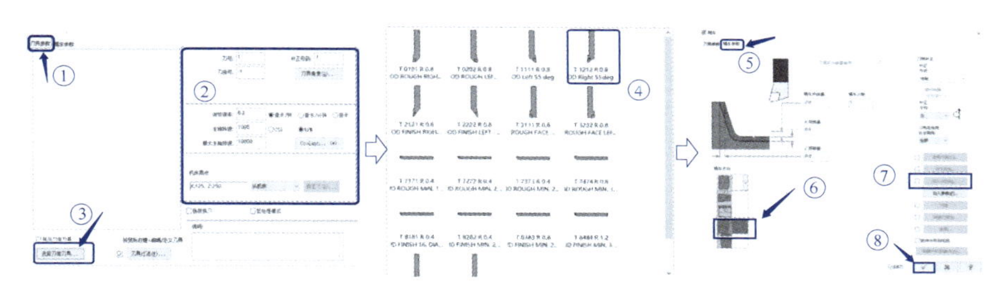

图 4.1.11　设置外圆车刀步骤

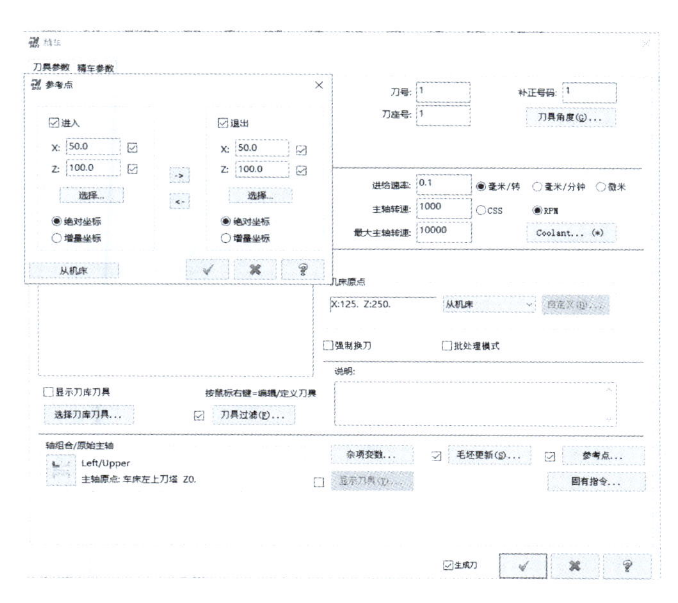

图 4.1.12　“刀具参数”对话框

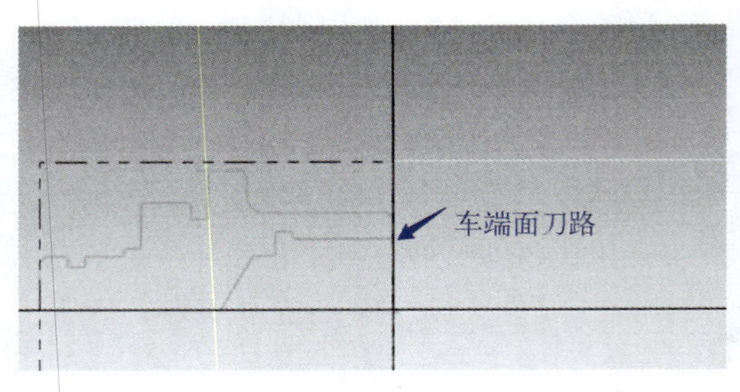

图 4.1.13 车端面刀路

（2）创建钻孔刀路。

步骤 1：单击“标准”工具栏区域的“钻孔”指令，弹出“车削钻孔”对话框，输入主轴转速、进给速率和参考点，如图 4.1.14 所示。单击“选择刀库刀具”按钮，因钻孔刀路沿原点编程，在弹出的刀库中需要选择一把方向合适的钻头，如图 4.1.15 所示。

步骤 2：单击“车削钻孔”对话框中的“深孔钻 - 无啄孔”选项卡，按图 4.1.16 所示设置钻孔深度与位置，单击生成钻孔刀路，如图 4.1.17 所示。

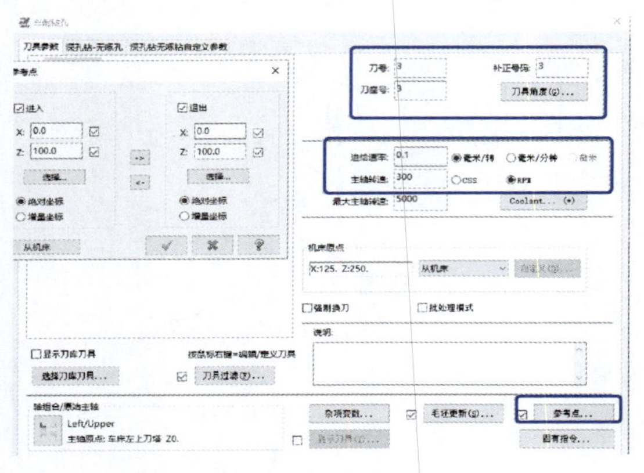

图 4.1.14 “车削钻孔”对话框

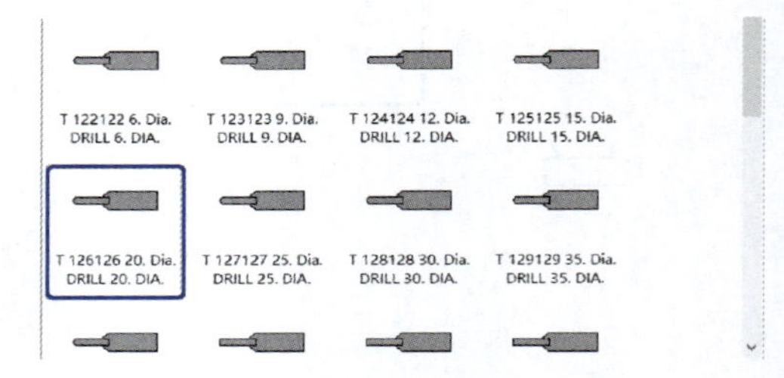

图 4.1.15 在刀库中选择钻头

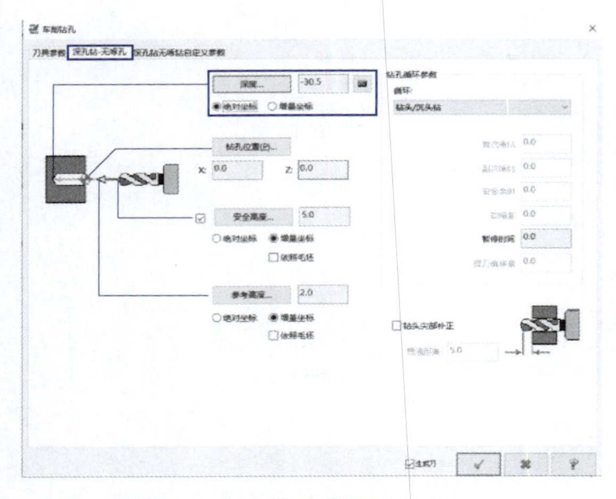

图 4.1.16 钻孔深度与位置

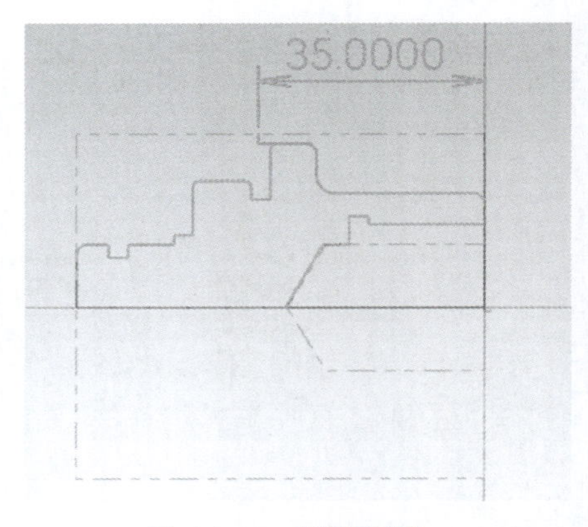

图 4.1.17 钻孔刀路

（3）创建粗车外径刀路。

步骤 1：单击“标准”工具栏区域的“粗车”命令，在图形区域选择粗车的外轮廓线，方向要与加工方向一致，如图 4.1.18 所示。

步骤 2：在刀库中选择一把外圆车刀，输入主轴转速、进给速率和参考点，修改粗车参数；修改“切削深度”为“1”，进入延伸量为“1”，“X 预留量”为“0.2”，“Z 预留量”为“0.1”，其他参数默认，生成外径粗车刀路，如图 4.1.19 所示。

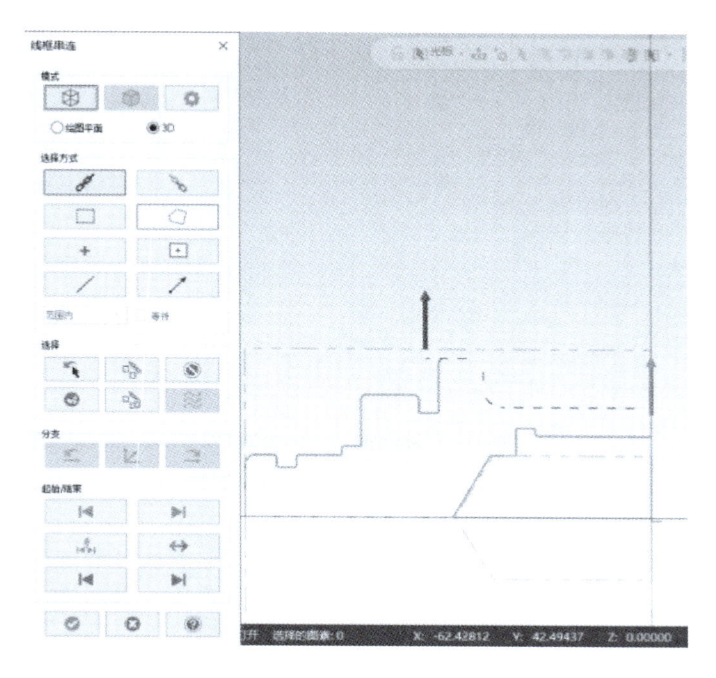

图 4.1.18　选择粗车外轮廓线

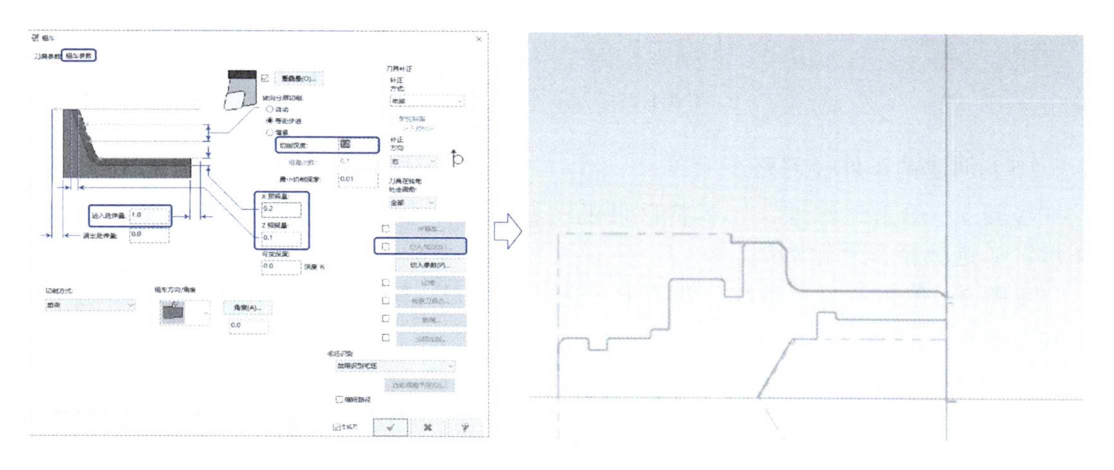

图 4.1.19　粗车参数及生成的刀路

（4）创建粗车内径刀路。

步骤 1：单击“标准”工具栏区域的“粗车”命令，选择粗车内轮廓线，方向要跟加工方向一致，如图 4.1.20 所示。

步骤 2：从刀库中选择一把内孔刀，“粗车方向 / 角度”改为内孔方式，其他参数跟外径刀路一样。生成过程如图 4.1.21 所示。

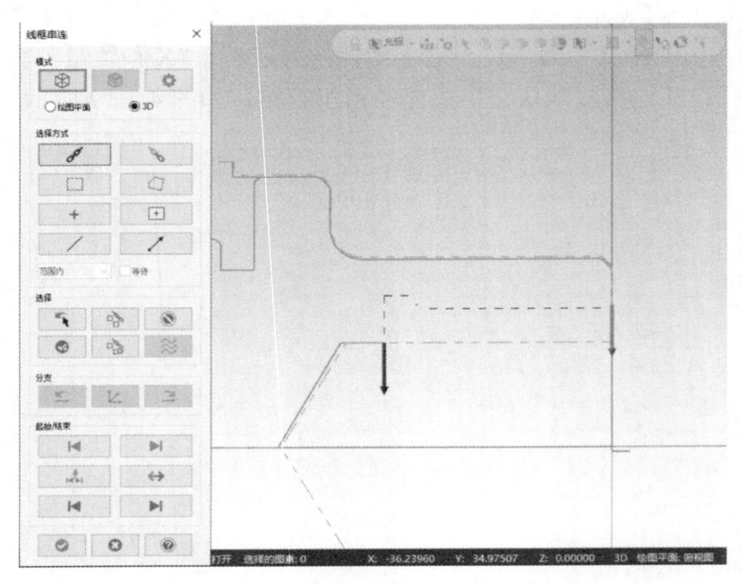

图 4.1.20　选择内径粗车内轮廓线

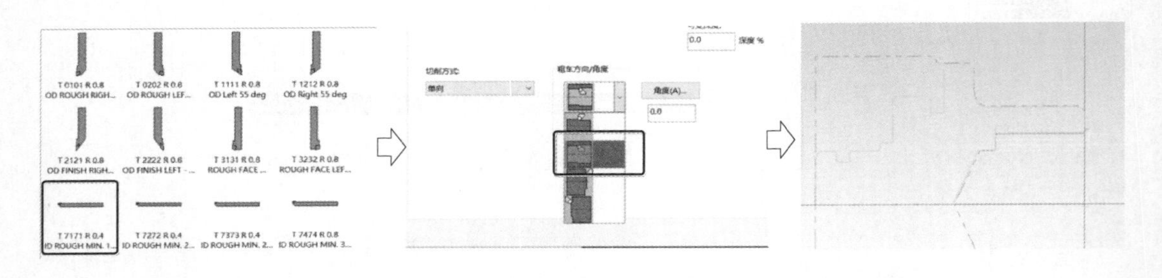

图 4.1.21　选择粗车内轮廓线

（5）创建精车外径刀路。

步骤 1：单击“标准”工具栏区域的“精车”命令，打开“精车”对话框，在图形区域选择精车外轮廓线。

步骤 2：单击“刀具参数”选项卡，选择外圆刀，输入精车外径主轴转速、进给速率和参考点。

步骤 3：单击“精车参数”选项卡，单击“切入 / 切出”按钮，弹出“切入 / 切出设置”对话框。单击“切入”选项卡，勾选“切入圆弧”复选框，“扫描”输入“90”，“半径”输入“1”，取消勾选“使用进入向量”复选框，如图 4.1.22 所示。

步骤 4：单击“切出”选项卡，取消勾选“退刀圆弧”和“使用退刀向量”复选框，单击按钮生成外径精修刀路，如图 4.1.23 所示。

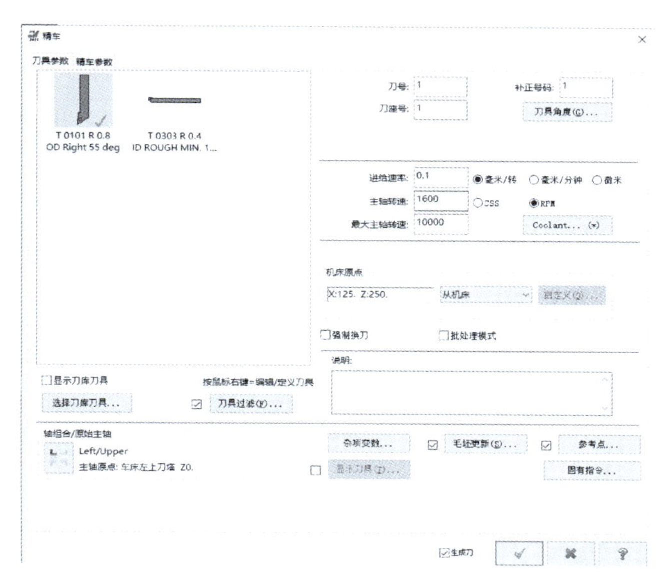

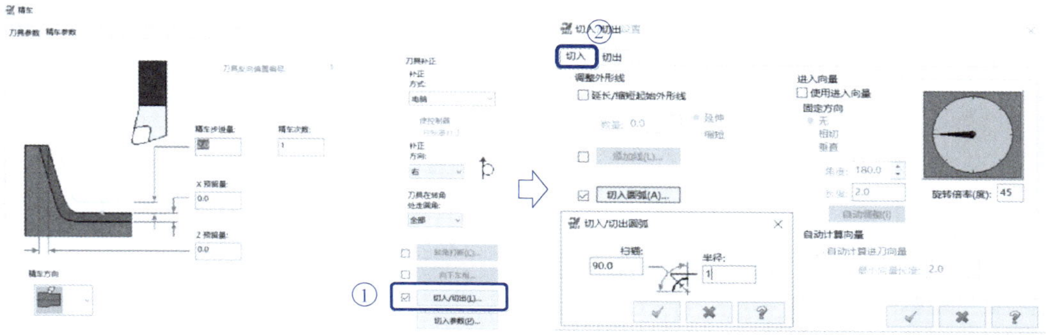

图 4.1.22　精车参数设置—切入参数

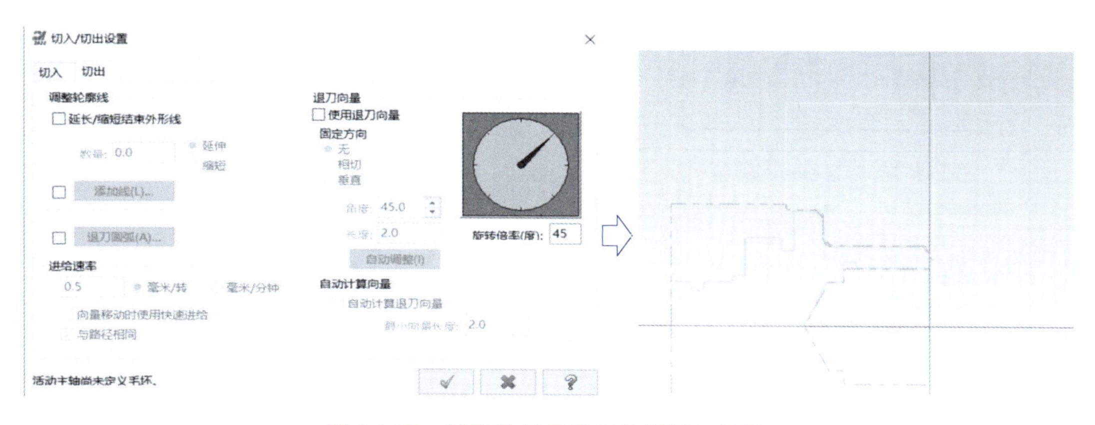

图 4.1.23　精车外径切出参数设置与刀路

（6）创建精车内径刀路。

步骤 1：单击“标准”工具栏区域的“精车”命令精车，打开“精车”对话框，在图形区域选择精车内轮廓线。

步骤 2：单击“刀具参数”选项，选择内孔刀，输入精车内径主轴转速、进给速率和参考点等参数。

步骤 3：参照“精车外径”的步骤 3、4 设置切入、切出参数（图 4.1.22 和图 4.1.23），生成图 4.1.24 所示的内径精修刀路。

（7）创建粗车、精车内沟槽刀路。

步骤 1：单击“标准”工具栏区域的“沟槽”指令，打开“沟槽”对话框，在图形区域选择内沟槽轮廓线，如图 4.1.25 所示。

步骤 2：选用一把内沟槽刀具，单击“刀具参数”选项卡，将刀具修改成 2mm 刀具宽度，输入进给速率、主轴转速和参考点，如图 4.1.26 所示。

步骤 3：单击“沟槽形状参数”选项卡，勾选“使用毛坯边界”复选框，其他参数见图 4.1.27。

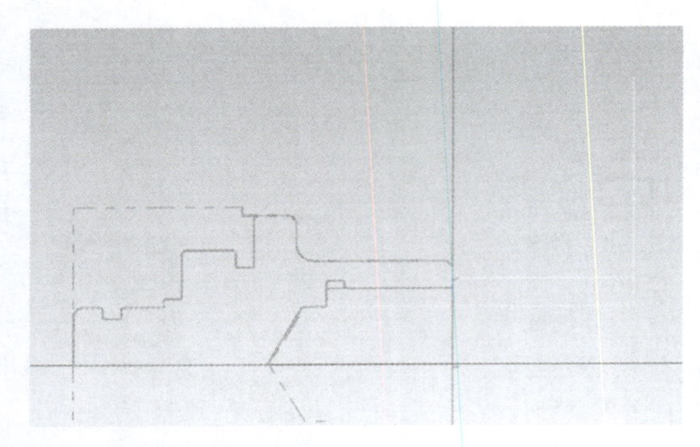

图 4.1.24 精车内径刀路

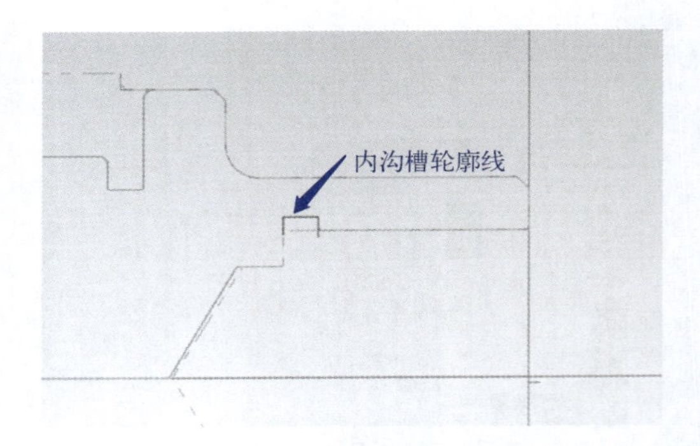

图 4.1.25 选择内沟槽轮廓线

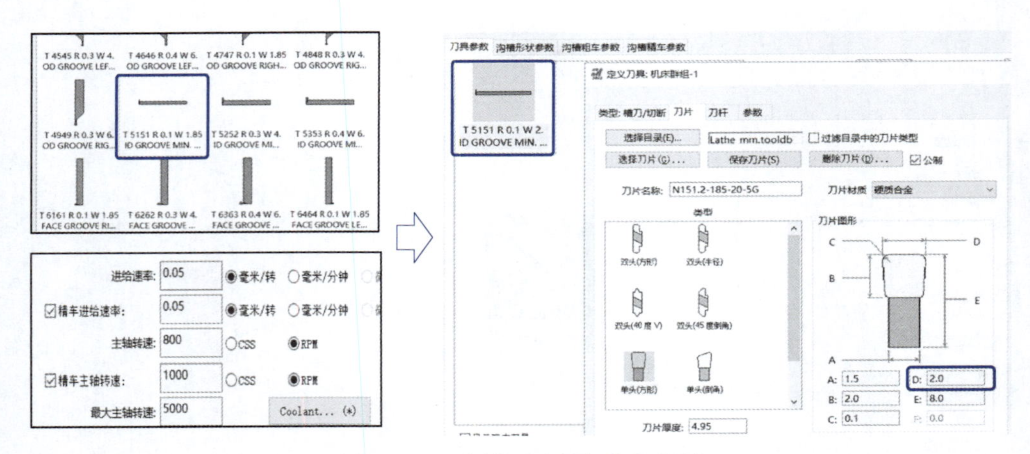

图 4.1.26 内槽刀选择与参数设置

步骤 4：单击“沟槽粗车参数”选项卡，如图 4.1.28 所示，勾选“粗车”复选框，不要勾选“精车沟槽参数”中的“精修”；“毛坯安全间隙”文本框输入“1.0”，“槽壁”选择“平滑”；勾选“轴向分层切削”复选框并单击进入“沟槽分量切深设置”修改“每次切削深度”为“1.0”，其他参数默认，单击✔，生成内沟槽粗车刀路，如图 4.1.29 所示。

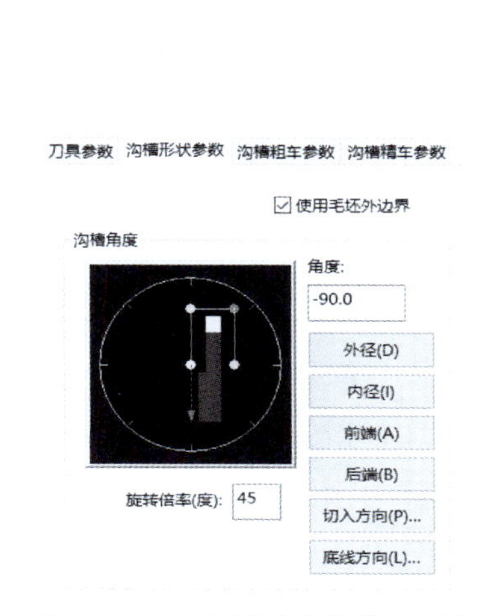

图 4.1.27　沟槽形状参数对话框

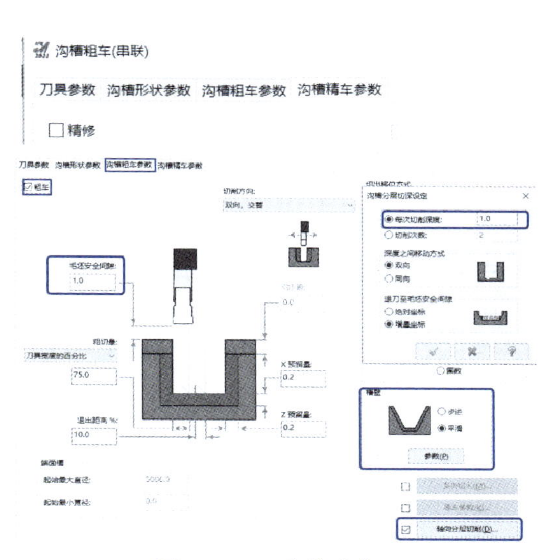

图 4.1.28　沟槽形状

步骤 5：单击“沟槽精车参数”选项卡，勾选“精修”；参照粗车内沟槽刀路，不要勾选“沟槽粗车参数”里的粗车，如图 4.1.30 所示，要勾选“沟槽精车参数”里的“精修”，其他参数默认，生成内沟槽精车刀路，如图 4.1.31 所示。

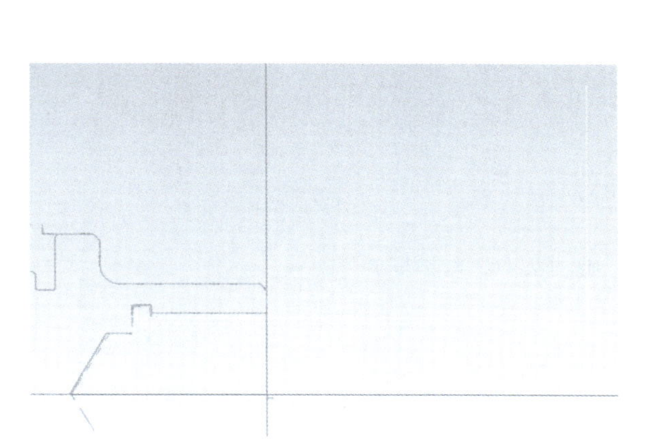

图 4.1.29　粗车内沟槽刀路

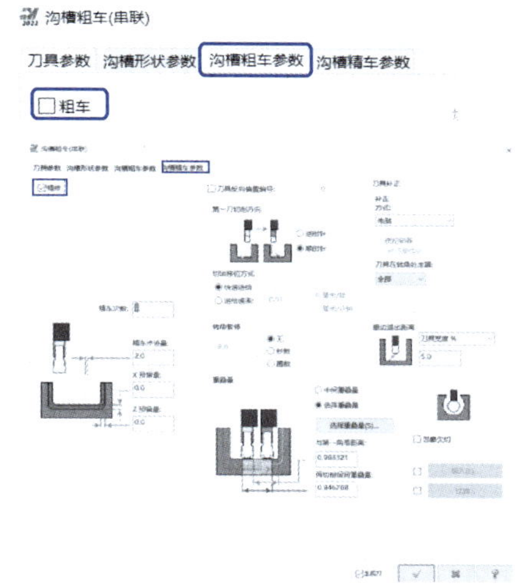

图 4.1.30　精车内沟槽参数

（8）创建内螺纹刀路。

步骤 1：单击“标准”工具栏区域的“车螺纹”指令，弹出“选择刀具”对话框，如图 4.1.32 所示。选择一把内螺纹刀，在“刀具参数”选项卡中输入刀具参数，如图 4.1.33 所示。

步骤 2：单击“螺纹外形参数”选项卡，如图 4.1.34 所示，输入对应的参数，一般修改“导程”（螺距）、“大径（螺纹外径）”“小径（螺纹内径）”“起始位置”和“结束位置”，其他默认。

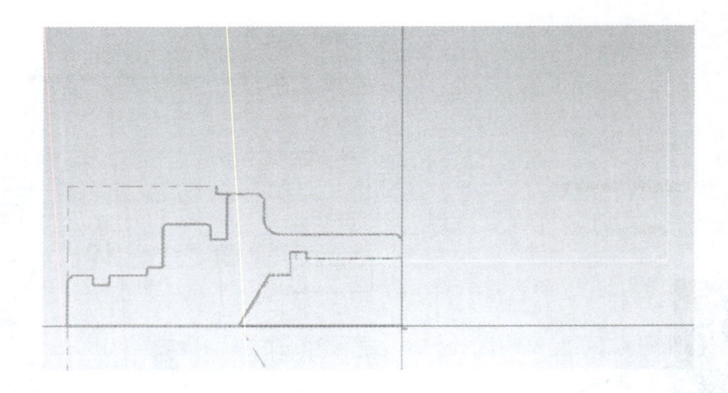

图 4.1.31 精车内沟槽刀路

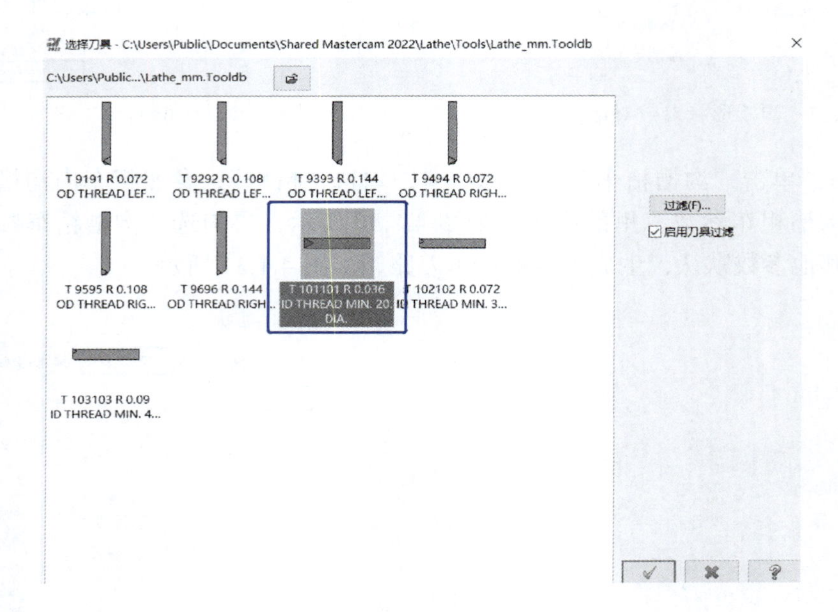

图 4.1.32 “选择刀具”对话框

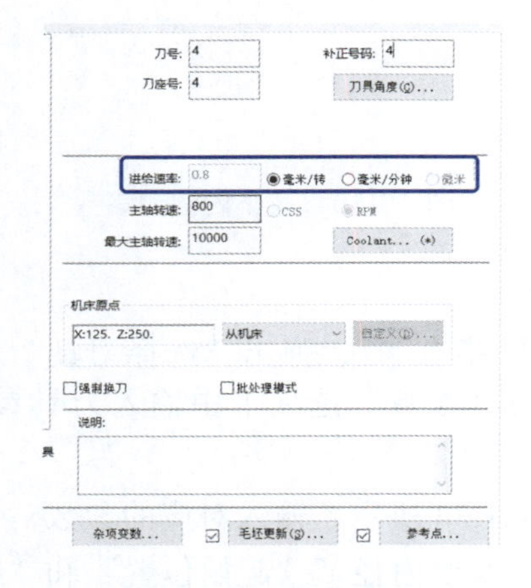

图 4.1.33 螺纹刀通用参数

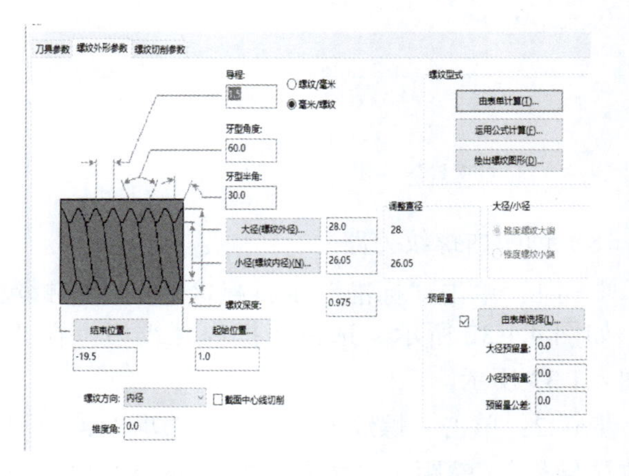

图 4.1.34 “选择参数”对话框

步骤 3：单击“螺纹切削参数”选项卡，如图 4.1.35 所示。按图修改“NC 代码格式”为“螺纹车削（G32）”；输入螺纹“切削次数”为“8”、“毛坯安全间隙”（每次的退刀量）为“1”，其他参数为 0。单击✓按钮，生成内螺纹刀路，如图 4.1.36 所示。

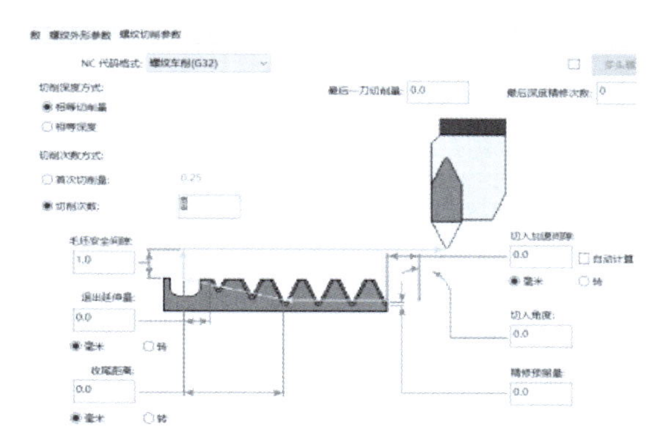

图 4.1.35　螺纹切削参数设置

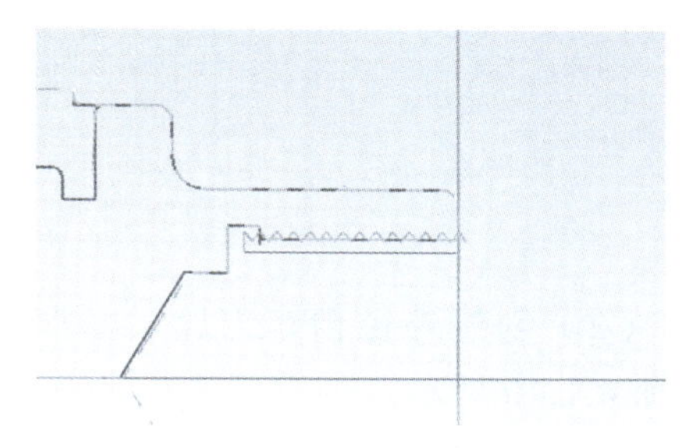

图 4.1.36　内螺纹刀路

三、传动轴右侧车削刀路创建

1. 镜像轮廓线与生成端面刀路

步骤 1：在“转换”工具栏区域中单击“镜像”，把轮廓线按“Y 轴”镜像到另一边，见图 4.1.37。

步骤 2：在“转换”工具栏区域中单击“移动到原点”，轮廓线移动到坐标原点。图 4.1.38 所示是参照左侧精车端面方法和参数生成的端面刀路。

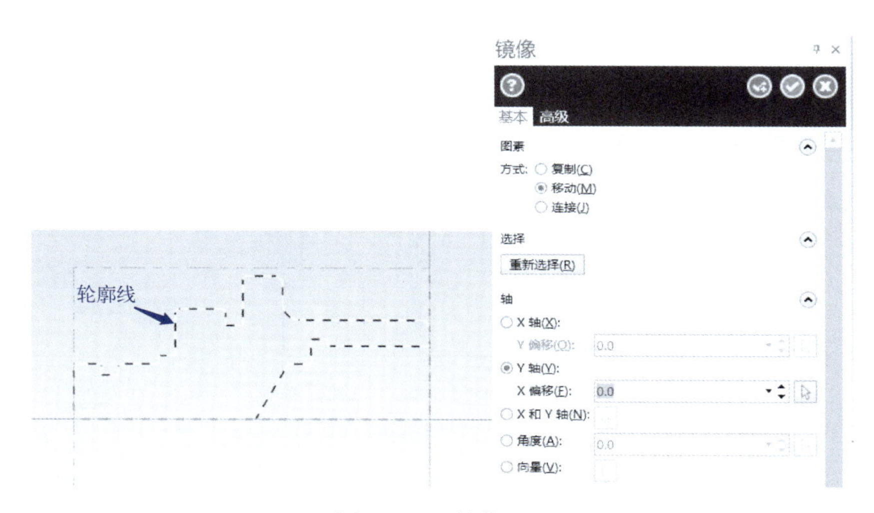

图 4.1.37　镜像设置

2. 传动轴右侧车削刀路创建

（1）创建外径粗车刀路。单击“标准”工具栏区域的“粗车”命令，选择外径粗车路径，参照左侧粗车方法和参数生成外径粗车刀路，见图 4.1.39。

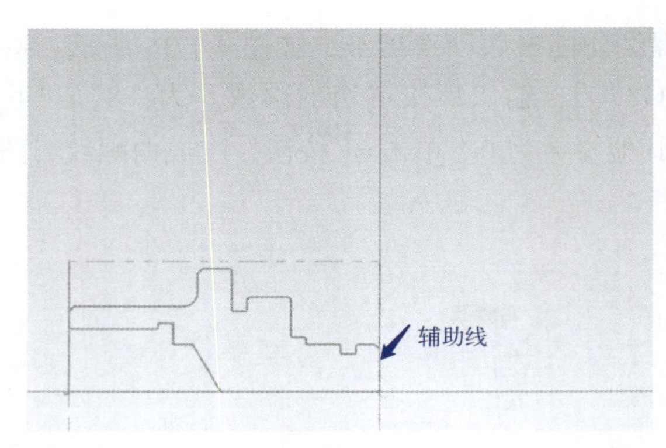

图 4.1.38　端面刀路

（2）创建外径精车刀路。参照左侧外径精车方法和参数生成右侧外径精车刀路，如图 4.1.40 所示。

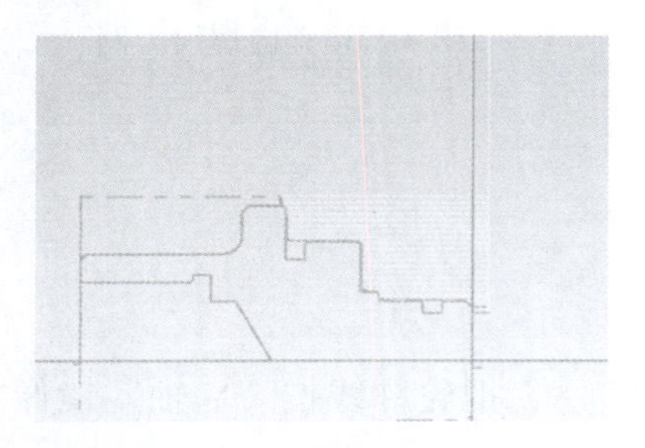

图 4.1.39　右侧外径粗车刀路

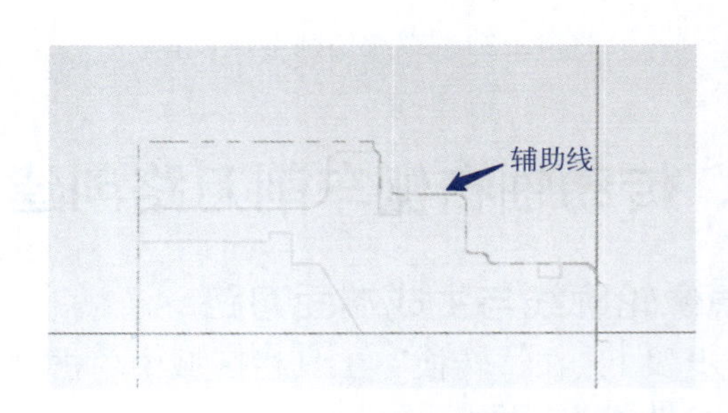

图 4.1.40　右侧外径精车刀路

（3）创建粗车、精车外沟槽刀路。

步骤 1：单击“标准”工具栏区域的“沟槽”命令，在图形区域选取一外沟槽路径，弹出“沟槽粗车”对话框，如图 4.1.41 所示。

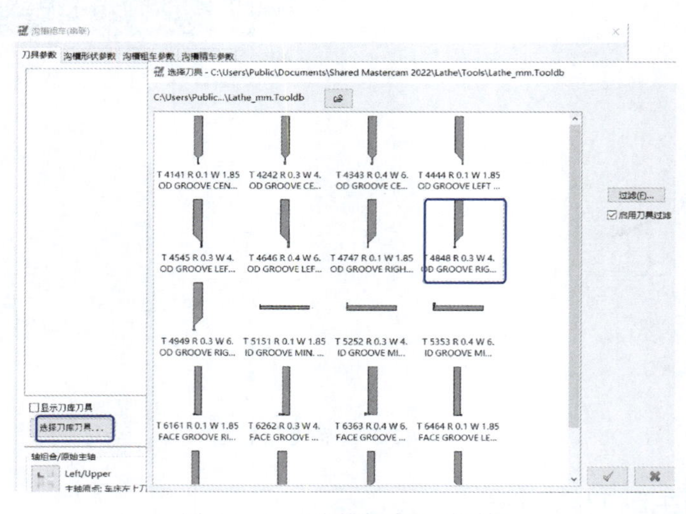

图 4.1.41　“沟槽粗车”对话框

步骤 2：单击“选择刀库刀具 ...”按钮，从刀库中选择一把外沟槽刀，双击刀具，按图 4.1.42 所示修改刀片形状和刀杆形状。

步骤 3：其他参数参照粗车内沟槽设置，单击✔按钮生成外沟槽粗车刀路，见图 4.1.43。

一条沟槽指令只能粗车一个槽，传动轴右侧有两个外槽，需要创建两条外沟槽粗车刀路。

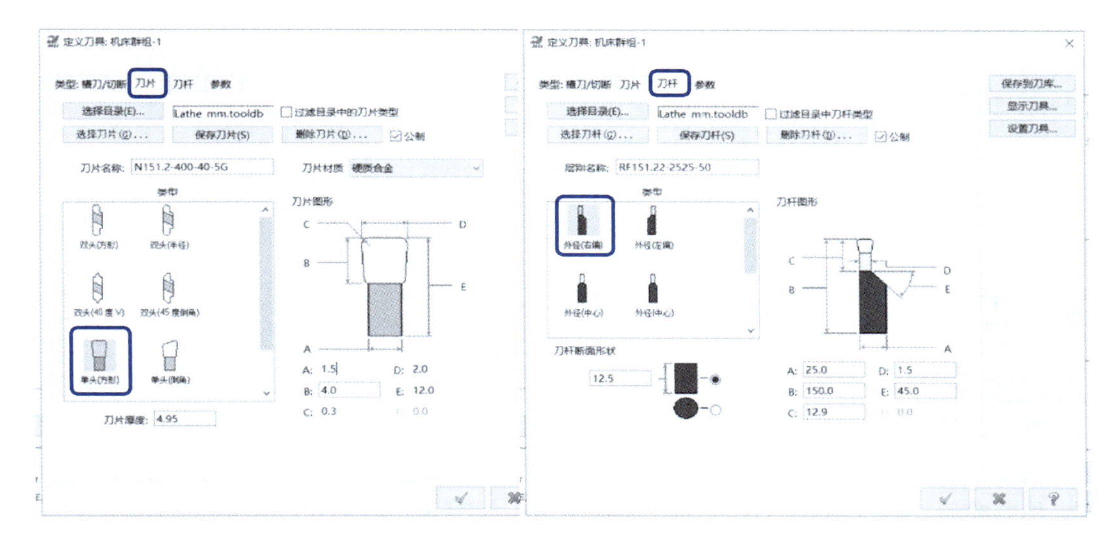

图 4.1.42　外槽刀刀片与刀杆设置

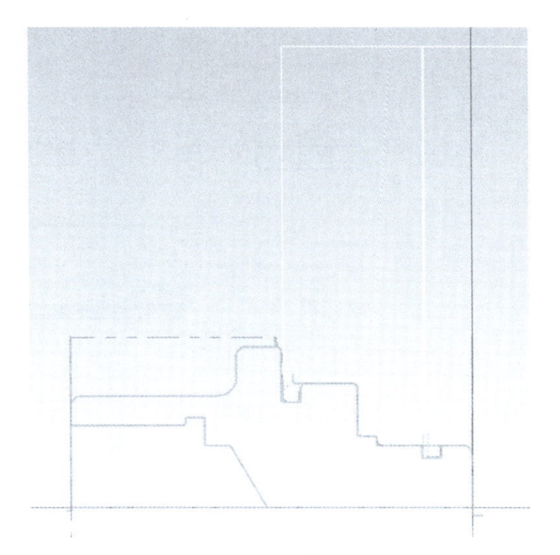

图 4.1.43　粗车外沟槽刀路

步骤 4：单击“沟槽精车参数”选项卡，如图 4.1.44 所示，创建外沟槽精车刀路。选取一个外沟槽路径，勾选“精修”和“切入圆弧 ...”复选框。输入第一条路径切入和第二条路径切入的切入圆弧；取消勾选“使用进入向量”复选框；其他参照内沟槽精车参数输入，单击✔按钮生成一条外沟槽的精修刀路；第二个外沟槽刀路参照第一个生成刀路，如图 4.1.45 所示。

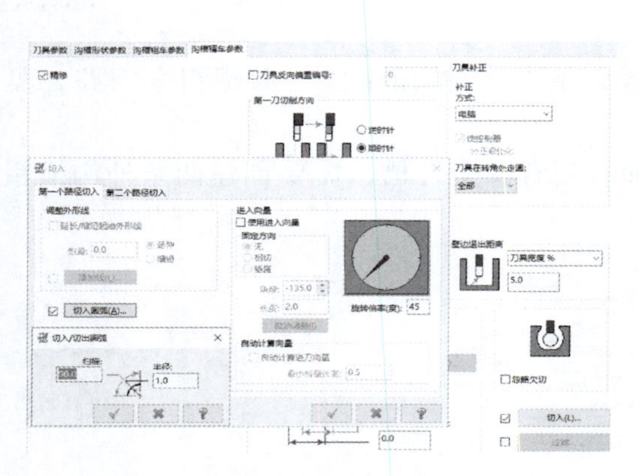

图 4.1.44　精车外沟槽参数

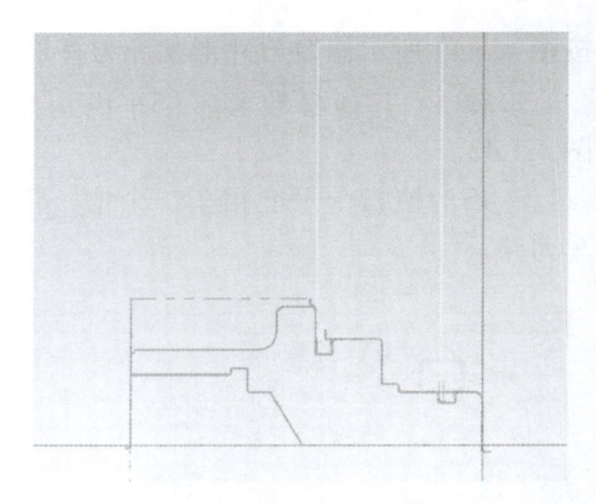

图 4.1.45　精车外沟槽刀路

四、工序后处理

1. 调用后处理器文件

单击菜单栏“机床”，进入机床窗口。单击“机床设置”工作栏区域的“控制定义”指令，弹出“控制定义”对话框，单击“后处理”，选择好控制器类型，添加机床相应的后处理文件，然后在后处理中选用，如图 4.1.46 所示。

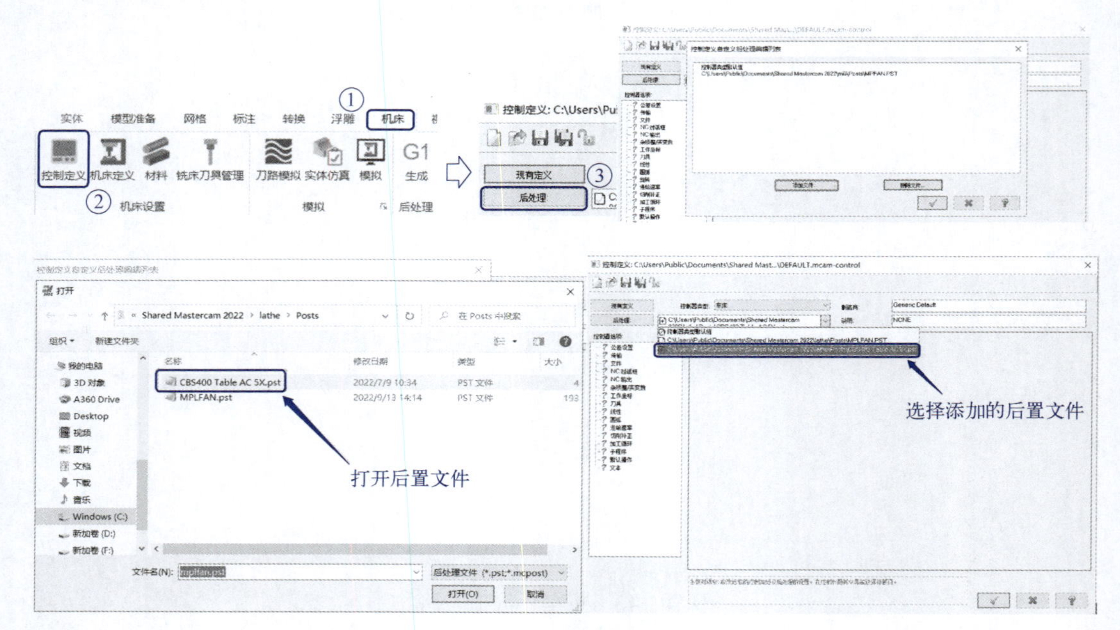

图 4.1.46　后处理器调用步骤

2. 生成 G 代码程序

选择要生成 G 代码的文件，然后单击“机床”窗口的“后处理”工具栏的，如图 4.1.47 所示。在弹出的“后处理程序”对话框中设置好文件扩展名 .NC，输入如图 4.1.48 所示，单击按钮，选择代码文件路径生成 NC 代码程序。

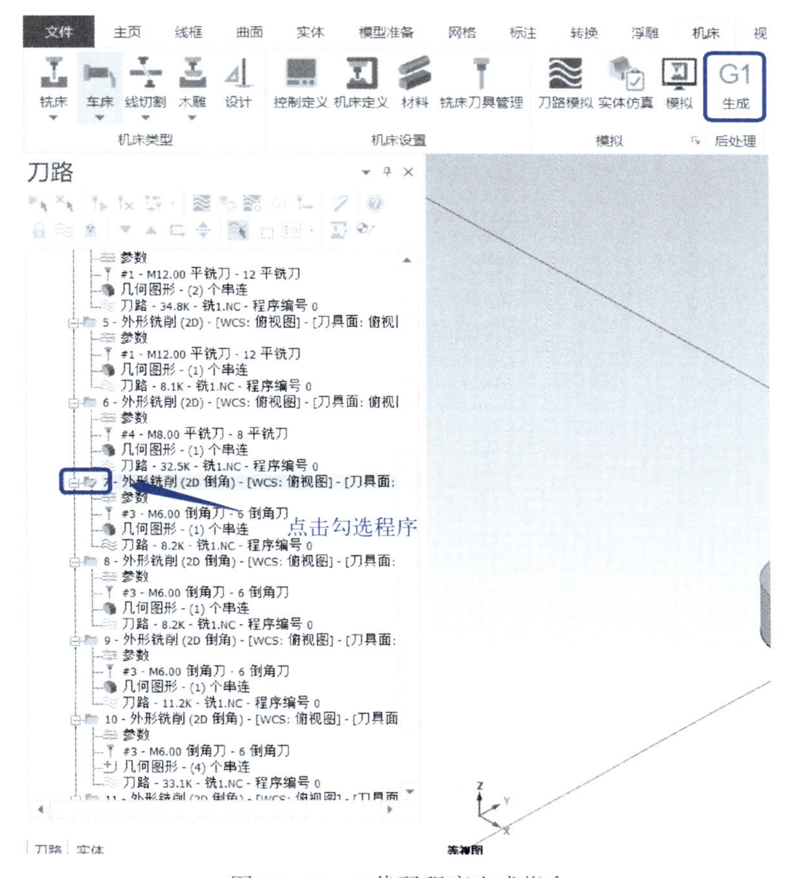

图 4.1.47　G 代码程序生成指令

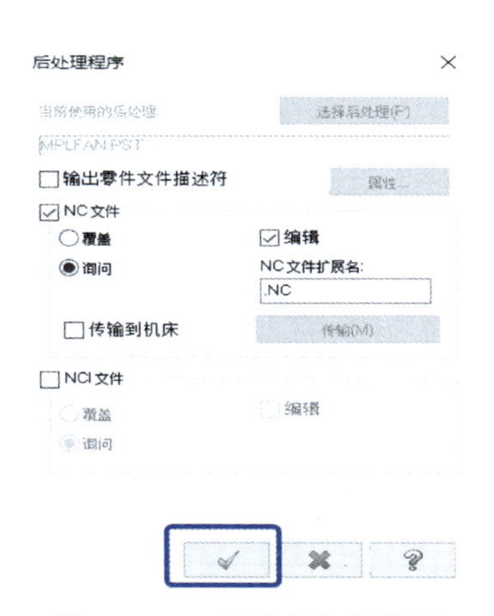

图 4.1.48　后处理文件设置

3. 检查 G 代码程序

随机抽查一个 G 代码程序，主要检查其是否与所用机床的数控系统要求一致，安全平面设置、坐标系设置等是否正确等。图 4.1.49 所示为后处理后的一夹工序的精修外径 G 代码程序。

```
G0T0101
G18
S1600M03
G0G54X150.Z50.M8
Z1.
X14.141
G18G95G2X16.141Z0.I1.F.1
G3X17.697Z-.322K-1.1
G1X19.346Z-1.146
G3X19.99Z-1.925I-.778K-.778
G1Z-7.301
Z-15.
X20.8
G3X23.Z-16.1K-1.1
G1Z-18.
X37.151
G3X38.707Z-18.322K-1.1
G1X39.356Z-18.646
G3X40.Z-19.424I-.778K-.778
G1Z-28.114
X43.111
G0X150.
Z50.
M09
M30
%
```

图 4.1.49　一夹工序的精修外径 G 代码程序

【实战演练】

依据传动轴的零件图（图 4.1.50），使用 Mastercam2022 软件，设计传动轴的数车工序并生成数控程序。

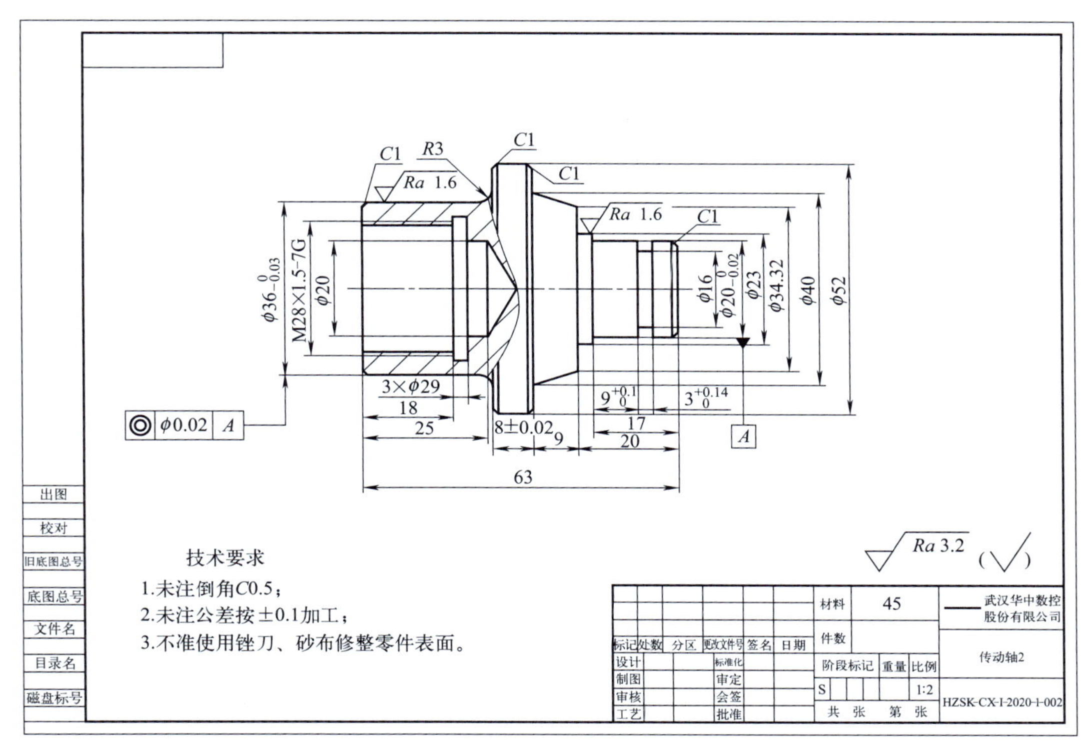

图 4.1.50　传动轴零件图

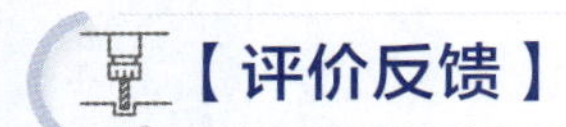

【评价反馈】

传动轴 3 数控车削自动编程——评分表

班级：　　　　　　姓名：　　　　　　学号：

序号	评价项目	评价标准	配分	得分
1	结构完整性	是否能完整表达传动轴零件的结构	10	
2	尺寸准确性	传动轴零件草图的各部分尺寸是否与零件图一致	10	
3	草图命令合理性	草图创建方法与步骤是否可行且高效	10	
4	坐标系与毛坯	坐标系和毛坯的设定是否正确	20	
5	刀具选择	刀具选择是否符合加工要求	10	
6	工步安排	是否层次分明、顺序合理，刀轨是否合理	20	
7	切削用量	背吃刀量、进给量、主轴转速设置是否合理	10	
8	标准化	生成的 G 代码程序是否符合所用数控系统的标准	10	

轴承座的数控铣削自动编程

一、Mastercam 的拉伸特征

引导问题 1：轴承座是典型的板块类零件，Mastercam2022 中有无针对板块类零件建模的指令？____

____

相关技能点

Mastercam 的拉伸特征指的是封闭轮廓的拉伸主体或者切割主体形成的特征。Mastercam 创建拉伸特征时，先在绘图区域绘制一个封闭的二维曲线草图，然后单击菜单栏中的“实体”，在下拉菜单中单击“拉伸”，弹出“实体拉伸”对话框，如图 4.2.1 所示。在“类型”区域选择“创建主体”，在“距离”区域输入需要拉伸的长度，如图中的“50”，单击“确认”按钮，则在绘图区域生成拉伸实体。

图 4.2.2 所示是利用拉伸特征创建切割主体的方法。

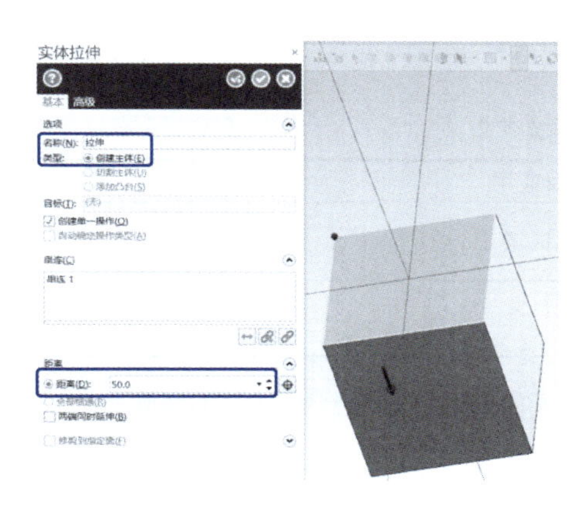

图 4.2.1　创建主体模型

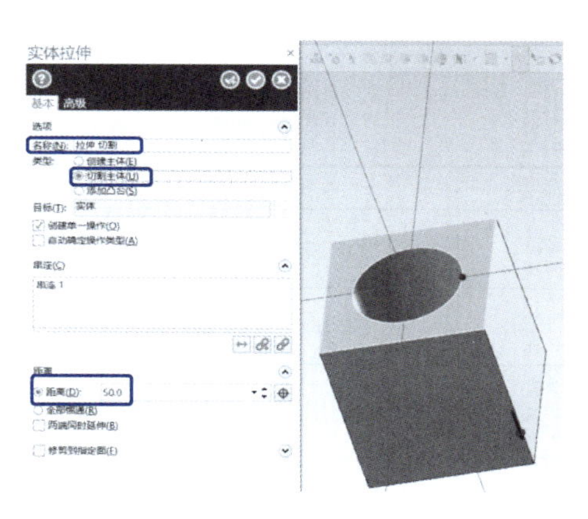

图 4.2.2　利用拉伸特征创建切割主体

二、Mastercam2022 数控铣编程方法

引导问题 2：对于板块类零件，Mastercam 如何编程？________________

____

1. 数控铣界面

双击 Mastercam2022 图标，进入软件界面。在工具栏中找到“机床”页并单击进入，下方会显示各种机床定义，如图 4.2.3 所示。选择“铣床”并新建一个“默认”的机床，此时，工具栏中显示“2D”工具栏，其中包含了数控铣床常用的铣削编程方式，如图 4.2.4 所示。

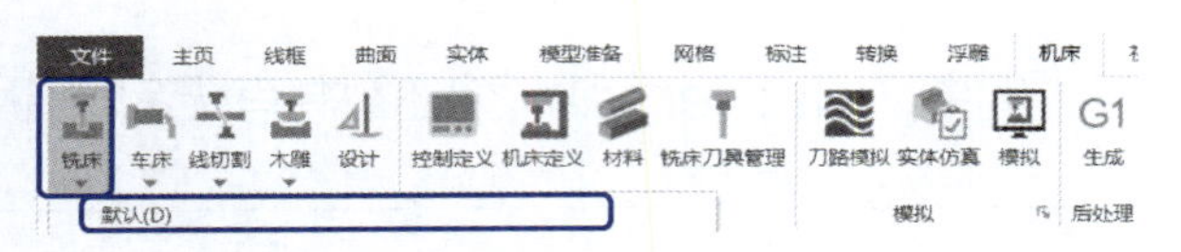

图 4.2.3　数控铣床模式

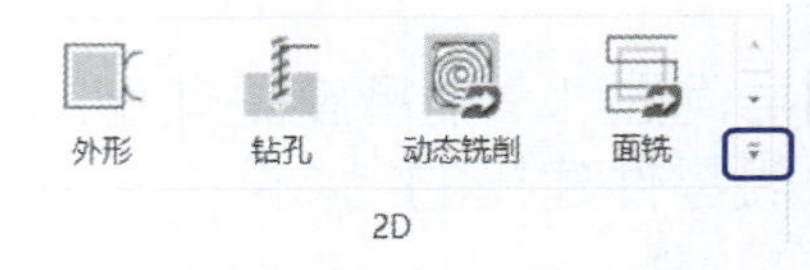

图 4.2.4　“2D”工具栏区域

2. 数控铣常用类型

单击“2D”工具栏右侧的下拉箭头，显示如图 4.2.5 所示的各种铣削类型。各类型的功能见表 4.2.1。

图 4.2.5　常用数铣类型

表 4.2.1　常用数控铣类型

命令	内涵及应用
外形	仅沿着选取的串连曲线进行加工，不加工其他区域
钻孔	从选择的点或圆弧钻孔
动态铣削	完全利用刀具刃长切削、快速加工封闭型腔、开放凸台或先前操作剩余的残料区域
面铣	快速清理零件顶部的毛坯，为将来的操作创建一个平整的曲面。可以基于串连图形或当前毛坯模型生成刀路

续表

命令	内涵及应用
动态外形	利用刀刃长度可以有效地铣掉材料及壁边，支持封闭或开放串连
挖槽	移除已选边界内所有毛坯
剥铣	在两条边界内或沿一条边界进行摆线式加工
区域	快速加工封闭型腔、开放凸台或先前操作剩余的残料区域

【任务实施】

一、轴承座的三维建模

1. 审阅轴承座零件图

仔细分析轴承座零件图（图 3.1.9）的结构、尺寸公差及其他技术要求。

2. 创建轴承座三维模型

轴承座是典型的板类零件，选择从基准面开始，先拉伸创建主体，然后利用“拉伸”指令中切割主体、切割孔、固定半倒圆和单一距离倒角等功能完成三维建模。

步骤 1：进入 Mastercam2022，以俯视图平面开始画草图。先画出底部矩形部分，如图 4.2.6 所示，单击“拉伸”指令拉伸出总高度，再画出中间 ϕ37mm、ϕ42mm 的轴承孔，用“拉伸”指令中的“切割主体”切割出两轴承孔，如图 4.2.7 所示。

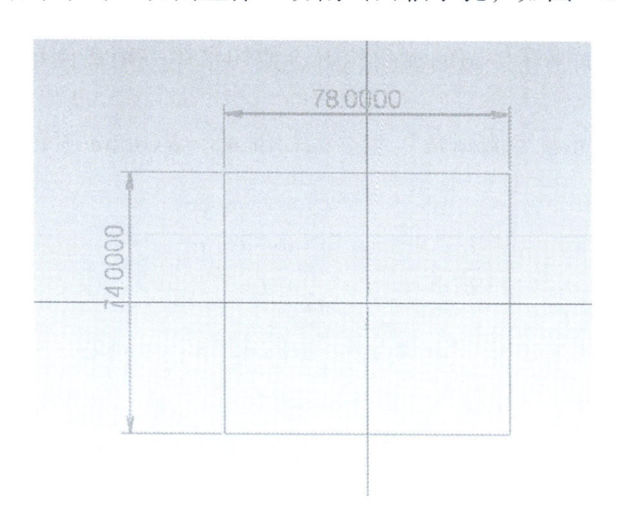

图 4.2.6　在俯视图平面绘制主体矩形草图

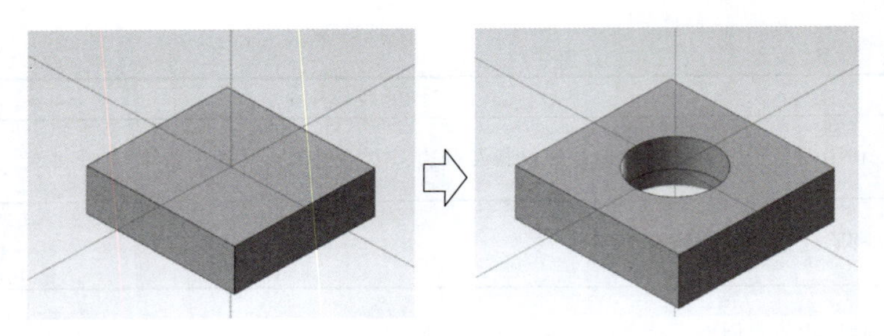

图 4.2.7 拉伸和切割轴承座主体

步骤 2：如图 4.2.8 所示继续切割出上部特征和通孔。先画出上部特征轮廓线，使用“拉伸”指令中的“切割主体”切割出零件各特征。

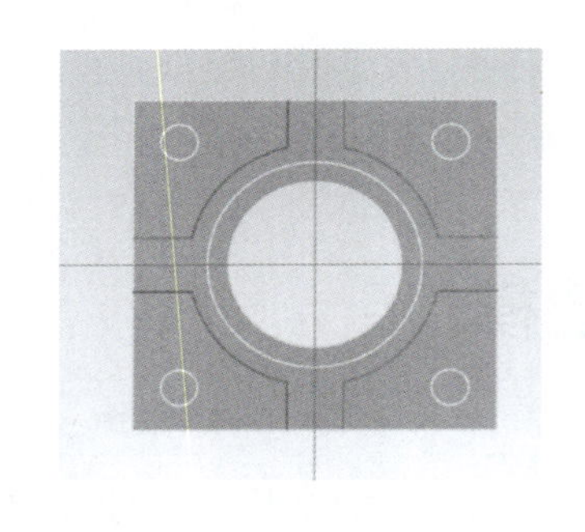

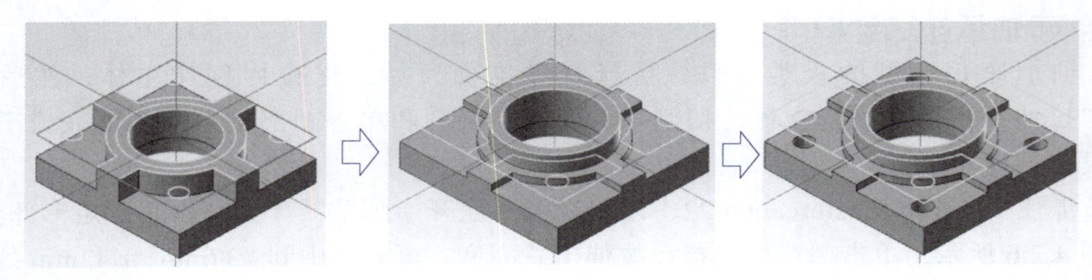

图 4.2.8 十字凸台、圆台特征

步骤 3：对照轴承座零件图的倒角位置，使用“单一距离倒角”指令对绘制模型倒 $C1$mm 斜角。

步骤 4：使用“固定半倒圆角”指令倒 4 个 $R10$mm 圆角和 8 个 $R4$mm 斜角，如图 4.2.9 所示。

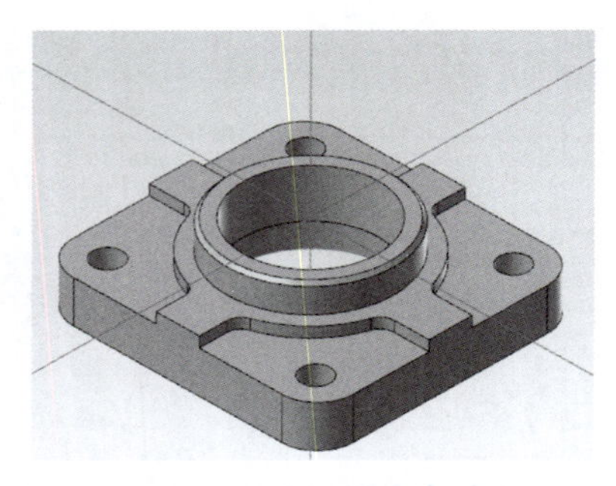

图 4.2.9 倒斜角和倒圆角

二、轴承座反面铣削刀路创建

1. 轴承座毛坯、坐标系设置

如图 4.2.10 所示，在工具栏“机床”页里创建一个“铣床”机床群组，单击“机床群组”→“属性”→“毛坯设置”选项，设置好毛坯大小，勾选“显示”复选框。因为三维模型是基于俯视图创建的，所以坐标系设置时，需要在“毛坯原点”设置中将绘图和刀具平面设置为仰视图。

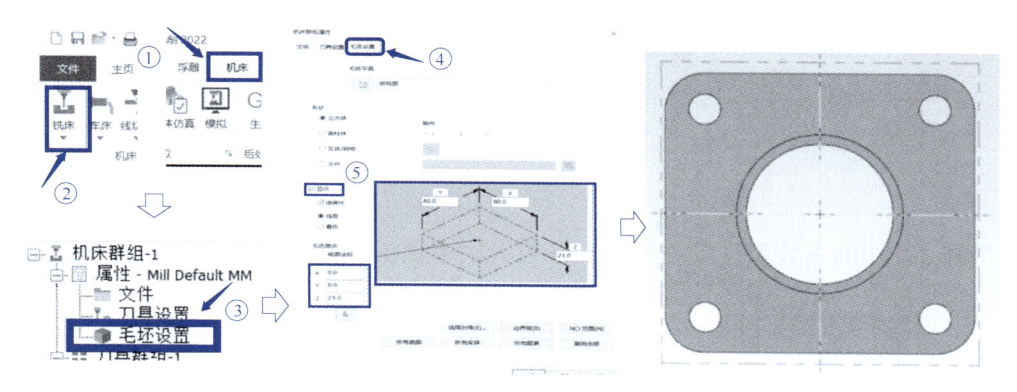

图 4.2.10　设置毛坯和坐标系

2. 轴承座反面铣削刀路创建

（1）外轮廓、中间孔粗铣。涉及的主要参数有切削区域、修建边界、刀具的选定，以及切削参数和非切削参数、主轴转速和进给速率。

步骤 1：在“2D”工具栏区域，单击动态铣削按钮（图 4.2.11），在弹出的对话框（图 4.2.12）中选择“开放”，单击“避让范围”，然后在绘图区选择轴承座外形边线，单击 ✓ 按钮弹出动态铣削各参数设置菜单。

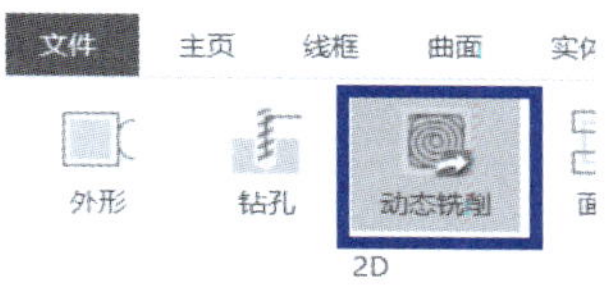

图 4.2.11　“动态铣削”指令

步骤 2：设置刀具。在动态铣削各参数设置菜单中单击“刀具”，在刀具框空白区域单击右键在弹出菜单中选择“创建刀具”，在“创建刀具”对话框中双击选择立铣刀，进入设置界面设置刀具的尺寸，单击“完成”。按图 4.2.13 所示方法设置 ϕ12mm 立铣刀及其参数。

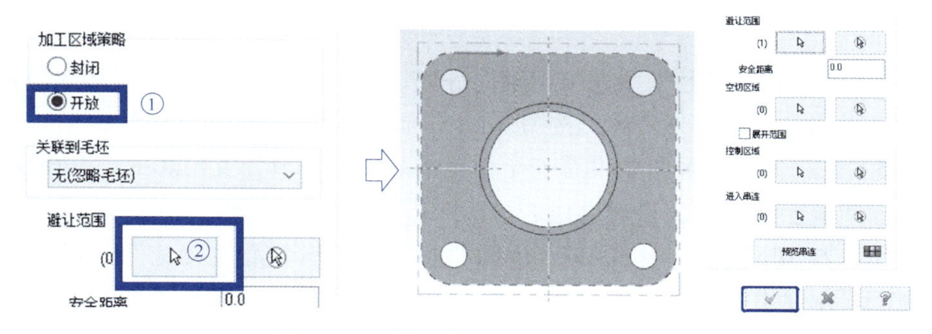

图 4.2.12　设置加工区域和选择避让

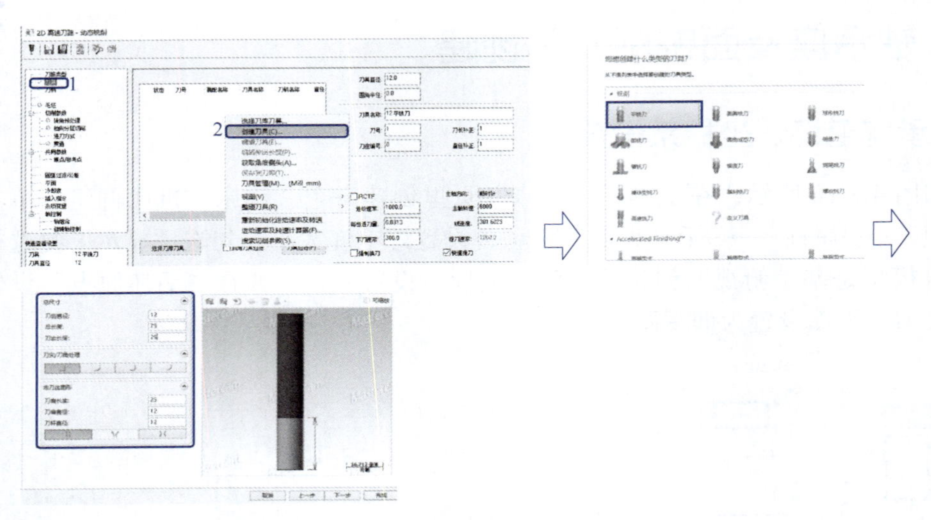

图 4.2.13 动态铣削设置创建 ϕ12mm 立铣刀

步骤 3：切削参数步进量和粗加工壁边、底边预留量设置按图 4.2.14 所示修改。

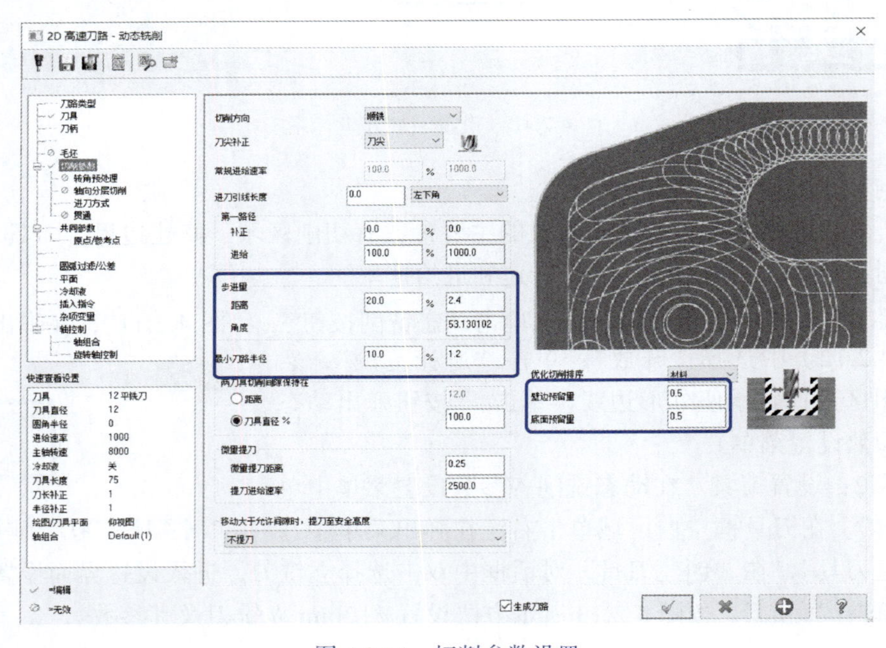

图 4.2.14 切削参数设置

步骤 4：在“切削参数”中选择“轴向分层切削”，勾选“轴向分层切削”复选框，输入“最大粗切步进量”为“8”，按图 4.2.15 所示，设置分层切削参数。

步骤 5：在“共同参数”中设置安全位置的高度、下刀位置的高度、毛坯顶部和加工深度，如图 4.2.16 所示，设置完成后单击 [✓] 按钮生成刀路。

步骤 6：粗切内孔。在“3D”工具栏区域单击“优化动态粗切”按钮（图 4.2.17）。在弹出的对话框（图 4.2.18）中单击模型图形→“选择图素” ，窗选整个加工图形并确定，在刀路控制中选择切削范围，再选择“封闭”。

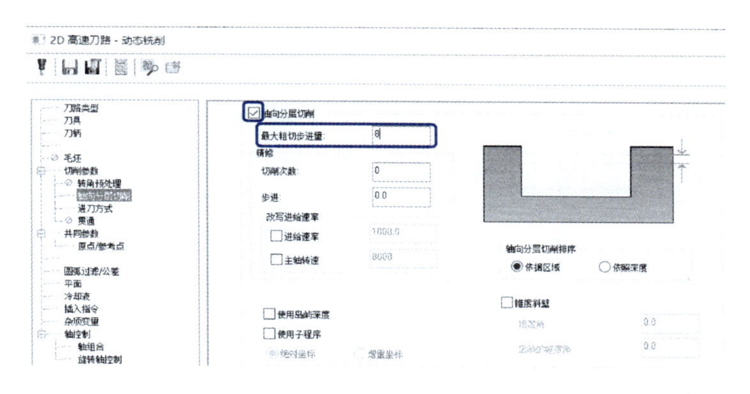

图 4.2.15　设置分层切削参数

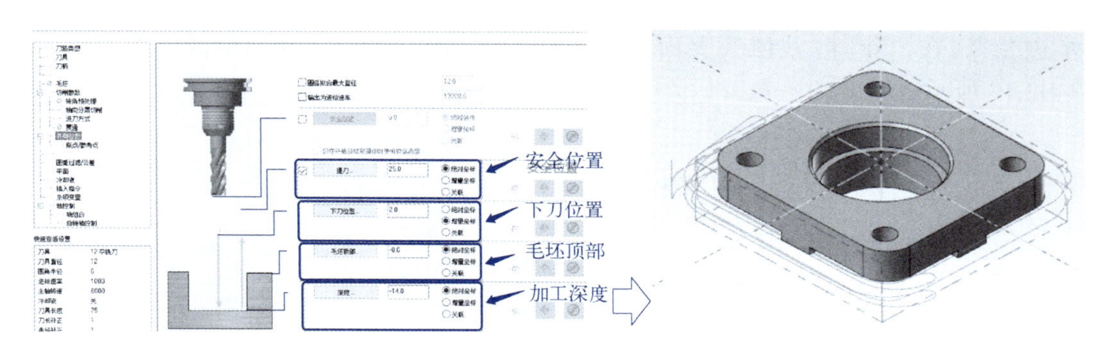

图 4.2.16　设置共同参数并生成刀路

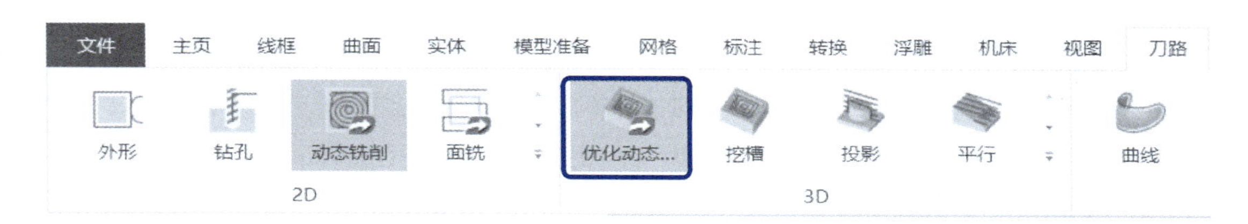

图 4.2.17　“优化动态粗切”指令

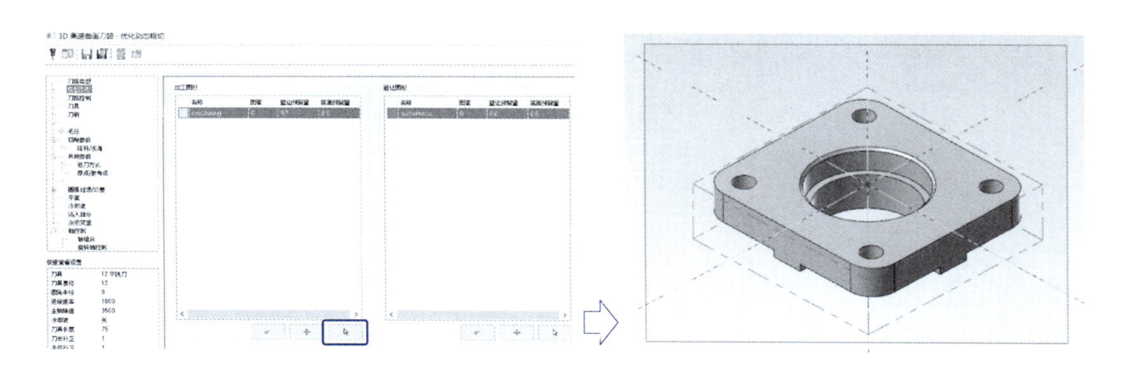

图 4.2.18

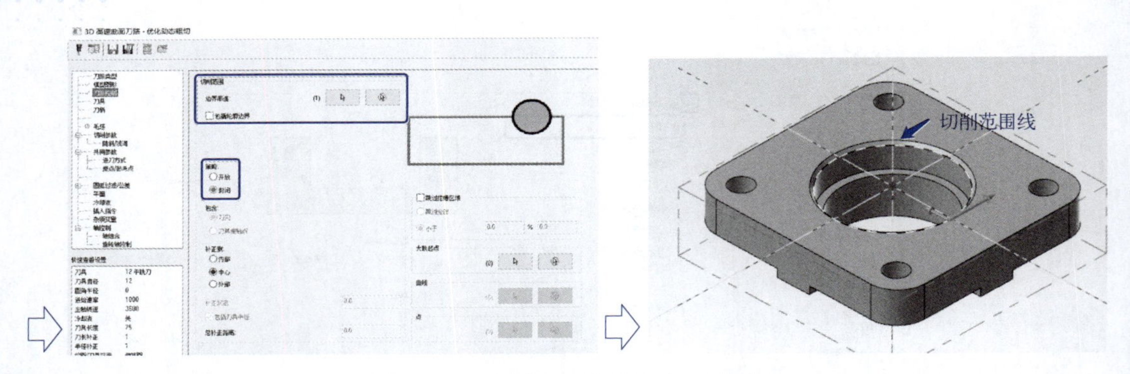

图 4.2.18 设置加工图形和加工范围

步骤 7：设置切削参数，“步进量”的“距离”输入“15”，勾选“分层深度”区域“步进量”，在“陡斜 / 浅滩”页面输入“Z 深度”的最高位置 0 和最低位置 -24，如图 4.2.19 所示。

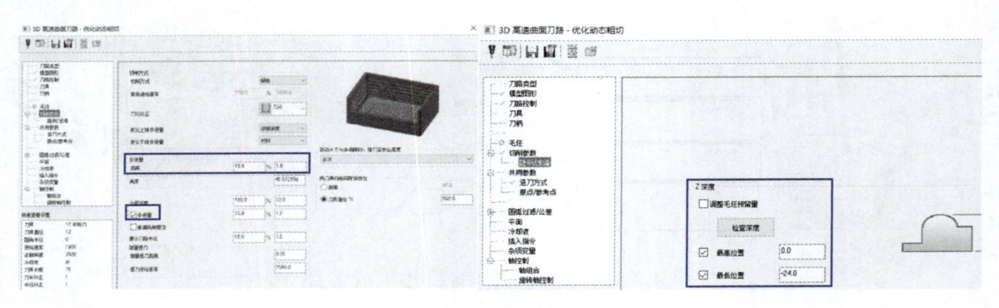

图 4.2.19 设置切削参数

步骤 8：设置共同参数。提刀的安全高度设置为 25，封闭轮廓加工使用螺旋下刀，修改进、退刀方式，“单一螺旋”区域的“螺旋半径”“Z 高度”和“进刀角度”设置为“2”（图 4.2.20）。然后单击“确定”按钮生成优化动态粗切刀路，如图 4.2.21 所示。

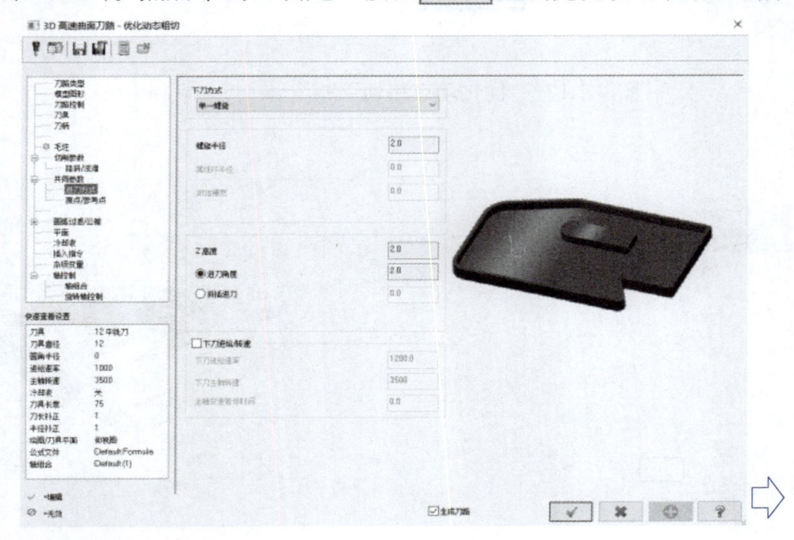

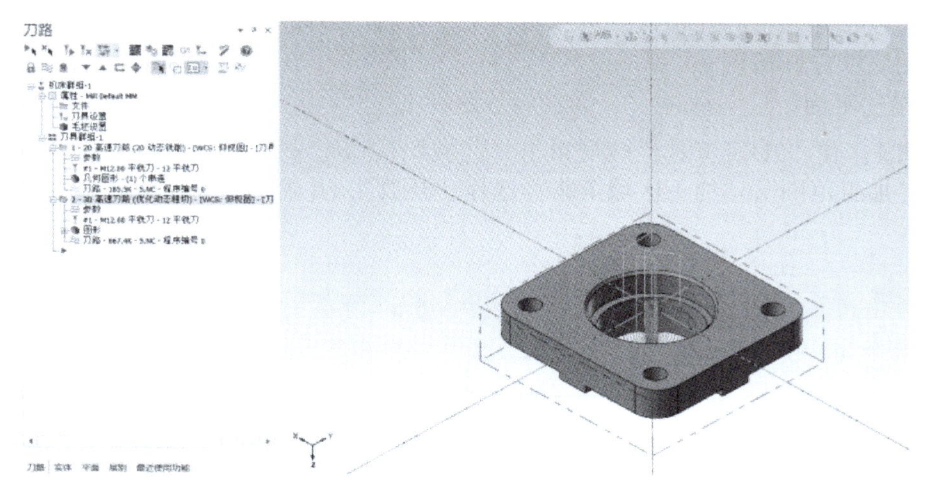

图 4.2.20　设置共同参数并生成刀路

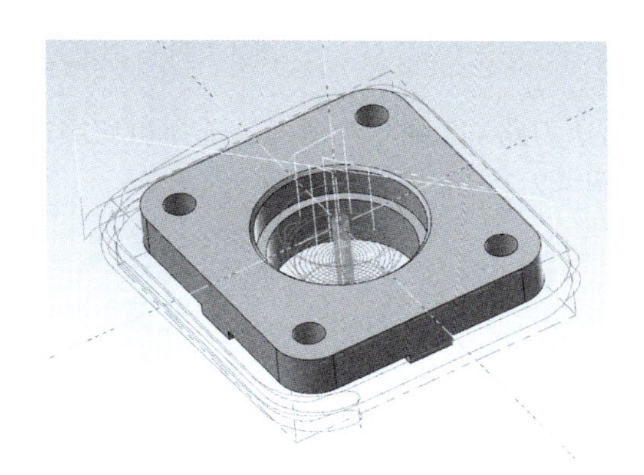

图 4.2.21　一夹粗铣工序刀路

步骤 9：检验粗加工刀路。勾选要模拟刀路，在左边刀路栏找到已选择的操作 按键，按“开始” 就会自动模拟刀路，见图 4.2.22。

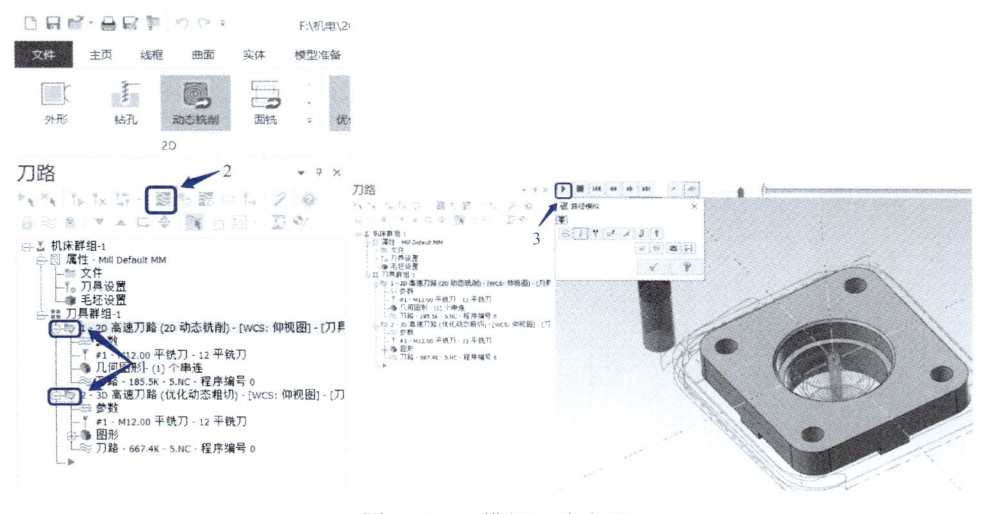

图 4.2.22　模拟刀路步骤

（2）外轮廓、中间孔精铣。检查粗加工生成后的刀路，没问题后便可进行精加工，一般采用底壁分开精铣。

① 精铣平面。

步骤 1：在“2D”工具栏区域单击“区域”按钮（图 4.2.23），在弹出的对话框中选择“加工范围”，“加工区域策略”选择“开放”，并确定，如图 4.2.24 所示。

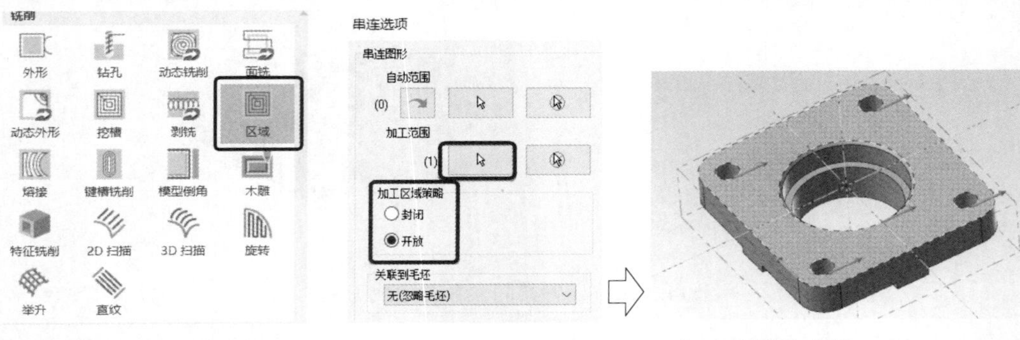

图 4.2.23　选择区域铣削　　　　图 4.2.24　加工范围的选择

步骤 2：弹出“2D 高速刀路 - 区域”对话框，选择粗切用过的ϕ12mm 平铣刀，“主轴转速”“进给速率”按图 4.2.25 所示设置。

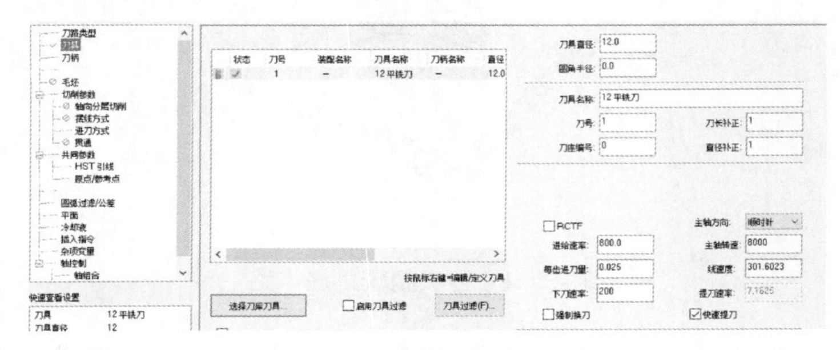

图 4.2.25　选择ϕ12mm 立铣刀

步骤 3：设置切削参数。单击左侧下拉列表的“切削参数”，按图 4.2.26 所示设置右侧各参数。

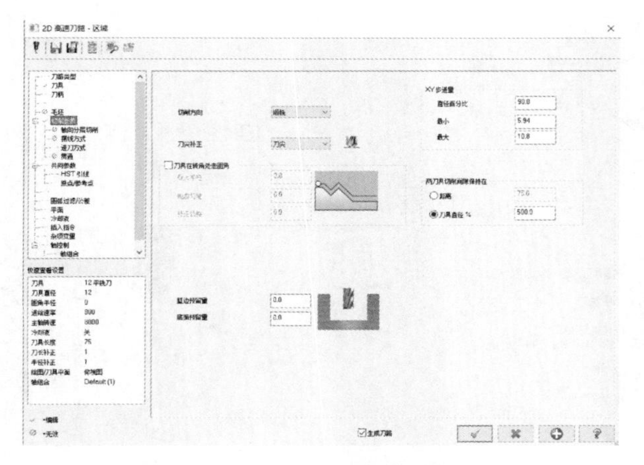

图 4.2.26　切削参数设置

步骤 4：设置共同参数。按图 4.2.27 所示设置右侧各参数，最后确定生成刀路。

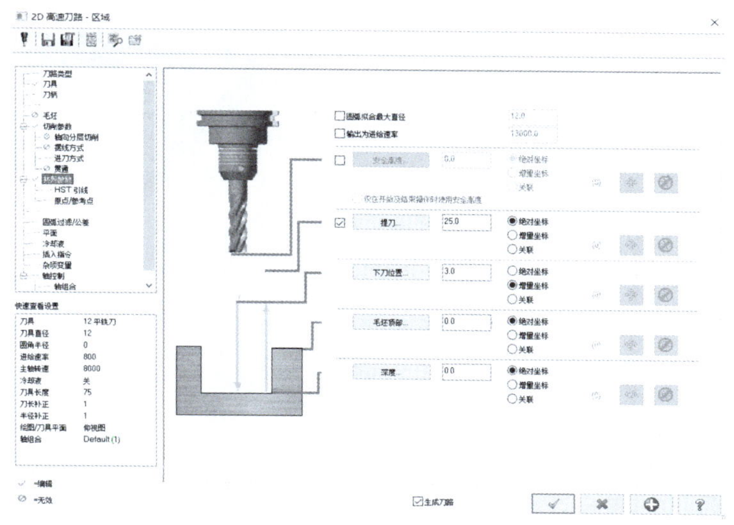

图 4.2.27　共同参数设置

步骤 5：勾选刀路，绘图区即可显示刀路路径，如图 4.2.28 所示。

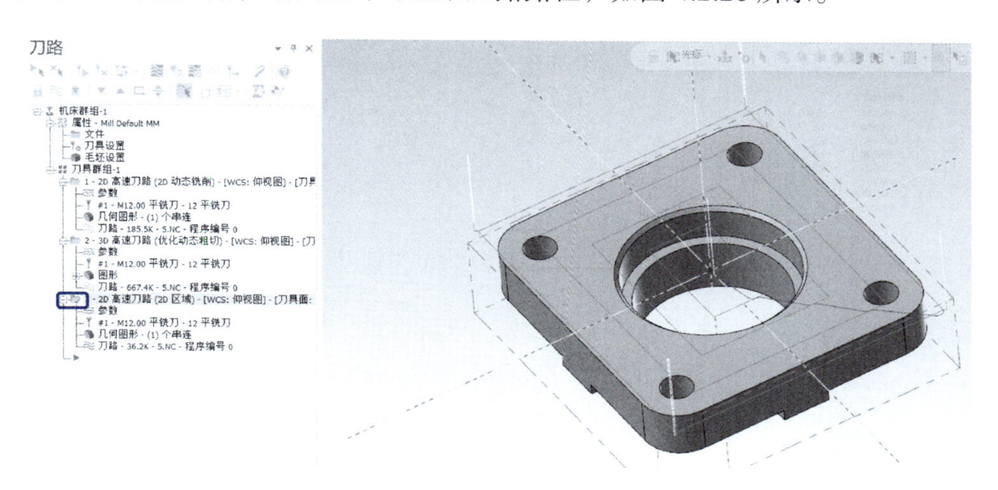

图 4.2.28　精铣平面刀路

② 精铣内孔。

步骤 1：在“2D”工具栏区域，单击“外形”按钮（图 4.2.29），弹出“选择串连”对话框，选择串连，单击“确定”，如图 4.2.30 所示。

步骤 2：弹出“2D 刀路 - 外形铣削”对话框，选择 ϕ12mm 平铣刀，“主轴转速”和“进给速率”如图 4.2.31 所示。

步骤 3：设置切削参数，“补正方式”选择“磨损”，精修不留余量，如图 4.2.32 所示。

步骤 4：“切削参数”区域“进 / 退刀设置”如图 4.2.33 所示。

图 4.2.29　选择铣外形指令

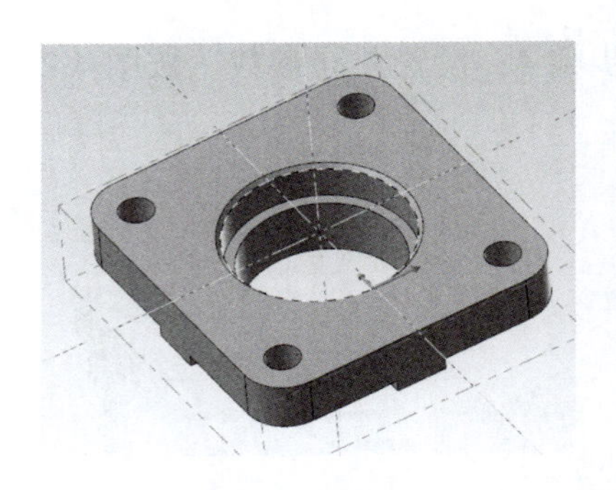

图 4.2.30　选择串连

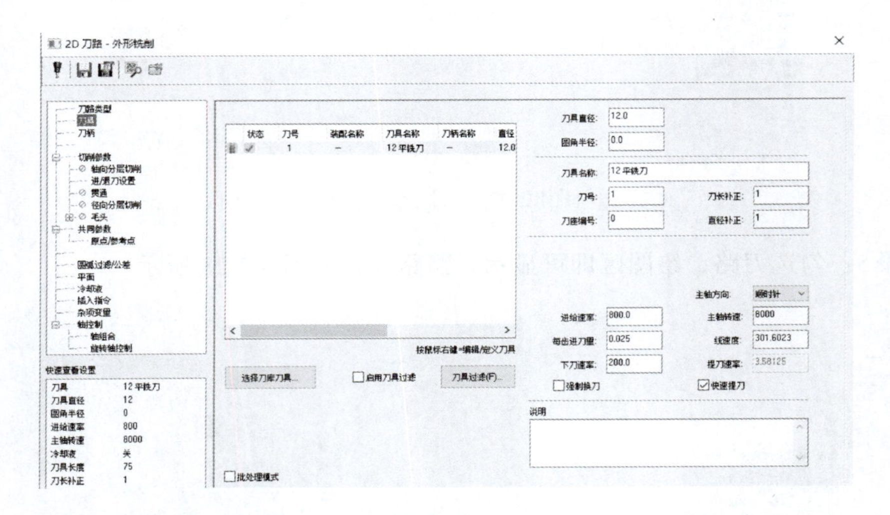

图 4.2.31　选择 ϕ12mm 平铣刀

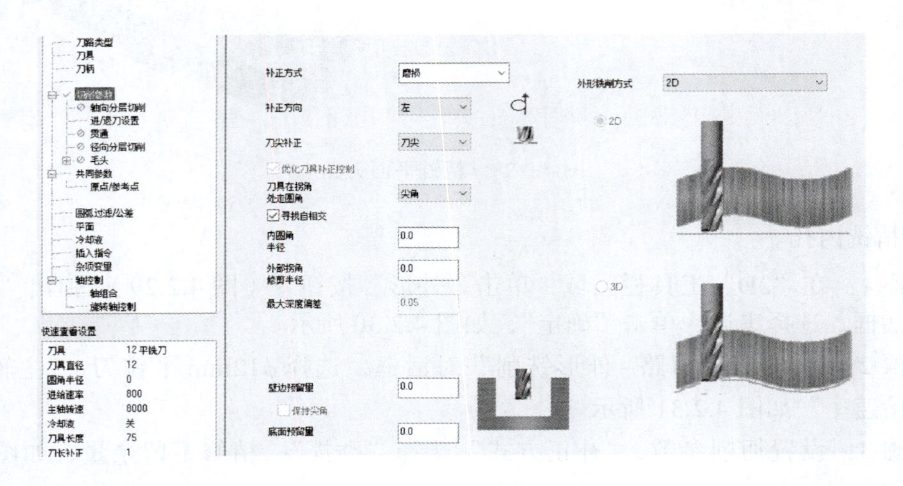

图 4.2.32　设置切削参数

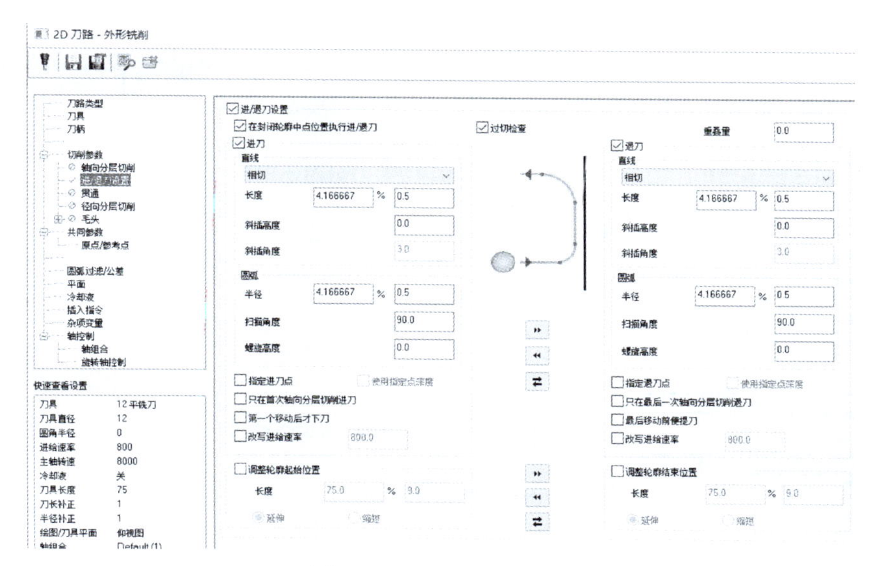

图 4.2.33　进 / 退刀设置

步骤 5：设置共同参数，单击 按钮生成外形精修刀路，如图 4.2.34 所示。

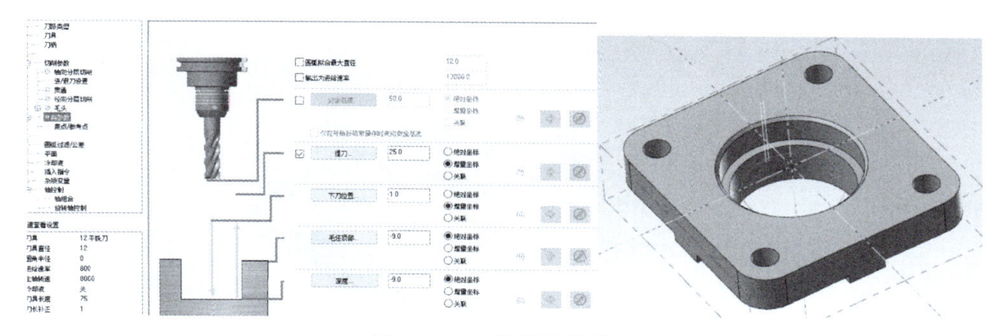

图 4.2.34　共同参数设置

步骤 6：复制、粘贴前面生成的外形刀路（Ctrl+C 复制，Ctrl+V 粘贴）如图 4.2.35 所示。

步骤 7：修改粘贴出来的刀路串连，单击“几何图形 - 串连”，弹出“串连管理”对话框，右键先单击在弹出的菜单中单击“删除”，再单击“添加”，如图 4.2.36 所示。选择要加工的串连线后，单击 按钮，如图 4.2.37 所示。

步骤 8：修改共同参数。单击外形刀路中的参数，弹出“共同参数”对话框，如图 4.2.38 所示。

（3）钻孔。对 ϕ8mm 通孔进行钻孔操作。

步骤 1：在“2D”工具栏区域，单击钻孔指令（图 4.2.39），弹出“刀路孔定义”对话框，在特征几何体选择 4 个圆心孔定位点，如图 4.2.40 所示。

步骤 2：创建一把钻头。参照前述创建刀具的方法创建一把 ϕ8mm 钻头。按图 4.2.41 所示设定各参数，如主轴转速、进给速率，按图 4.2.42 所示设置共同参数，勾选“刀尖补正”复选框后，生成图 4.2.43 所示刀路。

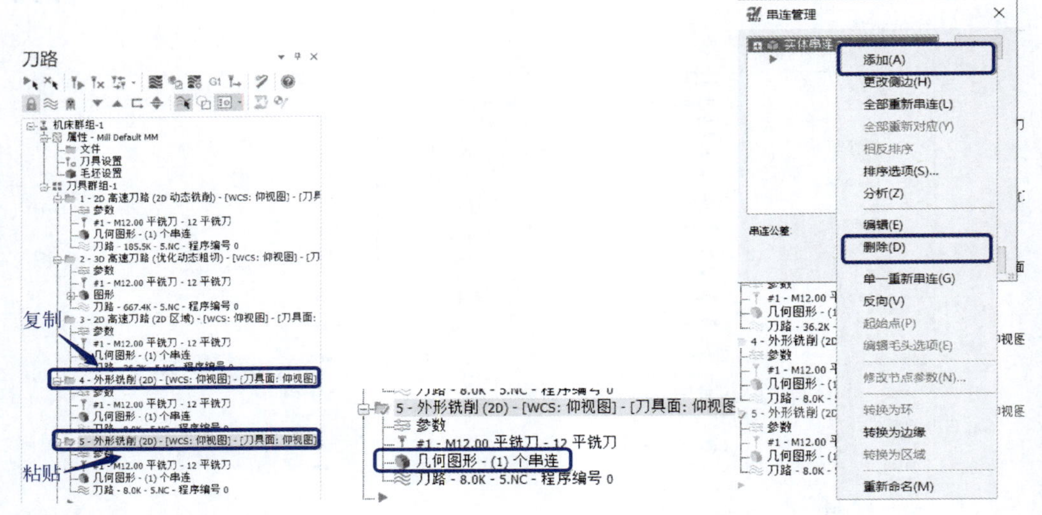

图 4.2.35　复制、粘贴　　　　图 4.2.36　修改串连

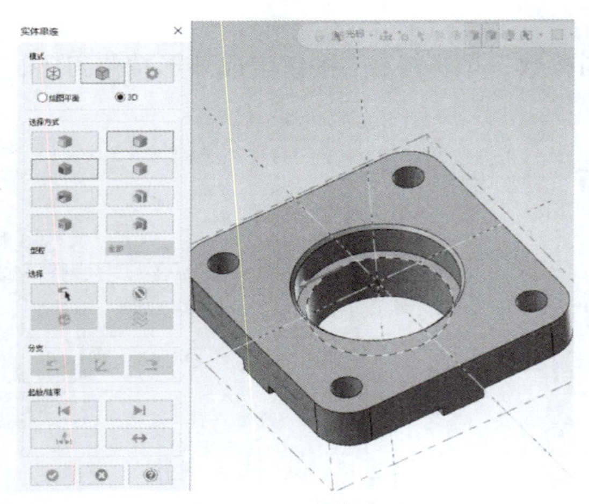

图 4.2.37　实体串连

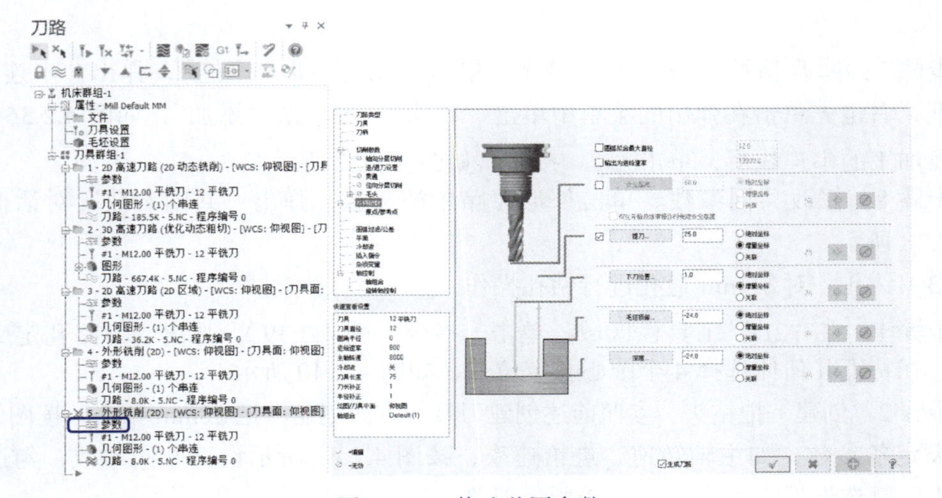

图 4.2.38　修改共同参数

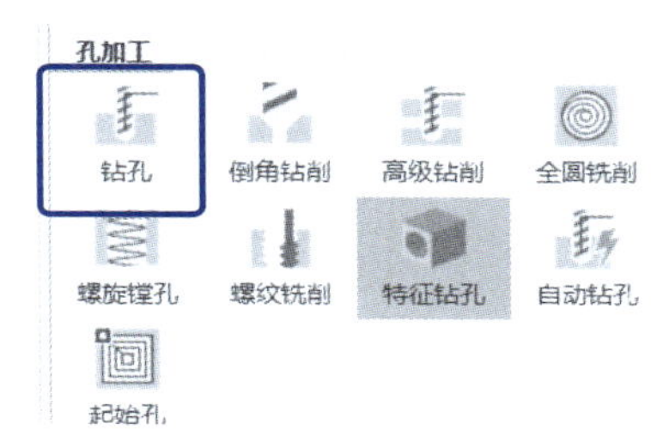

图 4.2.39　“钻孔”指令

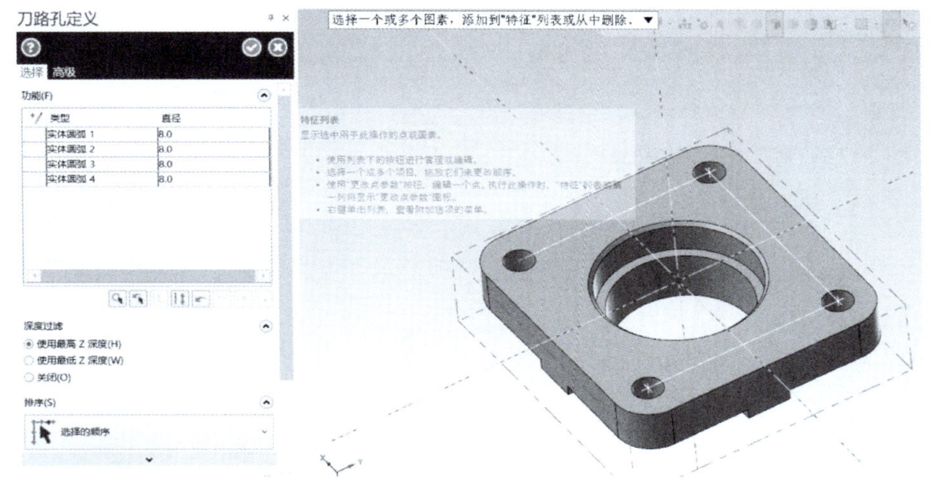

图 4.2.40　孔定位点

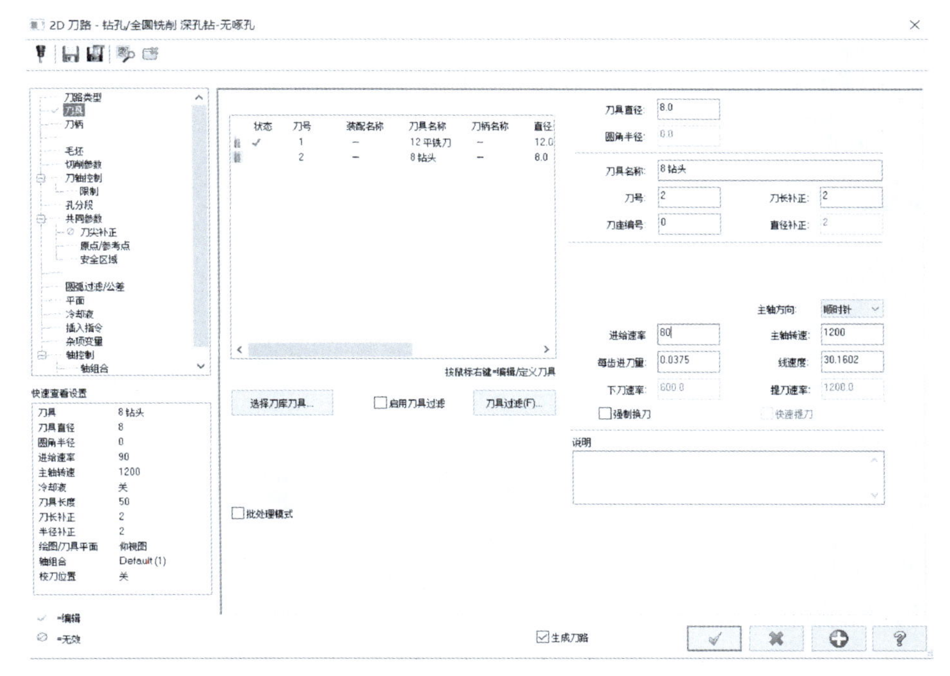

图 4.2.41　设定参数

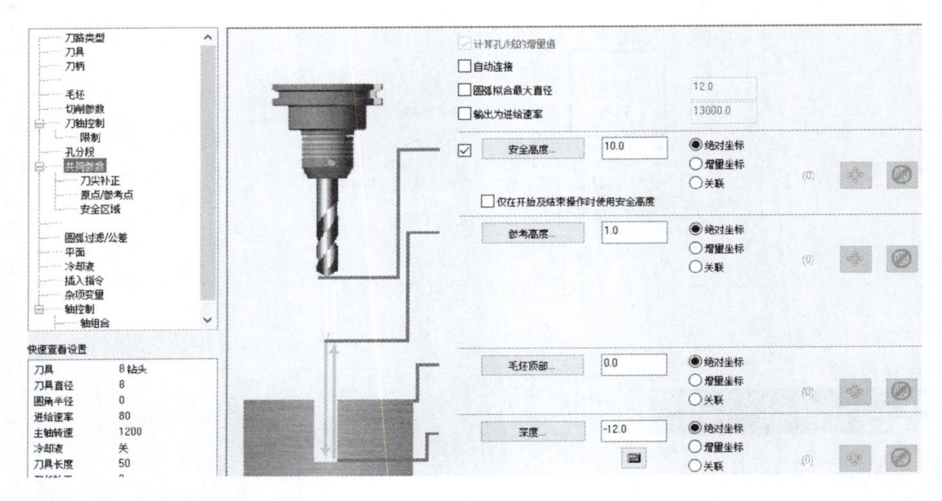

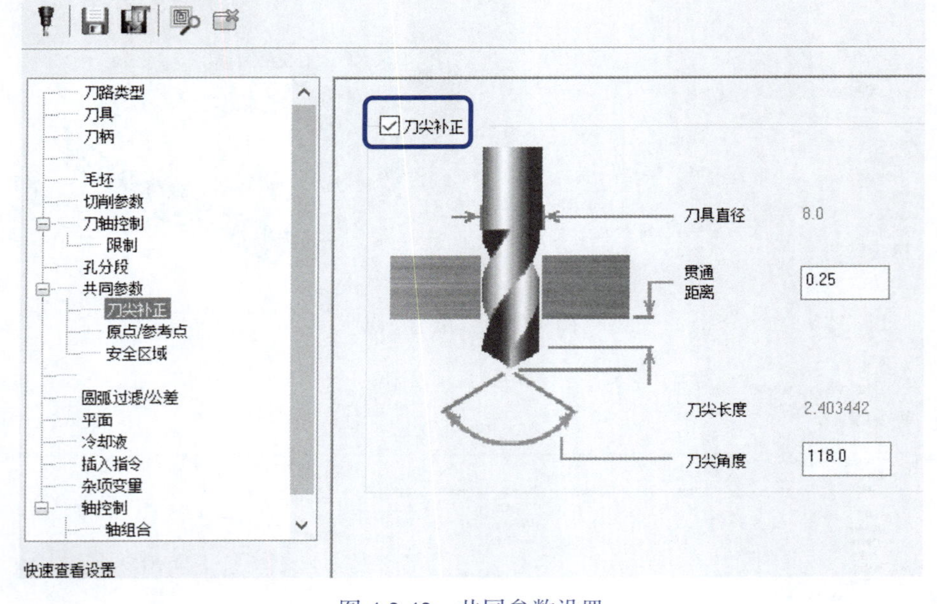

图 4.2.42　共同参数设置

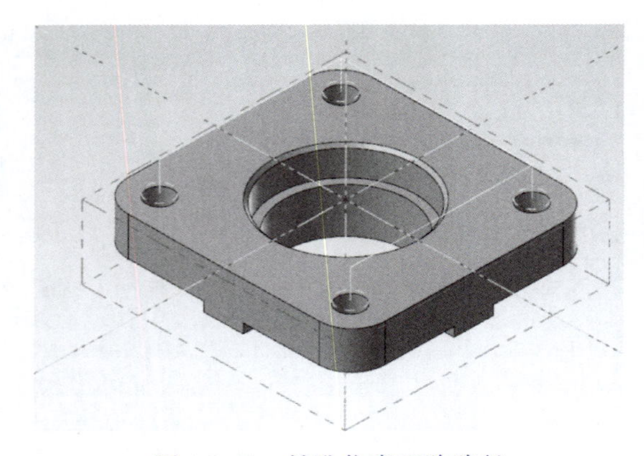

图 4.2.43　钻孔仿真刀路路径

（4）倒角。使用“外形”指令对一夹工序进行整体倒角。

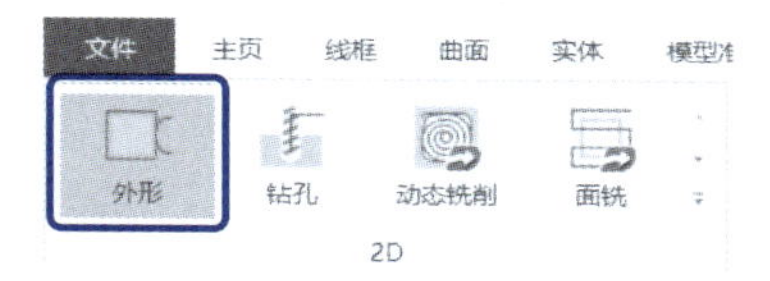

图 4.2.44　“外形”指令

在“2D”工具栏区域，单击外形按钮（图 4.2.44），选择同一高度需要倒角的轮廓；按图 4.2.45 所示过程和参数创建一把倒角刀；修改外形铣削方式为 2D 倒角，参照图 4.2.46 所示设置切削参数；最后生成的倒角刀路如图 4.2.47 所示。

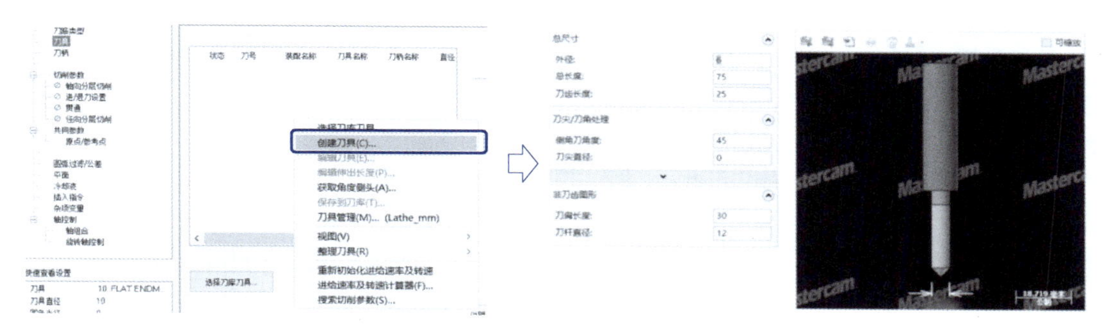

图 4.2.45　创建倒角刀

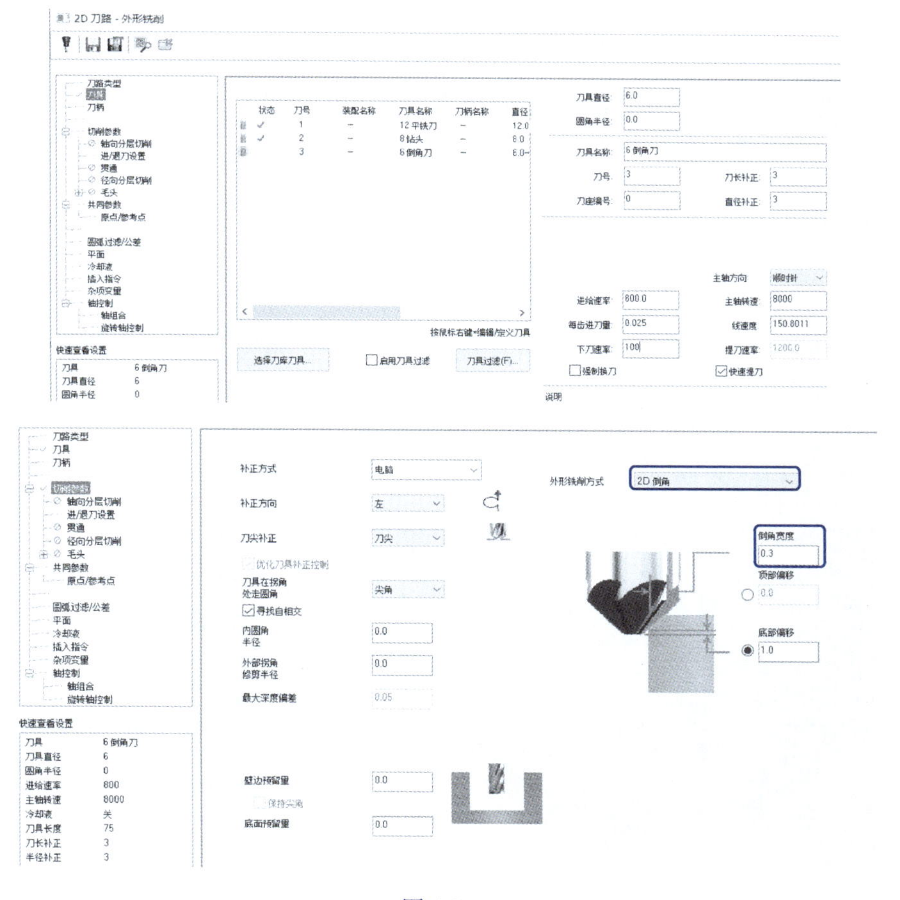

图 4.2.46

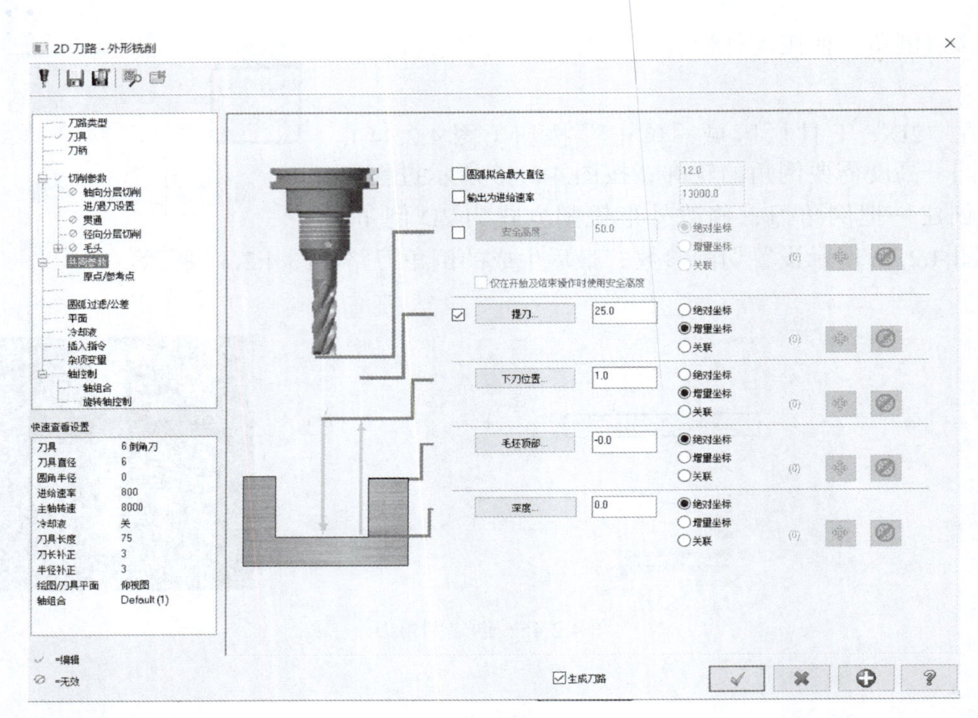

图 4.2.46　设置切削参数

（5）仿真检查。按图 4.2.48 所示选择需要仿真的刀路，单击刀具栏找到已选择的操作，对一夹工序进行仿真检查。

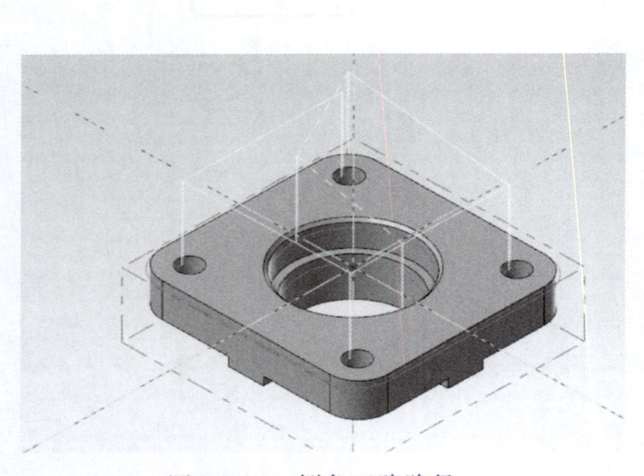

图 4.2.47　倒角刀路路径

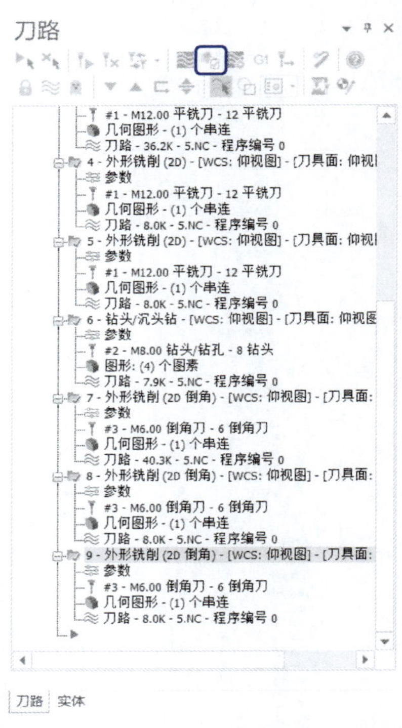

图 4.2.48　仿真检查

三、轴承座正面铣削刀路创建

1. 轴承座正面毛坯、坐标系设置

将三维模型翻转到正面，绘图、刀具平面设置到俯视图。具体方法参照前述轴承座反面的坐标系和毛坯设置。

2. 轴承座正面铣削刀路创建步骤

该工序为轴承座的二夹工序，要完成轴承座正面的粗铣和精铣加工。

（1）轴承座正面粗铣。使用“优化动态粗切”指令粗铣，选择整个特征几何图形作为加工区域（图 4.2.49），使用 ϕ12mm 的粗加工平铣刀（图 4.2.50），刀路控制策略选择“开放”，勾选“跳过挖槽区域”复选框（图 4.2.51），切削参数参照图 4.2.52 设置，生成如图 4.2.53 所示的粗铣刀路。

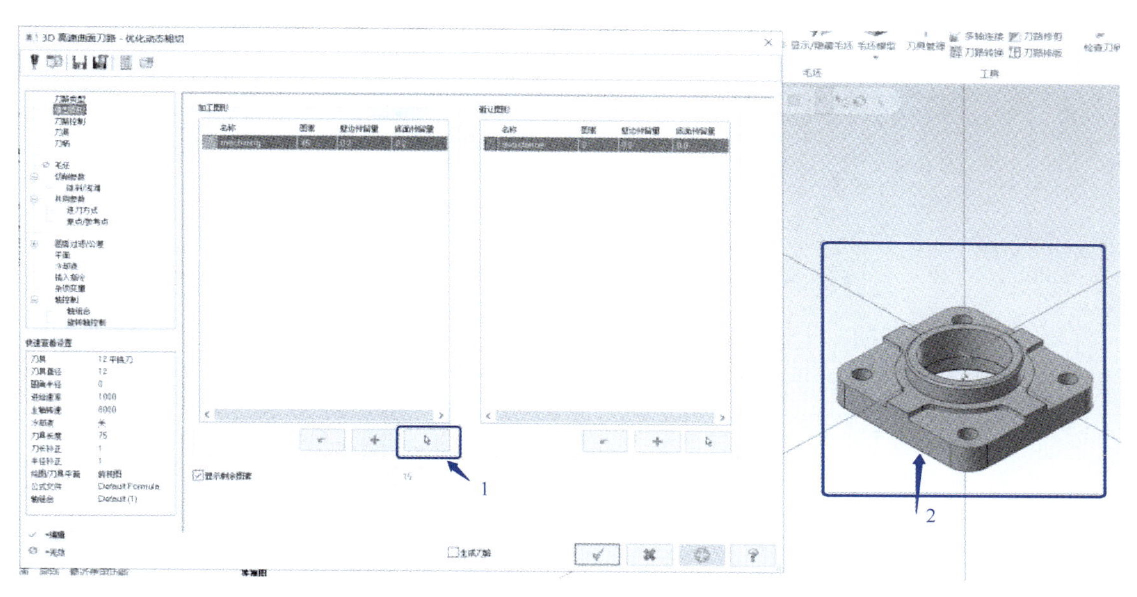

图 4.2.49　选择加工图形

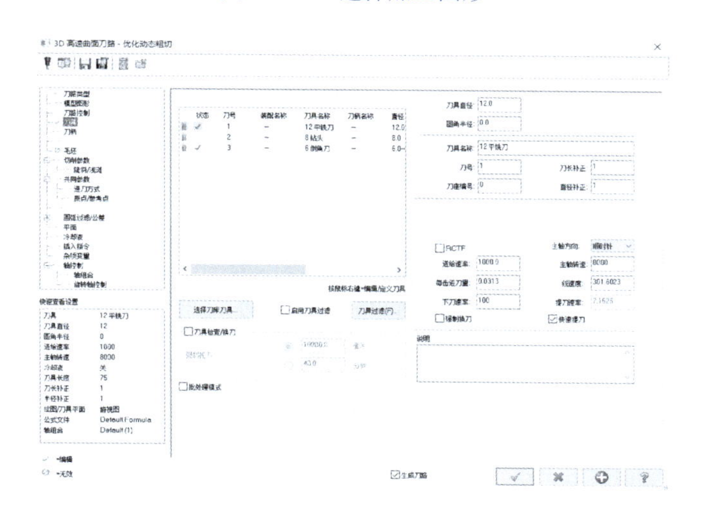

图 4.2.50　设置刀具、转速和进给

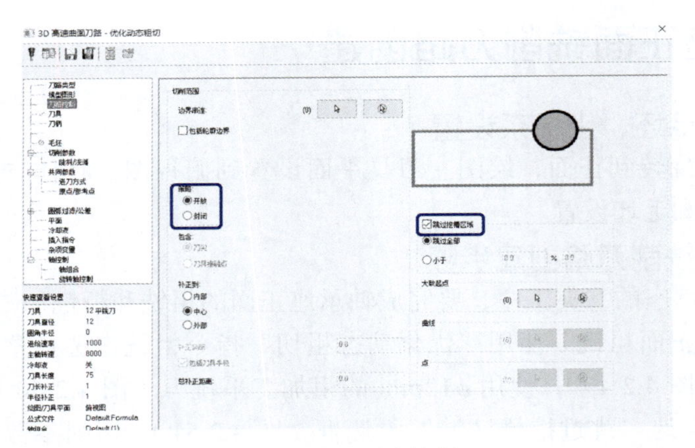

图 4.2.51　刀路控制

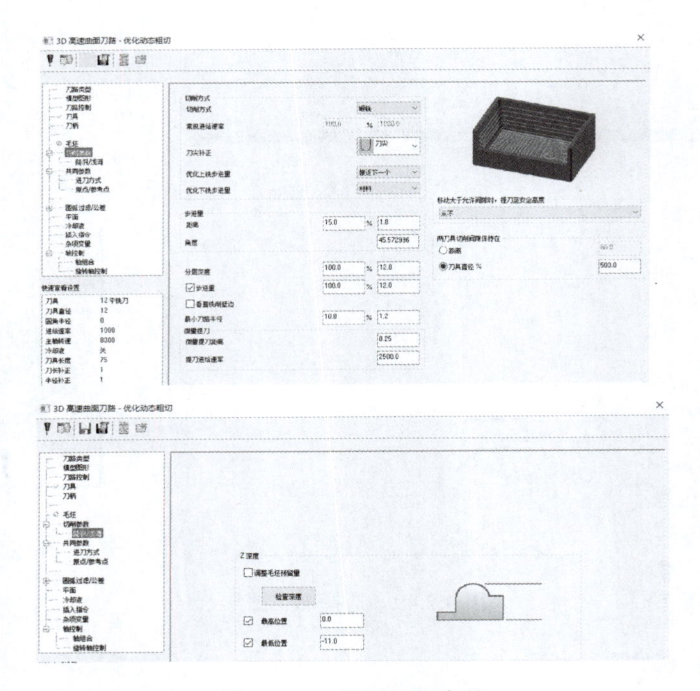

图 4.2.52　设置切削参数

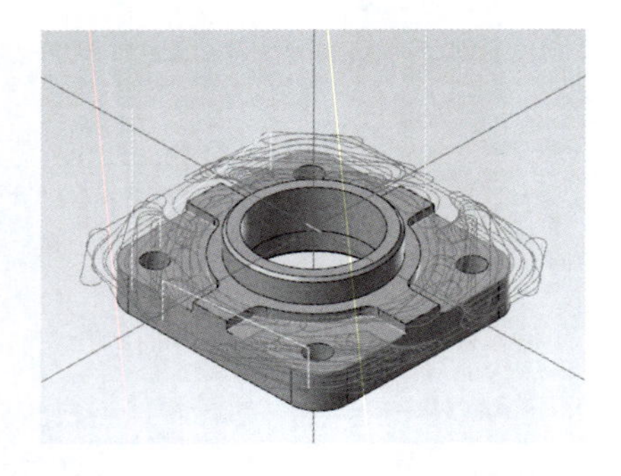

图 4.2.53　轴承座正面粗铣刀路

（2）轴承座正面的平面精修。使用“区域”指令，选择正面需要精修的底面为加工范围，“策略”选择“开放”，加工范围若有避让图形，则需要加避让范围；轴承座正面有三个高度的平面，需要3条程序完成，各平面的串连如图4.2.54～图4.2.56所示，刀具及参数设置方法参照轴承座反面的精铣加工，生成如图4.2.57所示的精铣刀路。

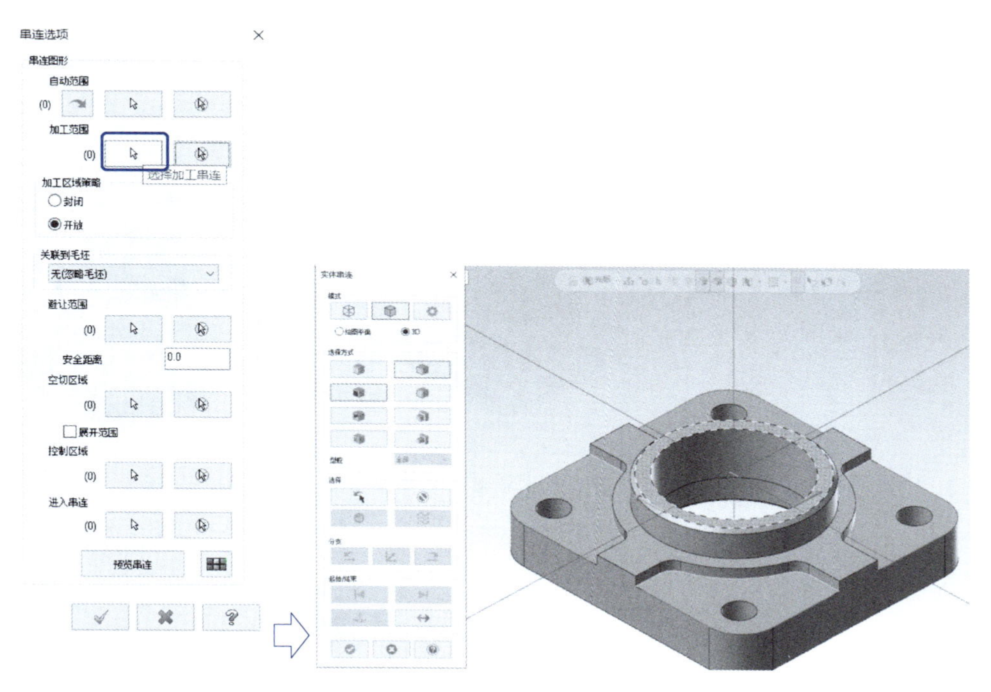

图 4.2.54　平面串连 1

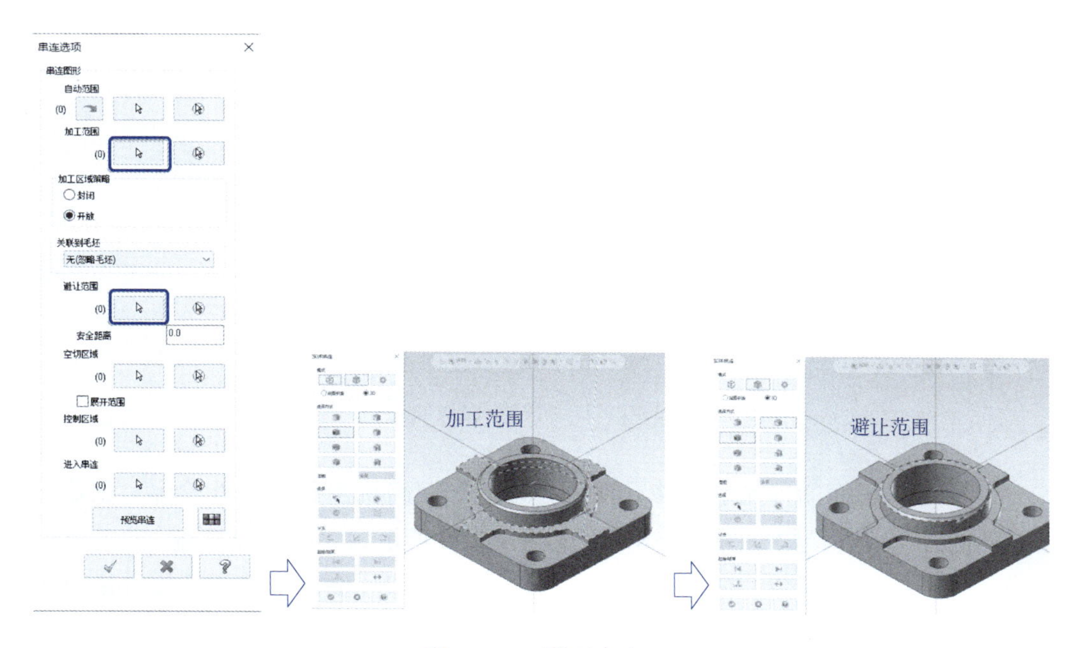

图 4.2.55　平面串连 2

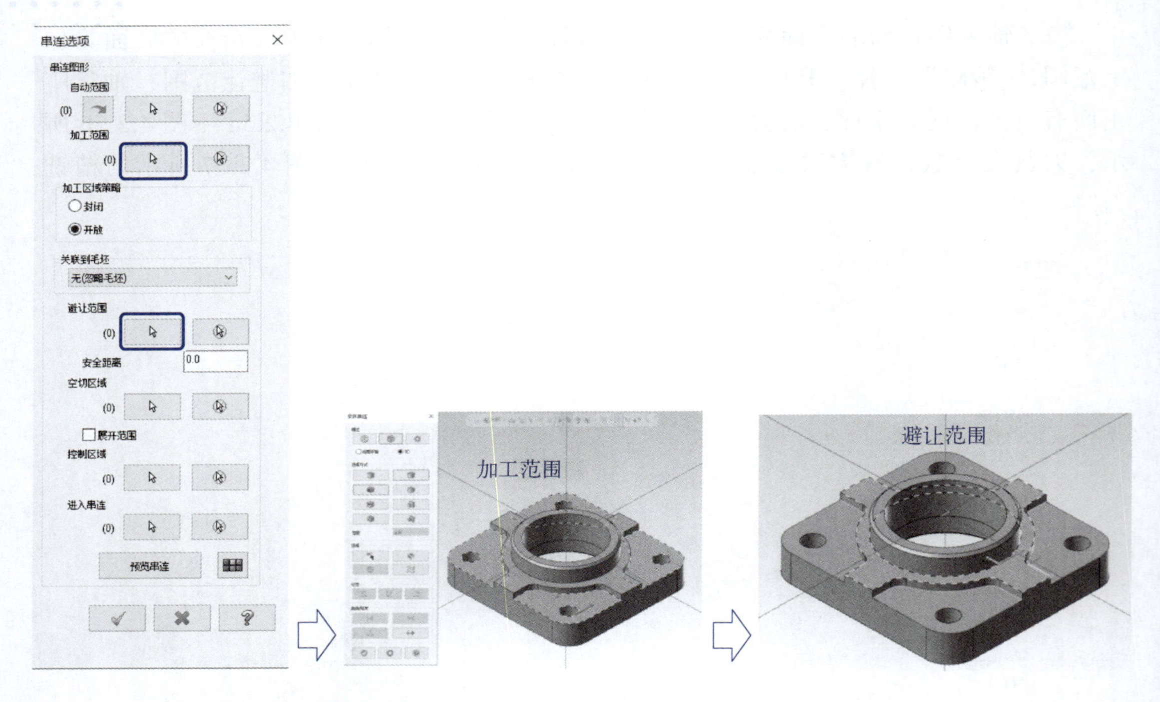

图 4.2.56　平面串连 3

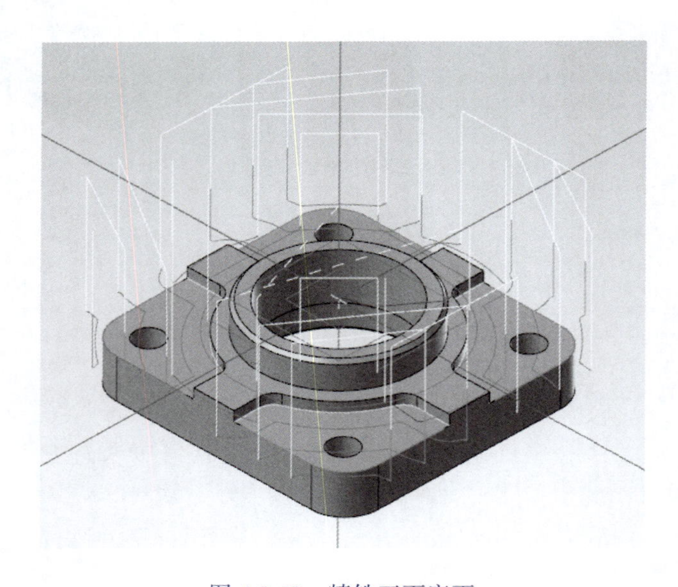

图 4.2.57　精铣正面底面

（3）轴承座正面的外轮廓精修。使用“外形”刀路铣削正面各外轮廓。创建一把 ϕ8mm 平铣刀，刀具参数见图 4.2.58，生成图 4.2.59 所示的轮廓精铣刀路。

（4）轴承座正面倒角。使用“外形”指令生成各部分倒角刀路，具体方法参照反面的倒角刀路创建。最后检验各刀路、后处理器程序。

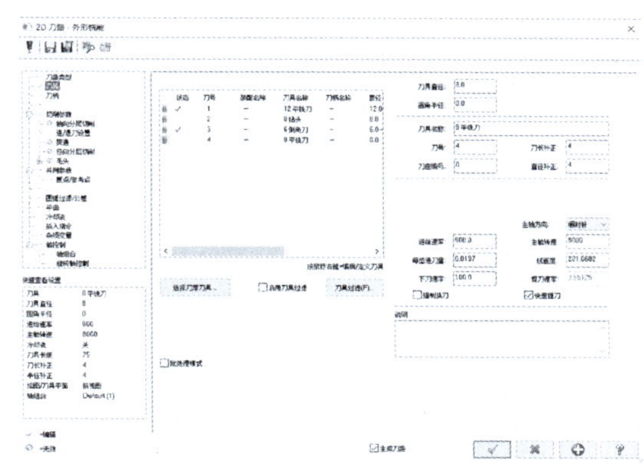

图 4.2.58　ϕ8mm 平铣刀参数

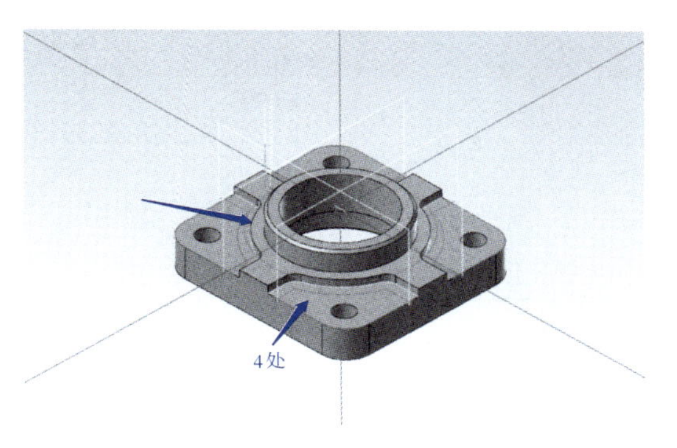

图 4.2.59　外轮廓精铣

四、工序后处理

1. 调用后处理器文件

单击菜单栏“机床”，进入“机床”窗口。单击“机床设置”工作栏区域的“控制定义”指令，弹出“控制定义”对话框，单击“后处理”，选择好控制器类型，添加机床相应的后处理文件，然后在后处理中选用，如图 4.2.60 所示。

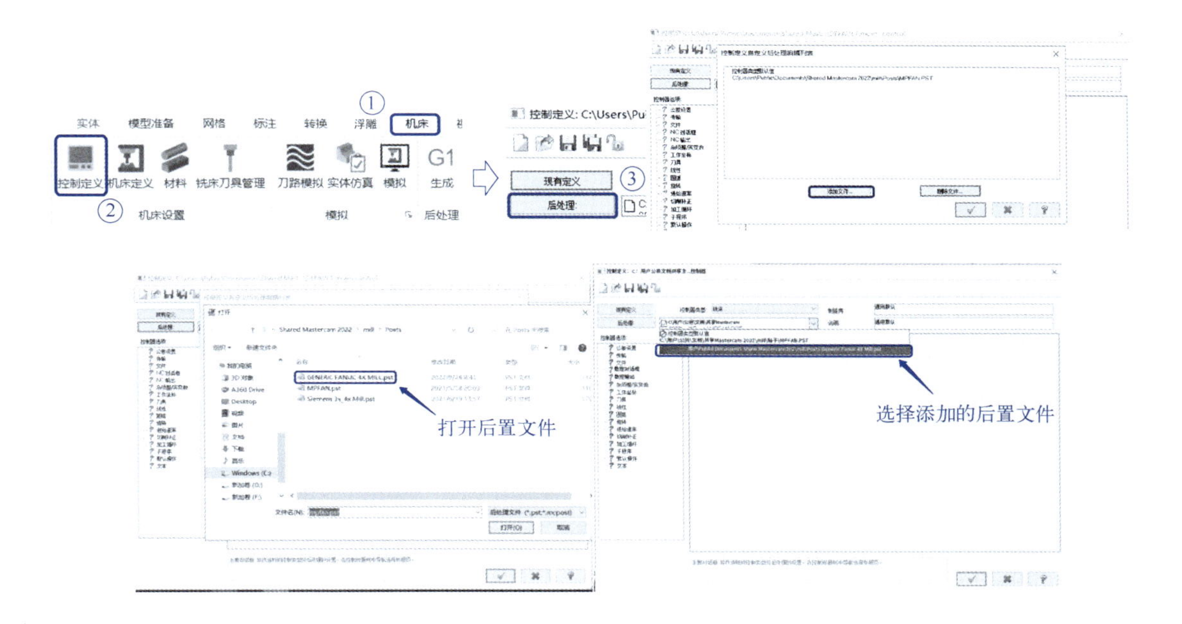

图 4.2.60　后处理器调用步骤

2. 生成 G 代码程序

选择要生成 G 代码的程序，然后单击“机床”窗口的“后处理”工具栏的G1生成，如图 4.2.61 所示。在弹出的“后处理程序”对话框中设置好文件扩展名 .NC，如图 4.2.62 所示，单击✓，选择代码文件路径生成 NC 代码程序。

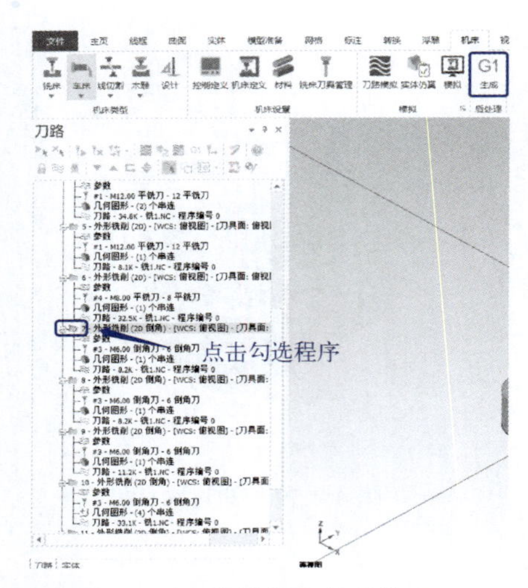

图 4.2.61　G 代码程序生成指令

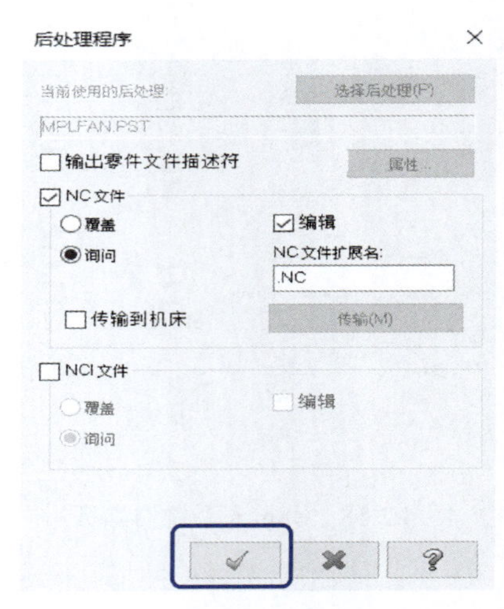

图 4.2.62　后处理文件设置

3. 检查 G 代码程序

随机抽查一个 G 代码程序，主要检查其是否与所用机床的数控系统要求一致，安全平面设置、坐标系设置等是否正确等。图 4.2.63 所示为后处理后的二夹工序的倒角程序。

```
%
G40 G17 G80 G90 G54
G91 G28 Z0.0
(NAME:C6 D:6.00 R:0.00)
G00 G90 X-27.336 Y-2.996 S5000 M03
G43 Z10. H04
Z.5
G01 Z-2.5 F1500. M08
G03 X-24.5 Y0.0 I-.164 J2.996
G02 I24.5 J0.0
G03 X-27.336 Y2.996 I-3. J0.0
G01 Z.5
G00 Z10.
G91 G28 Z0.0
M30
%
(Total Machine TIME :0.32)
```

图 4.2.63　二夹倒角 G 代码程序

【实战演练】

依据轴承座2（图4.2.64）的零件图，使用Mastercam2022软件，设计轴承座的数车工序并生成数控程序。

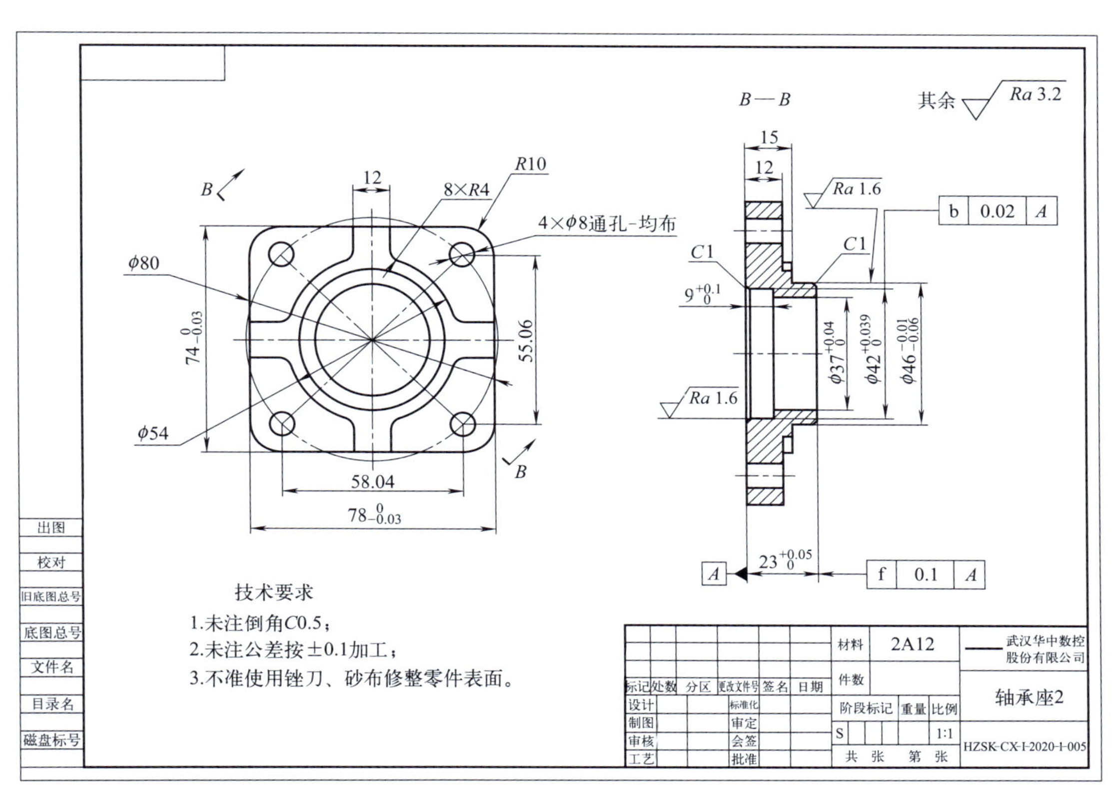

图4.2.64　轴承座零件图

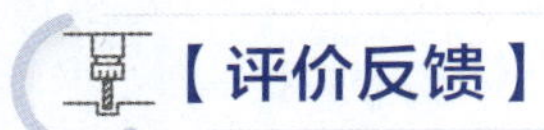

【评价反馈】

轴承座 2 数控铣削自动编程——评分表

班级：　　　　　　　　姓名：　　　　　　　　学号：

序号	评价项目	评价标准	配分	得分
1	结构完整性	是否能完整表达轴承座 2 零件的结构	10	
2	尺寸准确性	轴承座零件数模的各部分尺寸是否与零件图一致	10	
3	草图命令合理性	草图创建方法与步骤是否可行且高效	10	
4	坐标系与毛坯	坐标系和毛坯的设定是否正确	20	
5	刀具选择	刀具选择是否符合加工要求	10	
6	工步安排	是否层次分明、顺序合理，刀轨是否合理	20	
7	切削用量	背吃刀量、进给量、主轴转速设置是否合理	10	
8	标准化	生成的 G 代码程序是否符合所用数控系统的标准	10	

附录

华中数控 HNC-8-T 主要指令一览表

附表 1　华中数控 HNC-8 常用 G 代码一览表

代码	组别	HNC-8-T 功能含义	格式与简要说明
G00	01	定位（快速移动）	G00 X/U_ Z/W_；//X、Z：绝对坐标方式编程时的终点坐标；U、W：增量坐标方式编程时的终点坐标；（以下指令参数的 X/U、Z/W，若未作说明，其含义与此相同）
G01		直线插补	G01 X/U_ Z/W_ F_；// X、Z；U、W：直线终点坐标
G02		圆弧插补（顺时针）	G02/G03 X/U_ Z/W_ I_ K_ F_；或 G02/G03 X/U_ Z/W_ R_ F_；// X、Z；U、W：圆弧终点坐标；I、K：圆心相对于圆弧起点的位置
G03		圆弧插补（逆时针）	
G04	00	暂停	G04 P_；// P：指定时间，单位为 s
G20	08	英制输入	G20
G21		【公制输入】	G21
G28	00	返回到参考点	G28 X_ Z_；// X、Z：中间点坐标
G29		从参考点返回	G29 X_ Z_；// X、Z：返回目标点的坐标；中间点是上一次 G28 设定的中间点
G32	01	螺纹切削	圆柱螺纹车削：G32 Z/W_ F_ P_ R_ E_ K_； 圆锥螺纹车削：G32 X/U_ Z/W_ F_ P_ R_ E_ K_；
G36	17	【直径编程】	G36；
G37		半径编程	G37；
G40	09	【刀具半径补偿取消】	G40 G00/G01 X_ Z_；
G41		刀具半径左补偿	G41 G00/G01 X_ Z_；
G42		刀具半径右补偿	G42 G00/G01 X_ Z_；

续表

代码	组别	HNC-8-T 功能含义	格式与简要说明
G52	00	局部坐标系设定	设定局部坐标系 G52 X_ Z_; 取消局部坐标系 G52 X0 Z0;
G53		直接机床坐标系编程	G53 X_ Z_;
G54	11	【工件坐标系 1 选择】	G54;
G55		工件坐标系 2 选择	G55;
G56		工件坐标系 3 选择	G56;
G57		工件坐标系 4 选择	G57;
G58		工件坐标系 5 选择	G58;
G59		工件坐标系 6 选择	G59;
G65	00	宏非模态指令调用	G65 P_ L_ [自变量地址字];
G71	06	内、外径粗车复合循环	无凹槽内（外）径粗车复合循环： G71 U（Δd）R（r）P（ns）Q（nf）X（Δx）Z（Δz）F（f）S（s）T（t）; 有凹槽内（外）径粗车复合循环： G71 U（Δd）R（r）P（ns）Q（nf）E（e）F（f）S（s）T（t）;
G72		端面粗车复合循环	G 72W（Δd）R（r）P（ns）Q（nf）X（Δx）Z（Δz）F（f）S（s）T（t）;
G73		闭合车削复合循环	无凹槽封闭轮廓复合循环： G73 U（ΔI）W（ΔK）R（r）P（ns）Q（nf）X（Δx）Z（Δz）F（f）S（s）T（t）; 有凹槽封闭轮廓复合循环： G73 U（ΔI）W（ΔK）R（r）P（ns）Q（nf）E（e）F（f）S（s）T（t）;
G75		外径切槽循环	G75 X/U_ R（e）Q（ΔK）F_;
G76		螺纹切削复合循环	G76 C（c）R（r）E（e）A（a）X（x）Z（z）I（i）K（k）U（d）V（Δd_{min}）Q（Δd）P（p）F（L）;
G80		内、外径切削循环	圆柱面内（外）径切削循环：G80 X/U_ Z/W_ F_; 圆锥面内（外）径切削循环：G80 X/U_ Z/W_ I_ F_;
G81		端面切削循环	端面切削循环：G81 X_/U_ Z_/W_ F_; 圆锥端面切削：G81 X_/U_ Z_/W_ K_ F_;
G82		螺纹切削循环	圆柱螺纹车削： G82 X/U_ Z/W_ R_ E_ C_ P_ F_; 圆锥螺纹车削： G82 X/U_ Z/W_ I_ R_ E_ C_ P_ F_;
G90	13	【绝对值编程】	G90;
G91		增量值编程	G91;
G92	00	坐标系设定	G92 X_ Y_; // 执行 G92 时，刀具与工件之间无相对运动
G94	14	【每分钟进给】	G94; // 单位：mm/min
G95		每转进给	G95; // 单位：mm/r
G96	19	恒线速切削	G96 S ; // 单位：mm/min
G97		【恒转速切削】	G97 S ; // 单位：r/min

注：1. 系统上电后，说明中标注“【 】”符号相对应的代码为同组中初始模态；

2. 00 组为非模态 G 代码；

3. 表中空格，为系统无此代码。

附表 2 华中数控 HNC-8 常用 M 代码一览表

代码	功能含义	格式与简要说明
M00	程序暂停	M00；// 执行到 M00 指令时，暂停执行当前程序，重按“循环启动”键，继续执行后续程序
M01	选择暂停	M01；// 仅在机床操作面板上的“选择停”激活时有效。激活后，其功能及操作方法与 M00 相同
M02	程序结束	M02；// 在主程序的最后一个程序段中，表示主程序的结尾
M03	主轴正转	M03；// 主轴以顺时针方向旋转
M04	主轴反转	M04；// 主轴以逆时针方向旋转
M05	主轴停	M05；// 停止主轴旋转
M06	换刀	M06 T_；//T_：刀号
M08	切削液开	M08；
M09	切削液关	M09；
M30	程序结束	M30；// 与 M02 功能基本相同，M30 兼有控制返回到零件程序头的作用
M98	调用子程序	M98 P □□□□ L △△△；// □□□□子程序号，△△△循环次数
M99	子程序结束	M99；// 在子程序的最后一个程序段中，表示子程序的结尾

参 考 文 献

[1] 顾晔，卢卓 . 数控编程与操作 [M].2 版 . 北京：人民邮电出版社，2016.

[2] 徐刚 . 数控加工工艺与编程技术 [M]. 北京：电子工业出版社，2013.

[3] 北京兆迪科技有限公司 .UG NX 12.0 产品设计完全学习手册 [M]. 北京：机械工业出版社，2019.

[4] 北京兆迪科技有限公司 .UG NX 12.0 数控加工教程 [M]. 北京：机械工业出版社，2019.

[5] CAD/CAM/CAE 技术联盟 .Mastercam 中文版从入门到精通 [M]. 北京：清华大学出版社，2021.

[6] 马金平 . 数控机床编程与操作项目教程 [M].2 版 . 北京：机械工业出版社，2016.

[7] 华中 8 型数控系统软件用户说明书 .